胡伟论道农业机械化

胡伟 著

中国农业出版社

序　我的农机我的梦

　　话说现在，正是我国农机化发展历史上最好的时期。9 年间，农机购置补贴从区区 7 000 万元猛增至 215 亿元，增加了 306 倍，种植业综合机械化水平从 2004 年的 34.32%，提高到 57.17%，增长了 23%。农机成为农业生产的主力军，机械化成为农业生产的主要方式，实现了历史性的大转折、大跨越。因此，我们说这是一个充满激情的时代，一个荡气回肠的时代。

　　还说眼目下的事，全国上下都在努力圆一个梦，一个历史大梦，中国梦！

　　中国梦，一个历史之梦，多少代人延续之梦，也是组合之梦，千百个梦汇集之梦。

　　我们农机人自然也不甘落后，也有我们农机之梦，也在不断圆着中国梦之农机梦。

　　梦是虚幻的世界，但也是现实的世界。被世人神话的梦境般的海市蜃楼也不过是现实世界被光线在延直线方向密度不同的气层中，经过折射造成的结果。古人云，梦为心之生。没有心愿哪有梦境，有现实才有梦想。

　　多少年来，我国几代农机人都在圆梦，圆实现农机化之梦。

　　我们梦想：机械替代人力、畜力，农民从面向黄土背朝天的劳作方式中彻底解放出来。

　　我们梦想：锄头、镰刀退出生产舞台，成为博物馆的藏品，家居装饰的工艺品，休闲生产的体验品。

　　很荣幸，我们这代农机人在实践这个梦想，同时也在见证这个梦想的实现过程。远话近说，就在刚刚结束的 2013 年夏收，我们就上演了一场气势磅礴的农机化大戏。远景，千百台联合收割机穿梭麦田，滚滚麦浪掩映着铁流的足迹；近景，拨禾轮搅动饱满的麦穗喂入割台搅龙，出粮口开启，黄澄澄的麦粒跳着丰收舞流入粮袋。收割机上，机手神情自若，风雅潇洒；麦田旁、树荫下，老农满是皱纹的脸庞挂着甜蜜的微笑，眼里流淌着丰收的喜悦。

山水大地，一幅美不胜收的浪漫画卷，行云流水，如诗如画，惹人浮想联翩，感慨万端。

这不是单调的农业生产过程，而是一个活脱脱的艺术杰作，行为艺术！

小麦生产场景如斯，水稻、玉米生产又何尝不是？

有数据显示，2011 年我国城镇化率已经超过 50%，农业劳动力占社会劳动力比例已经下降到 34.8%。"三农"发展、国民经济发展，农机化功不可没。

这是什么画卷？这可能就是几代农机人心中憧憬的农机梦吧！

工作是幸福的，有梦是幸福的，圆梦是更幸福的。

心若在，梦就在！

我的农机我的梦！

只要我们怀揣为农服务之心，托着民族复兴之意，我们农机人的中国梦，远不仅是现在看到的现状，农机农艺融合、农机化信息化融合，规模化、组织化、标准化、智能化的机械化生产方式还有待我们永不言停的续写，中国梦之农机梦将更恢宏、更美妙。

谨以发表于 2013 年 7 月 1 日《中国农机化导报》的特约评论员文章作为本书序言。

2016 年 10 月 20 日于天津

目　　录

序　我的农机我的梦

论道一 纵　　论

● 谁在养活我们？

有一种说法，现在农村是"三八六一九九部队"在种地，所谓"三八六一九九"，即借用我国三个节日简称来代指妇女、儿童和老人。此种说法的进一步演进就是一个大大的问号：谁在养活我们？

提出这番疑问的若是圈外人士，倒是情有可原，要是行业内的，我要说他是弱智，典型的是"开黄腔"。"开黄腔"者，四川方言，说外行话也！

据最新报道，2011 年我国城镇化水平已经超越 50％的关口，居住在农村的人口首次低于城镇人口，这表明我国这个传统的农业大国正面临一个历史的转折点。诚然，随着我国城镇化的进程，大量农村人口转入城市已经成为不可逆转的潮流，农村空心化、老龄化等社会问题逐步加剧，"三留守"（老人、妇女、儿童）已经成为严重的社会问题，亟待出台应对的政策措施。但就此说是"三八六一九九部队"在支撑我国的农业生产，在养活我们，实在是很不客观，也有失公允。

说上述言论的人只看到了农民工涌入城市，农村人口大量迁徙的一面，却没有看到我国现代农业快速发展的一面。据全国农业工作会议、全国农机化工作会议有关资料统计，2011 年我国耕种收综合机械化水平达到 54.5％。其中，在我国重要的粮食生产大省中，黑龙江省农机化水平达到 87.7％，吉林省达到 60％，河南达到 71.8％，山东达到 79.5％，河北达到 66.5％，江苏达到 73％。这组数据向我们展现的现实是机械化生产成为农业生产的主要形式。就全国而言，农业生产一半以上的劳动由机械替代了人工，而在我国主要的粮食生产省中，机械化水平还要远高于全国水平。这样的机械化水平，是建立在多大量的农机基础之上的啊，这一庞大数量的农机是被"三八六一九九部队"驾驭着的吗？但凡头脑清醒的人士都可以得出否定的答案，绝对不是！

"三八六一九九部队"有参与农业生产的，但肯定不是主力，只是辅助而已。另据农业部统计，我国农机作业服务组织已经超过 17 万个，其中，农机合作社达到 2.7 万个，年经营总收入达到 4 400 亿元。2011 年"三夏"期间，我国有 55 万台联合收割机参加小麦抢收。其中，参加跨区机收的达 32 万台，河南、山东、安徽、江苏、河北等五大主产省的小麦机收水平均超过 96％。这些服务组织中有多少是"三八六一九九部队"的？

依据以上事实和数据，不难得出结论，不是"三八六一九九部队"在养活我们。

那么又是谁在养活我们？我认为，是一批具备种植技能、会驾驭农机的现代新型职业农民。农业生产技能掌握在他们手中，农业机器掌控在他们手中，是他们在养活我们。

我们已经进入一个现代农业快速发展的新时期，机械化替代人畜力劳动已经成为必然和不可逆转的趋势，培养和造就一支知农艺、会农机、懂经营的新型职业农民大军已经成为重中之重，这样一支队伍才是农业生产稳定，农业保障能力不断提高的基石。伴随着这样一支大军的发展，农业的规模化、标准化、机械化将得到更大的发展，现代农业生产水平将迈向更高层次，谁来养活我们的问题不再成为问题。

● 关于建立机械化农艺学的思考

写下文章标题，我内心释然。

这个题目，我思考了好几年；这个题目的内容，我也思考了好几年。

"农机农艺结合""农机引领农艺""机械化农业"等字眼早就充满了文件、媒体和一些专著，现在又有农机农艺与经营的结合、农机农艺融合的提法，我不过是在这些观点中再多了一个字，加上了个"学"字而已。

写下文章标题，我内心释然。

农机农艺结合、农机农艺融合根本就是不是问题的问题。我以为，自从有了被称为"农业"的产业，就有了农机农艺，它们就结合、融合在一起。在我所学的人类发展史中知道，人类从狩猎、采摘自然果实开始，逐渐开始驯养、种植，这方有了原始农业的雏形。"刀耕火种"这个成语怕是原始农业最经典的写照了。刀耕火种，应该算是原始的生产模式，原始的生产农艺。注意，有了用于耕的"刀"了，其实就已经意味着有了"机"了，这个"机"不是现在意义上的以金属制成品为主体的农机，但它肯定是一种工具，现在我们说它是石器或是木棍之类的都有可能，但它的的确确是现代农机的鼻祖。说明什么？说明"机"和"艺"从来都是结合融合在一起的，因为没有"手耕手种"之说。

我以为，农机农艺，就像人的手心手背一样，浑然天成，不可分离。

矛盾论中讲，矛盾存在于一切事物之中，存在于一切事物发展过程之中；同时又说，事物都是由矛盾组成；同一矛盾中又分为矛盾的主要方面和次要方面，主要方面起主导作用，次要方面次之。得，就到这里，我想说的农机农艺正是算矛盾的不同方面，随着事物的发展他们的主次也在发生变化。

过去我们常说，农艺不断地在变化，而我们的农机正是不断地在配合农艺的变化，在追赶农艺的变化，这怕是矛盾主要方面与矛盾次要方面的关系一例了。农艺主导着农业发展的主要方面，而农机则配合这种方面的需要在调整、追随。当然，我们也应清晰的认识到这种农艺是以人畜力劳动为基础的农艺，因此常常带来农艺与农机的难以匹配，引起农机农艺之间的矛盾，实在是再正常不过，同时说明我们农机在发展中常常超越农艺——传统农艺的需求，于是才产生矛盾。

时过境迁，发展的时代使各种矛盾方面主次地位的转化一再加剧，农业领域自也如此。工业化使现代农机具得到广泛应用，极大改变了农业生产方式，推动了农业革命。农机化使工业化种植和养殖在农业中得以推行。现代化农业实质上已经成为现代工业化的重要内容。采用机械化进行生产已经成为农业生产的主要方式，矛盾的两个方面，农机、农艺面临着地位的转化的历史新阶段。传统的以人畜力劳动农艺为基础的农业生产模式正在向以机械化生产为主的生产模式改变，主导性在发生变化，这是历史性的演进，也是历史的必然。在这个新的演进过程中，必然要催生一种新型的农艺，这就是机械化农艺，这就必然要诞生一门新型的学科——机械化农艺学。

从国际农业发展的经验看，发展现代农业，必须推进由育种、栽培、耕作等传统农艺为主的生产体系，向农机引领，农艺协调农机的方向发展，建立一个农艺与农机在新的生产条件下相协调的生产技术体系，这个体系就是新的机械化农艺体系。它在生产工具、管理模式、组织理念等方面都迥异于传统的生产模式。在人畜力为主的传统农业，农机具要适应农艺的要求；在以规模化、集约化、标准化为特征的现代农业，农艺制度的改进要适应农机化技术和装备的发展应用。

建立一门学科，涉及很多方面，肯定不是我一篇文章就搞定了的。

本文仅仅引出话题，至于机械化农艺学的定义及其内涵、外延、理论基础、技术体系、人才培养等，还是留待今后和大学教授们一起去填充吧！

● 关注从生产关系层面促进农机化

"农机化"的定义是什么？提出这样的问题会让业界人士丈二和尚摸不着头脑，会反问，是不是吃错了药、昏头了，搞了几十年农机化，会没头没脑的提出这样的问题，这几十年咋混的！

这个问题简单不简单？貌似简单，作为一个考题，相信很多业内人士不一定答的上来。

中国人习惯于对任何事理都来一个标准答案，哪怕是文学艺术之类难以量化的概念，在考试时都必有标准答案，偏离标准答案的都是错误的。什么是"农机化"？从便捷的网络搜索到如下的解释：农机化，是指运用先进适用的农机装备农业，改善农业生产经营条件，不断提高农业的生产技术水平和经济效益、生态效益的过程，源自《中华人民共和国农业机械化促进法》。从这个定义中，我们认识到农机化是一个过程，一个运用农机装备武装农业的过程。

教科书里，关于生产力的定义说，生产力是人们改造自然以获得物质生活资料的实际能力，由劳动对象、劳动资料和劳动者三个实体性要素构成。而生产关系则是人们在生产过程中发生的人与人之间的关系。他们的关系是：生产力决定生产关系，生产关系对生产力具有反作用。生产关系对生产力的反作用表现在：生产关系适合生产力状况则促进生产力发展；生产关系不适合生产力状况则阻碍生产力发展。

农机化既涉及劳动对象、劳动资料，也涉及劳动者，是典型的生产力范畴，但我觉得又是一种生产关系的变迁过程，也包含了生产关系的一些属性，而且生产关系的组织形式对农机化的发展起到很重要的影响。

过往，我们从事农机化工作的人，往往重视硬件建设，而忽视软环境的建设。重视农机的开发、制造和推广使用。一提发展农机化想到的就是关键装备的开发、主要生产环节机械化技术的推广，似乎做好这两方面工作，农机化就大功告成了。而现在，农机化发展到一定阶段之后，遇到新的阻滞了，比之过去的情况更复杂更难解决了，于是，提出了新的观点，那就是农机农艺融合。认为农业、农机化发展到现在，存在的种种发展制约，很大程度上是因为农机农艺结合不够，一旦农机农艺结合了，融合了，问题就迎刃而解了。

然而，我以为并非如此简单。不是说农机农艺融合不对，而是不能只关着门去从纯生产力角度来研究、发展农机化。

要解决当前农机化发展的制约问题，已经到了不得不重视生产关系范畴的问题，发展农机化应该更多地从生产关系层面来考虑问题。搞农机化的人，不能只研究机械、研究生产模式，更应该研究生产关系的变革，即研究机械化中的生产力要素与研究生产关系，尤其是农业生产组织关系，应该从生产关系这样更大范畴来研究如何促进农机化了。

农机农艺的结合、融合，说到底是一种技术层面的结合，是属于生产力的革命，它还不是生产关系的改变，要推动生产关系的变革，只是其中一个因素，并非决定性的因素。农机也好，农艺也好，都是在一定生产规模、组织规模状况下的。是在小规模、低组织化情况下的农机农艺结合，还是按照工业化大生产方式进行的大规模、高组织化程度进行的农机农艺结合是不一样的，本质上有着巨大的差异，产生的效果也大不相同，所以，没有先决条件的结合是没有意义的，甚至可能是落后的叠加。

农机化发展中，生产关系作用于生产力发展，已经到了要求我们认真思考和着手解决这个问题的时期了，应该关注从生产关系层面来促进农机化！

● 新农民老农民职业农民

新农民老农民职业农民都是农民。

老农民看天种地，新农民看数据种地。本文刊登之后，要是没有人出来申明，本人将宣布上述提法是本人首创，进一步也许会申请专利或其他知识产权保护。

说，老农民看天种地没有错，刮风下雨、电闪雷鸣，不看能种地吗？

说，新农民看数据种地，不是说新农民就不看天了，逆天而行。看数据则是用现代检测手段更精确的把控温、光、湿、气、肥以及产量、土壤密度等参数，用数据来指导机械作业。

说，新农民者新型农民也，又称新型职业农民。所谓新农民，网上查了查，解释是这样的，新型农民，又称新型职业农民，就是有文化、懂技术、会经营的农民，从经济学角度看，新型农民是一个新的范畴，一个以通过市场配置资源，以需求指导农业生产又以新产品引导市场，并以商业活动为舞台的新生产者，也就是"农商"。传统的农民是农夫，农夫与自然经济相契合，日出而作，日落而息。我觉得这个解释文绉绉的，太八股了，真的不如俺的解释来得形象明了。

新农民跟农机关系非同一般，扛着锄头作息的农民断不能称之为新农民。农机合作社的成员就是新型职业农民吗？

2014年8月13日，天津市农机合作社管理工作培训班在蓟县举办，来自天津市各区县农机合作社、农机管理部门130人参加。培训内容：合作社安全生产管理、合作社财务管理知识、合作社能力建设。培训班原本没有我的事，但我主动要求，争取了一个课时，主题就是：关于新型职业农民。

利用讲课间隙，我做了一个小小的调研。其一，参加培训人员，共123人，农机局管理人员36人，农机合作社87人（其中，女士14人，真没想到啊）。其二，关于年龄结构，现场问询，60岁以上的4人，40岁以下的6人，看来从业人员40～60岁是主体，可以说明在俺们这个地区，种田的主力绝对不是所谓的"三八六一九九"部队人士。其三，是否与时俱进。没有智能手机的2人，利用网络订过火车票飞机票的3人，有微信、QQ、飞信、微博的3人，同时，不会开车的只有1人，看来是重"硬件"，轻"软件"。虽说这样的调研未必周全，而且过于简单，但也能得出一个不完全的结论，农机合作社的农民还是正在转型中的新型职业农民。

"谁来种地？怎样种地？"反映了社会对农业经营主体的关注。有专家说，职业农民，是具有新理念、新技能的新型农民。"有知识、懂技术、善经营、会管理"为其特征。通过培育新型职业农民，可以造就一大批懂技术、会经营的以农业为职业的新型人才，并由他们带动我国现代农业发展，促进传统农业向现代农业转变。想想也是啊，过去的农民是身份界别，而不是职业界别，户口决定谁是农民。因此，对农民而言，存在身份认同与职业认同问题。当然，随着户籍政策的变迁，城乡二元结构即将被打破，城乡户籍合二而一，作为身份的"农民"即将消失，就农机而言，购机补贴中的农民身份认定也就会是一个新问题。

农机合作社将成为农业生产的主力军。农机合作社成为农业科技传播、农机农艺融合以及专业化、规模化、组织化、区域化生产的重要力量。因此，农机合作社的农民当是新农民的领头羊，相对而言，他们的理念比较新，资金、技术等实力比较雄厚，经营能力和抗风险能力也强于一般农民。劳动生产率和收入水平远高于一般农民，应该比别的农民更接近新型职业农民。

农机合作社在农业生产中的地位、合作社农民的演变发展，无疑给了我们一个新命题，破解这个命题，进而促使他们早日转型成为真正的职业农民！

● 冷静面对"高级阶段"

最近一段时间以来，看到有若干省份宣布即将进入农机化发展"高级阶段"的报道见诸媒体，报道中高昂、欣喜的热情透过媒体也能使人深深地被浸染。我们仿佛又进入一个历史性的跨越阶段，被一种极力追求"高级阶段"的氛围笼罩着，然而，给人的感觉的不是欣喜，而是更多的质疑与忧虑。

在 2007 年，我国农机主管部门已经宣布，我国已经进入农机化发展的中级阶段，这一年被称为我国农机化发展进程中有着重大意义的一年。当年，我国耕种收机械化水平达到 42.5%，农业劳动力占全社会从业人员比重降到 39.53%。同年，据专家测算，天津市在全国率先跨入农机化高级阶段，当年天津耕种收综合机械化水平为 70.21%（＞70%），农业劳动力占全社会从业人员比重为 12.54%（＜20%）。

从 20 世纪 80 年代以来，我国农机化发展确实取得了举世瞩目的成绩，为我国农业发展、农村进步做出了重大的贡献。作为我国农机化发展的亲历者和见证者，面对这一成绩，我们无不感到欣然、自豪。取得成绩中的甘苦，也只有我们这些参与者才会深深的体验。

然而，从不断高涨的热情中，我们又隐约感觉到一些浮躁的信号，是好大喜功？是盲目乐观？不得不让人深思，也不得不提出一些异见，有必要冷静面对"高级阶段"。

关于农机化水平的阶段划分源于农业部行业标准规定：①耕种收机械化水平＜40%，农业劳动力占全社会从业人员比重＞40%，为初级阶段；②耕种收机械化水平＞40%，农业劳动力占全社会从业人员比重＜40%，为中级阶段；③耕种收机械化水平＞70%，农业劳动力占全社会从业人员比重＜20%，为高级阶段。

该标准是我国农机化专家经过认真研究之后制定，并由国家主管部门审定颁布的。标准制定为我们判定农机化发展的阶段提供了一个标尺。因此，用该标准来度量、标定我们的工作是无可厚非的，也是应该的。但是对众多热衷快速进入高级阶段的业内人士的热切的心理，总让人觉得不踏实之感，那么问题出在哪里呢？

其一，认真阅读标准，我们不难知道，NY/1408—2007《农机化水平评价 第1部分：种植业》。明确地指出了标准界定的范围是种植业。标准指出适用范围是：本部分规定了评价种植业机械化水平的评价指标、计算方法和发展阶段划分；本部分适用于种植业机械化水平的评价。而我们在应用中却笼统的将种植业的机械化水平概之以农机化水平，将养殖业、农产品初加工业等都涵盖了。用判定部分的标准来判定全面当然不妥。

其二，目前我国农业经济结构正在发生一些积极的重大的变化，在农村经济成分中，种植业的份额呈现逐步下降，而其他产业比重逐步增强。以天津市为例，2007年，天津市农林牧渔业总值达到240.74亿元，其中，农业（种植业，下同）117.60亿元，占总产值的52.17%，而林牧渔业总产值为115.14亿元，占总产值的47.83%，不难看出，种植业占到总额的52.17%，因此，我们说用只占52.17%份额的部分来表述100%的状况，显然也是不合理的。从全国情况来看，2007年全国农林牧渔总产值为48 893亿元，其中，农业产值24 658.1亿元，农业产值占总产值的50.43%，同样也是如此。

其三，在目前我国农机化统计中，耕播收机械化水平一般也只统计了主要粮食作物的情况，因此用之概述总体情况也是不合理的，明显是以偏概全。

假如我们真的全面进入"高级阶段"，这是我们的骄傲和自豪，不说是鼓舞人心，也当获得满堂喝彩。但是我们仔细分析发现除了小麦机械化我们各个环节都基本实现机械化外，其他农作物主要环节还都有很大的差距。同时，粮食作物机械化水平较高，而经济作物、园艺作物的机械化仍然相去甚远。毋庸置疑，农机化对我国农业发展做出的贡献有目共睹。但现在就让我们去感受"高级阶段"，确难以品评出其中的味道，正如时下流行语所道："被高级阶段"了。

关于上述偏差，笔者以为不是NY/1408—2007标准有问题，而是使用者的心态出了问题，对标准使用不当，抑或某种心态驱使。进入"高级阶段"也没有错误，但是"被高级阶段"则是可悲，反映出的只是我们心态的浮躁而已。

套用我国一位伟人的话来做本文的结语，也当我们同业人员的共勉：革命尚未成功，同志仍须努力！

● 小议"农机化弱势地区"的发展

我们处在一个多彩的年代，各种时尚的话语层出不穷，不同的术语、口号、标语反映不同时代的发展特征。

农机化系统也当如此。

"农业的根本出路在于机械化"农机人再亲切不过的一句语录，使我们念念不忘。"1980 年实现农机化"一条口号、一句话，也是农机人再熟悉不过的阶段目标。反映当时农机化的地位多么重要。我们现在的农机化体系基本就是那个阶段构建起来的，并延续至今。

"分田到户，农机无路"这又是改革开放初期农机化面临困境时的写照。

"跨区作业"，简单四字，却反映了农机社会化服务的红红火火、轰轰烈烈，饱含了我们一种自豪、豪迈之情。

农机化的"中级阶段""高级阶段"界定，虽然引起不同的理解，但是也可以解读为农机化发展在不断的跃升，从一个低的平台跨上更高的台阶。

"农机化质量"则让我们意识农机化发展已经从追求数量到更看重质量提升的新时期，表明农机化增长方式已经发生根本性的变革，转变农机化发展方式已经成为重要之举。

最近，又有了新词"农机化弱势地区"。刚看到这个新的话语时，以为是对落后地区的贬义说辞，但在某次行业发展高层论坛上听到专家对此说辞的阐述后，仔细研究，方才悟到，提出这样的说辞，表明我国农机化已经从注重平原地区发展向注重丘陵山区转向，是我国农机化进入新的攻坚战的前奏。

我对"农机化弱势地区"之说颇感兴趣，也甚为关注。虽然工作在北方平原地区，相比较而言，是农机化比较发达的地方，也是按照一些标准进入所谓"高级阶段"的地区。但是，这些都改变不了我生在山区、长在山区、学在山区的根本，内心深深地与山区联系在一起，这叫感情相连，血脉相系。

对"农机化弱势地区"的提法没有异议，但是对弱势地区农机化如何发展、按照什么标准来衡量其发展，却有自己的看法。

一是关于衡量标准。现有的标准是按照北方平原地区的经验进行总结的，丘陵山区若按照这样的标准去不断地追赶发达地区，会越赶越累，会越赶越气馁。弱势地区农机化发展不能硬套其他地区的发展模式，也不适宜简单地用其他地区的评价指标体系来衡量其发展。

二是关于发展重点。现在行业里提到的"环节机械化、过程机械化和全面机械化"，这样的道路至少目前都不适用于丘陵山区农机化的发展。受自然条件限制，有些地区机械化几乎是不可能的，或者说代价太高，投入产出相当不合适。此外，因自身经济、社会、环境条件的制约，即使投入力度达到发达地区的水平，也难以达到发达地区的发展水平。暂不能追求所谓的全程机械化，而是应该追求某一个点的突破，选好突破点最为重要。首先应该解决基础设施问题，如农产品的机械化运输，如同平原地区改革开放初期的"小四轮"大幅增长，解决了农村运输问题。其次是解决一些农产品的机械化加工问题，以便提高农产品的附加值来促进农民增收。

在目前的情况下，不一定要一味追求增加资金总量的投入或者倾斜，因为，即使资金总量实现了倾斜，也可能因为缺少适用的机具或不具备使用条件，而花不了这些钱。因此，加强对山区适用的机具开发是重要前提，用科技先导与经济协调相结合的方式，以点的突破来带动弱势地区农机化的发展。

● 基层农机化：织网连线健全体系

过往，我们有一个世界上独一无二、十分健全的农机管理服务体系，老农机都能如数家珍地给你道来，"管、供、修、研、训"，外加一个"监"，一个"鉴"，由此构成我们一个完整的农机化体系。"管"者，农机管理机构也，从中央到省市，从省市到地市，从地市到县市，从县市到乡镇，一应俱全，一脉相贯；"供"者，农机供应公司也，也是从中央到县市，上下连贯；"修"者，农机修造厂也，每县都有，而且不止一家，甚至按照一二三四序号编排起来；"研"者，研究所也，也是从中央的农机院到县市的农机具研究所，一样都有，是其他行业绝对不曾有的；"训"者，农机化培训学校也，省、地有中专，县市有成人中专性质的技术学校，体系也是庞大得很；"监"者，监理站也，上下连贯一系，加上乡镇农机管理站，算是农机化体系中最连贯的；"鉴"者，鉴定站也，有部级总站，有省市站，曾经还有少许地市级站，在农机化体系中算是机构最少的子系列。

读完上面文字，界内人士会问，啰嗦半天，说了这说了哪，咋就没有当下农机化系统最活跃的农机推广站呢？其实不然，前面文字已经述及农机推广了，为何没有明示，下面还有话一一道来。

我国农机化管理服务体系创建于计划经济时代，经过几十年的变迁，有许多往复迁延，虽说算不上惊天地泣鬼神的变化，但也有些跌宕起伏之感。农机管理机构几乎是每次机构改革的改革对象，是机构改革的"老运动员"了，所幸的是千变万化，名称各异，局、办、中心叫法不一，总算机构圈囵，人马尚在。供应公司，早前都是国营买卖，现今则以股份制、个体私营为主，物是人非了；国营修造厂也基本不存，少许保存，大多转行了；研究所，中央、省级还在，而地市县则更名为农机推广站，这不，推广站出来了，体系健全着了；

县一级农机技术学校到尚在，不过都活的一般而已；监理站、鉴定站倒是俱全，运转正常，尤其是鉴定站，托购机补贴政策的福，现在忙的不可开交。

文字所及大概就是当下农机化系统的一张全家福，既非褒扬也非贬抑，真实写照而已。

文字写到这里，快到下笔千言之时，其实还没有触及本文的核心，基层农机管理服务体系。天津市农机局曾组织若干调研组下基层了解体系情况，现实显示，乡镇街农机独立管理机构基本不存在了，合并后的乡镇综合农业管理服务组织中农机岗位人员不明确，农机化上下连贯处于失衡状态，下情上传，上情下达并不畅通，尤其是最起码的统计数据实在堪忧，农机化工作接地气缺了上下连接的关节点。

这大概就是行间所说的"网破线断"的囧态。

这几年上下都在健全基层农业技术推广体系，但受多方制约，人员不到位、设施设备不到位，尤其是经费不到位，所以还经常性的处在不断"加强"的进程之中，何时能"加强"到位，谁也说不准，得有持久抗战的决心和信心。

不过俺们并非就无所事事，无能为力了，活人还能让尿憋死不成？反对形式主义、官僚主义等"四风"，农机化体系建设也当如此。织网连线，健全体系是当务之重。我们的行动就是重新明确乡镇农机管理服务机构，重新明确负责人，重新明确岗位员工，而后，我们将安排经费进行一次全面的轮训，有人管、有人干的一个崭新的局面完全可以再现。

机构叫什么名字不重要，重要的是有机构承担事业，有人员负责工作，更重要的是服务农民的需要。人还在，心不死。重新拉队伍、招兵买马，占位子；树信心，建雄心，重整旗鼓，农机化基层体系定将"收拾金瓯一片，分田分地真忙"！

● 杂议"返乡潮""民工荒"与农机化

有一首歌唱道：不是我不明白，是这世界变化太快。

现实生活确实如斯。

还记得前年底去年初，我还忙活着组织天津市农机研究所的几位同仁一起研究农民工"返乡潮"对农机化影响的文章，写完之后还发表了（《农机市场》2009年第3期）。刚刚过了不到一年时光，2010年春节之后，忽闻沿海地区又出现了"民工荒"。世事变化之快让人有点瞠目结舌之感。

说起来，无论是"返乡潮"，还是"民工荒"都与农机化有关联，关联的结合点就是来自农村的民工。民工之于农机化不是间接的关系，实在是有直接的联系。民工的走与留，与我们农机化都大有干系。农业生产离不开人，这些人留在农村就是农民，就是农业劳动力；离开农村才能称之为农民工，农民工实则是工人，而不是农民，虽然他们与农村还有千丝万缕的联系，返回农村的话还可以恢复农民的身份。

现在看来，农民工返回农村，并不是都会再次从事农业生产，尤其是二代农民工，可能他们在"返乡潮"回到农村之后，暂时再次成为农民，或者说只是暂时住在了农村，其实，他们的心已经不在农村了，而是心仪城市，对这一族人群而言，重返城市只是时间而已。他们在一定程度上开始成为农村的匆匆过客，城市才是他们人生旅程最终的目的地，这已经是毋庸置疑的社会事实。

"民工荒"有诸多成因。内地经济的发展，对民工的需求在扩大；低工资对民工的吸引力的减弱等，都是重要的因素。

农机化物化的表征是农业机器的使用，但操作这些机器的是人，无论这些机器自动化、智能化程度有多高，还都在人的掌控之中。

从事农业生产也是选择留在农村的农民的一个重要的选项。不过我们可以肯定，留下来从事农业生产的人，绝不是只想采用传统生产方式的农民了，而应该是跟农机化密切相连的新型农民。

农机化能留住农民工，核心问题还应该是经济收益。农机社会化服务的发展，从事机械化生产可以给农民带来较高的收益。农机化生产方式极大减轻了农民的生产劳动力条件，提高了农业劳动生产率，相应的也改善了农业生态环境，农民的生活条件。机械化方式注定会成为他们首选的生产方式。这当是农机化发展的福音。

如此好事，留下来又何乐而不为呢！

主动与被动，肯定不一样。自主留下来的新型农民与传统生产中的农民在许多方面都有差异。思想观念差异、心态差异、知识差异、技能差异、期望值差异。

我们农机化管理部门的在"返乡潮"和"民工荒"中都面临机遇与挑战。毛主席说，人的正确知识不是从天上掉下来的，是从生产实践中来的。提供信息服务、技术培训、典型示范等，改造农业生产方式，也改造农民的思想。如何引导这些留下的农民工从事农业生产，指导他们利用工业化生产方式，教会他们用机械化生产模式从事农业生产就成为我们应该做的工作。具体而言，指导他们利用中央强农惠农政策，享受购机补贴优惠，置办生产必备的物质手段，采用诸如保护性耕作技术、现代物理农业工程技术、设施农业工程技术等先进技术。

"返乡潮""民工荒"，与农村关联，与农民关联，自然与农机化息息相关，我们在这里不是旁观者，更不是局外人，积极的研究他们，积极的引导他们，结果将是大不一样的!

● 引言京津冀农机一体化

早前，这块地盘叫直隶，现今，叫京津冀。

京津冀，一个是国家的政治中心，号称祖国的心窝窝；一个是滨海港口都市，我国北方经济中心；再加上一个环绕两个直辖市的广袤的钢铁大省、农业大省；过去是各守一摊，各自为战。如何实现协调发展？30多年了，从"京津冀经济一体化"到"京津冀都市圈"终于升级到国家战略层面的"京津冀一体化"，这一漫长历程隐含的是机制、利益的纠结。作为重大国家战略，中央强调要坚持优势互补、互利共赢、扎实推进，加快走出一条科学持续的协同发展路子。

京津冀一体化，说易行难。说感受最直观的一点，我的车进不了你的"城"，你的车进不了我的"市"。"关口"不开，一体化谈何容易啊。当然，说归说，行归行，难度再大也得克服，当下不是有一句话讲：有条件要上，没有条件创造条件也要上！

其他行业都在嚷嚷着一体化，农机化行业也不应该落后啊。毋庸讳言，当前在农机行业目前发展中，京津冀还处于各自分割、封闭的状态，缺少目标同向、措施一体、作用互补、利益相连的合作思维和合作机制。别的俺不敢妄说，只想从立足天津农机行业来谈论京津冀一体化，说一说协同发展中的功能、作用及其举措。

讲京津冀一体化，首先得从当前发展的态势说起。在农业生产过程中，天津耕种收综合农机化水平在京津冀三地中处于领先地位，农业生产中机械化起到了主力军作用。在农机科技领域，北京因为有中国农业大学、中国农机化科学研究院等中央级农机院校，因而具备雄厚的实力。在农机制造行业，天津在拖拉机、玉米收获机、农用发动机、部分农机零配件生产等方面具有较强的优势；北京市在设施农业装备生产方面具有一定实力；河北省在农机具制造领域具有较强优势；由此而言，三地在农机科技、制造领域存在互补关系。

协同发展的思路。我以为京津冀农机行业协同发展应该从信息、科技和产业三个方面进行沟通、融合。一是搭建京津冀一体化的农机信息化平台。通过信息平台将三地农机化生产服务融为一体，农机社会化服务信息共享，改变各自为战的局面，在耕、播、收等主要农业生产环节实现一体化联动服务机制，构建三地一体的大农业生产服务体系，提高农机化生产效率和效益。二是利用首都资源提升农机科技水平。天津农业生产规模不大，但品种齐全，因此有利于进行农机新产品研制、试验，因此，可以成为中国农业大学、中国农机化科学研究院、农业部规划设计研究院等机构科研、中试、试验基地。另外，天津市在保护性耕作技术应用、现代物理农业工程技术应用等方面在全国具有较强的优势，可以跟有关高校等合作，在津建立新技术示范园区，提升技术，转化成果，服务京津冀和全国。三是环天津周边区域打造农机工业产业圈。近年来，约翰迪尔、雷沃重工、利拉伐、勇猛机械、德邦大为等一批农机企业相继落户天津，已经初步形成新的农机工业集群，天津是机械装备制造的重要基地，具有成熟的机械制造基础。同时，具有人才吸纳、产品物流、技术应用、配套服务等优势，因此，可以有计划有战略重点的吸纳北京及通过北京渠道连接国际高端农机生产企业落户天津及其周边。形成一个主机制造为主的现代农业装备产业聚集区和农机零配件生产基地，两相呼应，成为中国农机制造新的产业圈。支撑京津冀，服务全中国。北京的科技，天津的基地，河北的市场，可以使京津冀成为中国农机行业最发达的区域。

京津冀一体化话题深厚，非三言两语就能说透说全，抛块石头以引美玉也！

● 关于农机工业的 4 个问题

2014 年 7 月 19 日，2014 第二届中国农机工业高端论坛（CAIF2014）在天津举行，有幸作为主办方邀请的嘉宾参加了会议，现场满腔热情的作为地主发表了一通言论，之后作为看客参加了论坛。老实说，原先想听听就"撤退"，但越听越觉得有意思，越觉得有思考的空间，于是乎就"坐而听道"一整天。

坛者，我理解是土堆也，筑坛论道是现时热门的举措，但是要真的论出点道道就不是每个筑起的坛都可以做到的。

本次中国农机高层论坛，来的人物或许并非都是高层，但谈论的话题确实是高层的。

论坛的主题叫做"中国农机再出发"。

从哪里出发？说来话长了，不是从天津出发，而是从购机补贴以来我国农机化 10 年黄金期的基础之上的"再出发"。我觉得这包含两层意思，一是从 10 年高速发展的基础上向更高目标挺进；二是针对 2014 年以来农机市场"跳水"似的下滑引起的重大转折点的猜想出发。

由于时间很短促，每个人发言未必都紧贴话题展开，再加上穿插有农机 TOP50 颁奖，我觉得论坛没有论透，可以再择时间集中一个话题专论。

围绕这个论坛的话题，我倒做了很多思考，但非常的无解，因此，想到用笔写出来，公布出来，请行业内的专家一起解题，共同解答目前发展的疑惑。总结了一下今天自己想到的难题，可以概括为 4 个方面。

其一，2014年农机市场为什么出现跳水似的下滑？众所周知，市场发展都有一定规律，都是循序渐进的，上升如是，下降也如是，我国农机工业历经10年的高速发展，在没有明显征兆的情况下突然大幅的衰减，真的是市场饱和？还是全国性补贴政策调整带来用户观望、用户筹资困难等因素的制约？同行人士提出产能过剩、中高端产品供应不足、产品同质化严重等分析，似是有理，但又没能准确说出现像背后的真正原因。为什么没有一个逐步的衰减期？求解！

其二，转型升级之说是不是一个伪命题？当前的市场下滑不是几个产品，而是大部分产品，转什么型，升什么级，其实都不清楚。据了解，一些外资企业产品，价格比国产产品高，但依然能够赢得用户的欢迎，甚至一机难求，我想无非是产品质量、售后服务略高一筹而已。当下本该做好的产品质量、售后服务没做好，谈何转型、谈何升级！

其三，当下的企业是将单一产品做大，还是把产品做全？常常听到有企业家说要把某一产品做精做细，然后做大，类似"一招鲜吃遍天"；不过也有企业家称要做全，亦即拉长产品链，营造多品种氛围，力求"东方不亮西方亮"的局面，无论市场如何变迁，自己总有热点。二者作何选择？

其四，电商时代的农机销售是何模式？这个问题论坛上没有人提及，是我联想出来的，假如农机开启电商模式，并且被购机补贴所纳入，传统的销售模式、销售体系会不会被冲击的稀里哗啦？这个命题我觉得值得生产企业和经销企业深思！

上一个"黄金十年"给了我们发展的机遇，是不是还有一个新的更高层次的"黄金十年"？现在说还为时尚早。但是，中国农机工业进入一个重新洗牌的阶段倒是一个不争的事实，抓住了是机遇，抓不住就是挑战。无论称之为拐点，还是转折点，机会不是给每一个企业的，挺过去也许就是辉煌的新10年，挺不过去就是万丈深渊，目前不是居安思危，而是居危思安，未来是什么梦，求解！

● 论中国农机工业的内挤外压

我早就说过，农机行业是一个围城，里面的想冲出去，外面的想打进来。圈里的企业觉得搞农机太苦太累，一年忙到头，累个半死，最后赚不了几个小钱。觉得很寂寞很难耐，觉着农机以外的世界很精彩。而圈外的企业以为中国毕竟是农业大国，农机市场辽阔，需求巨大，并且还有国家丰厚的扶持政策，感觉农机圈里内涵丰满。要知道我国到底有多少扶持农业发展的政策，真是个难题，《农民日报》报道，农业部有52项支农惠农政策，而其他部委，甚至一些社团组织，又有多少这方面的政策呢？不敢说多如牛毛，但具体数目真的是无人知晓。这就难怪有人眼馋农机圈里的优厚政策。

这正是：圈内人，不识庐山真面目，只缘身在此山中，日子这边难熬；圈外人，横看成岭侧成峰，远近高低各不同，风景这边真好。

近闻，有两家国外农具企业入驻青岛，新闻报道的山响；几年前，有若干家纯国外农机企业悄无声息地入驻天津，但我们当地的农机化主管部门毫不知情。偶然机会与之邂逅，一次是去一家国内企业办事，发现居然有响当当的国外企业在此扎营；另一次是在全国农机展才瞥见某国际知名品牌农机展位赫然标注带括号的"天津"字眼，才知晓还有这等大事在天津发生了，另有几家也是曲里拐弯才得知。

今年以来，不断看到新闻报道，某某工程机械企业高调进入农机行业，某某汽车企业摇旗闯入农机阵营，甚至一些投资公司也热热闹闹掺和进来。这番折腾到底为嘛？我直白的理解：为中国农机巨大的市场而来，也为农机补贴而来！因此，当下中国农机企业正在承受着国外农机巨头、国内其他行业企业外压内挤的外来入侵，压力巨大。

其他行业企业挤入农机圈的现象背后，更多是他们面临着巨大的压力。比如工程机械，也是在自身的围城中寻找突围，2016 年 5 月 23 日《第一财经日报》新闻标题：制造业艰难转型：利润 10 年下降 80％，钱越来越难赚。受累于世界经济不景气、国内外市场疲软，以及产业全球转移等的影响，中国的传统制造业面临严峻挑战。

与此同时，农机，被有些人视为小儿科。以为干农机是小事一桩，可以轻而易举的获得成功。

20 世纪 90 年代，华源曾经大举进入农用车领域，之后纺机行业在全国多地冲击全喂入水稻收割机，矿机企业则跨行开发玉米收获机，当时也不乏其他工程机械、汽车企业试水农机。

平心而论，有进有出正常不过，但结果往往是，高调进入，悄然撤退。

制造领域如此，科研开发也是如此。很多著名高校对农机也虎视眈眈，时刻惦着农机这块肥肉。据我所知，20 世纪 90 年代即有国内顶级高校被拉进来参与玉米收获机开发，结果一事无成。天津有名校教授跨行开发烘干机，虽说课题有、专利有、论文有、博士有，最终还是铩羽而归。

这真是：农机潭水深千尺，不倾全力枉费情。

在行业狂飙突进的岁月里，行业本身的机会多，企业也积蓄了些力量，不少企业家选择了多元化经营模式，四处寻找、投资新的爆发点或机会，而没有聚焦主业，去提升研发、生产、营销等能力，去打磨独一无二的核心竞争力，也就是不专注，缺乏匠心。而在行业面临发展困境之时，则左顾右盼，总觉得别人家的菜香，要突围，古今中外，农机内外皆然。

外挤内压的形势对农机企业而言，未必都是坏事，古人言：灭六国者，六国也，非秦也；灭秦者，秦也，非天下也。又云：皆知敌之仇，而不知为益之尤；皆知敌之害，而不知为利之大。然也！

● 关于农机若干问题的随想

岁末年初，继往开来，总结过去，谋划未来，这是我们年底年初的例行公事。我觉得好好整理一下思绪也很重要，对今后的工作很有启发意义。于是静下心来梳理了最近听到的看到的想到一些典型性和非典型性的说法、提法和想法。

农业很小，吃饭很大。这句话是我最新听到的很具震慑的一句话，原意是：农业产值很小，但吃饭问题很大。我没有去查过在全国 GDP 中，第一产业所占的比重，倒是知道天津农业产值只占全市产值的 1.3％。小，太小了，但是谁又能否认吃饭问题不是大事呢？吃饭是百分之百的大事，因此，农业问题过去现在将来，在我们可以预见的时限内，永远是大事。不引以重视绝对是极大的渎职。农业是大事，农机当然也是大事。

藏粮于地，藏粮于技。这也是岁末的新提法。有新闻写道，"五谷者，万民之命，国之重宝。"粮食生产是安天下、稳民心的战略产业。习近平指出："我国是个人口众多的大国，解决好吃饭问题始终是治国理政的头等大事"。"十三五"规划建议提出，"坚持最严格的耕地保护制度，坚守耕地红线，实施藏粮于地、藏粮于技战略，提高粮食产能，确保谷物基本自给、口粮绝对安全。"藏粮于地，藏粮于技，与农机关系极大极大，远的不说，现在我们在天津正在实施的土地深松、激光平地、秸秆还田，还有残膜回收，都是提升、涵养土地之举，不正是藏粮于地的措施吗？藏粮于技，更是凸显农机的作业，良种、良法最后还得靠良器来成事，这就是我们常说的农机是农业科技的载体的含义，再好的种子、耕作方式，总不能靠镰刀锄头去解决战斗吧？

购机补贴。搞农机的人都绕不过购机补贴的话题。一篇关于广西购机补贴的文章在网络引人注意，标题是《广西农机补贴犯罪案件 5 年内从百位数降为个位数》。报道中称，职务犯罪案件数量大幅下降，2011 年为 124 人，2015 年前 10 个月为 3 人。读完了有一种不知道是表扬还是批评的感觉，酸酸的，苦苦的，总之不是滋味。购机补贴政策实施 12 年了，各利益方的博弈一刻也没有停止。前些年重点是管束自家人的违规违法，以清理门户为主，这几年制度逐步严谨，系统内的漏洞被堵塞了，但系统外的博弈逐渐显现，部分生产、经销及购买方串联违规成为主体。当然系统内部也不见得就风平浪静。购机补贴的功劳举世瞩目，成绩不小，压力也不小啊，绝不可以掉以轻心，放松懈怠，猫鼠游戏还在继续。

新法规，新要求。从 2016 年 1 月 1 日起，新版的《农机推广鉴定实施办法》登场了，新的办法跟旧的办法有很多变化，管理部门、鉴定部门和生产企业都得认真找到自己在这个新办法中的驻足点，履行好、承担好自己的职责和义务。尤其鉴定部门，从"随员"变成"主体"，兹体事大啊。此外，新版的《大气污染防治法》也在 1 月 1 日施行，同样深度影响农机行业发展。比如，"国Ⅱ国Ⅲ"问题、秸秆禁烧与综合利用问题，还有报废更新问题、畜禽养殖废弃物处理问题。有人编了一个《大气污染防治法（农机版）》，我看了觉得蛮好，把问题解读得有板有眼，值得一读。2015 年年末的几场严重雾霾，终于没有"砖家"出来拿秸秆说事，也值得回味。关于"国Ⅱ国Ⅲ"纠结的问题，各相关方应该是放下幻想，准备踏实落实了。

现代物理农业工程。此事也是不小，与农业"一控二减三基本"、食品安全、环境污染都有关系。2015 年 12 月 11 日，中国农机学会现代物理农业工程分会成立，意义有多大，现在还不知道，但是对推动农业的发展肯定会有新贡献。

年末的几点随想，想到哪写到哪，没有啥逻辑关联，也有别于年度主题词，但与同仁共勉。

● 关于农机转型升级的补白

今年八月，农机行业有两个重要活动，一个是《农业机械》杂志在天津组织的农机工业高层论坛，主题是"中国农机再出发"；另一个是中国农机工业协会收获及场上作业机械分会组织的中国收获机械技术升级研讨会。两个活动都有不少农机制造企业参会，还有不少行业高层专家与会，共同就如何应对今年我国农机工业（农机销售）跳崖式的滑坡局面，不约而同提出了转型升级的口号。

我有幸参加了这两个活动，悉数、细心听取了行业大佬们的精彩分析、中肯建言，深受启迪。在会议中，本人一改过往以听为主的方式，在认真听报告的同时，还做了详细的笔记，之后又复习若干遍，实现了听进、消化、吸收的过程，真的是受益匪浅。归纳专家们的意见，关于我国农机工业转型升级，以收获机械为靶标说明，当从以下若干方面着手。

首先是产品结构调整。开发高效、智能、节能、环保的产品；开发多功能谷物联合收获机，解决秸秆回收问题；开发新一代青饲收获机；开发棉花、甘蔗、蔬菜等经济作物收获机。其次是农机关键技术的进步。这些年很多企业忙于生产、开发，疏于部件研究，如驾驶操作系统、监视系统、信息化系统等。其三是制造技术改造。包括焊接自动化、零部件检测、精准物料为基础的柔性装配线等。其四是企业兼并重组。组建综合性大型企业，实现产品差异化。其四是抓好产品零部件配套。液压、电器、胶带、发动机等企业及其产品也需要转型升级。还有专家将转型升级进一步具体化为：大型化是规模农业发展的必然要求，多功能、高效率是客户对综合效益的必然要求，纵轴流技术将成为我国大型收获机械的主流技术。而机具的驾乘安全性、舒适性、操纵和维护的方便性，工况自适应的自动控制技术、远程服务信息技术等是人机工程技术的主要发展方向。

专家们说的都很好，按照官话套路来讲，我完全同意他们的意见，但同时需要补充我个人思考后的意见，也讲两点意见，也是差异化的一部分，算着是一种补白，仁者见仁智者见智，拙见对与否，权当参考，请各位看官自品。

我的意见如下。

转型升级，首先要深挖内部潜力，直说就是抓产品质量。产品升级、结构调整，没有质量做基础，都是白搭。目前市场上有些产品，典型的是一些外资企业产品，价格比国产同类产品高出一截，但依然被用户认可，销售业绩好于同类国产品牌，以至于不少内资企业经常要喊出保护民族工业的呼吁之声。且不说产品技术升级不升级，没有质量保障，技术水平再高也难以得到用户的青睐，质量提高是根本，市场需要回头客，这点不管你相信不相信，反正我是相信。外资企业在国内的工厂技术人员是国人、加工制造设备不比内资企业好，但质量往往高于国产产品，个中缘由难道不值得深思吗？

转型升级，其次是产品功能的扩展与延伸。倡导开发复式作业机具，比如"收获＋播种一体机""收获＋秸秆回收一体机""秸秆处理＋播种一体机"，这其中一些机型已经有雏形，山东常林、河南新乡等生产的稻麦收获秸秆打捆联合收获机，天津津旋与南京农机化所共同开发生产的全秸秆粉碎还田播种联合作业机，也许这些机型还不成熟，但是毕竟有所突破，假以时日是会有所作为的。我早先就提出的"联合收获机＋播种复式作业机"，好像还没有人试水！

转型升级是当前农机工业面临的机遇与挑战，选准了方向，把住了命脉，就是机遇，走错了方向，则是挑战。过了这道坎，中国农机还是大有作为的。

● 博弈中的忽悠，或许就是真的！

最近，根据国际货币基金组织（IMF）的预测：中国经济预计将在2016年超过美国。IMF 根据购买力平价测算，2016 年中国 GDP 将由今年的 11.2

万亿美元升至 19 万亿美元，2016 年美国 GDP 将由今年的 15.2 万亿美元增至 18.8 万亿美元；届时美国经济占全球生产总值的比重将降至 17.7%，中国所占比重将升至 18%。IMF 还说，无论谁能在下一届美国总统大选中获胜，他都将成为最后一任领导全球最大经济体的总统。而大部分人对此并没有做好准备，他们没有意识到"美国时代"的终结之日已如此逼近。

如此报道，要在过去，我们的感觉肯定是欢欣鼓舞、欢呼雀跃；而目下却有些被忽悠的感觉。中国 GDP 超越日本好像刚刚发生在去年，再过几年就又要超越美国了，老觉得心里没底。或许从数字上我们会很快超越美国，但我们并不会因为数字上的超越感到松了一口气，其实我们和美国的差距还是很大很大的。

再说了，总量的超出并不等于我们就强大了。在上面消息的同一篇报道里还说了：中美之间的差距是全方位的，无论技术、金融，还是民生、医疗，大不等于强！1820 年中国 GDP 约为英国 7 倍，却在鸦片战争中败北。1870 年，中国 GDP 是英国 1.7 倍，却没能阻止英法联军火烧圆明园。1936 年，中国 GDP 是日本 2.8 倍，却没能阻止日军铁蹄。

无可非议，改革开放几十年来，中国经济发生了翻天覆地的变化。经济总量一路飙升，现在已经位居世界第二大经济体的地位，发展成果有目共睹。

农机行业也同样如此。前不久看到报道，称我国已经成为世界农机大国，农机制造企业 8 000 多家，2010 年国内农机工业总产值 2 800 多亿元，农机产品几乎覆盖所有农业生产环节。还有报道称，我国已总体跨入农机化发展的中级阶段，部分省市相继宣布跨入高级阶段，农业生产已经由人畜力为主转变为机械化生产为主的阶段，形势一片大好。

然而，农机界也在反思、争论，尤其是我国农机制造业，主导产品、大宗产品生产中洋品牌所占分量越来越多，洋品牌和国产品牌博弈的场面愈发较劲，不少人士发出担忧之叹，也有不少企业祭出弘扬民族品牌的大旗，一要占市场二要争效益。

约翰迪尔、凯斯纽荷兰、洋马、久保田，东洋、马恒达，还有近期收购山东大丰的爱科，有的经营中国市场几十年了，有的刚刚实质介入，但都虎视眈眈，要在中国农机生产中分一大杯羹，现实中已经抢占了不少市场份额。面对咄咄逼人的洋品牌攻势，从"狼来了"到"狼真的来了"，危机四伏，国内农机制造业应该说五味存腹，甘苦难言。

改革开放之初，我们很感激老外来帮助我们建设四个现代化，后来发现，老外不是来帮助我们建设四个现代化的，客观上是，主观上并不是，而是冲着我们的资源、市场和钱包来的，没有这些东西，怕是没有人搭理我们的。现如今，我们也市场化了，跟国际接轨了，每年顺差大大的，国际化程度越来越高，经济上美国"感冒"，我们就得赶紧"吃药"；我们加息，世界股市也会应声下跌，闭关自守的时代一去不复返了。因此，洋品牌也好，国产品牌也好，都在一条起跑线上挺进、一个锅里捞饭，往往是你中有我，我中有你。国产品牌有取洋名字的，洋品牌也饱含很多中国元素。

要说 IMF 的忽悠，你不能当真，也不能不当真。世界第一经济体的称号我们或许当真过几年就会荣任了，但要说我们就成为世界经济的领袖，那真的还担当不起。

家电行业老早就引进国外技术，汽车行业也大量引进。不过汽车技术核心到现在还是攥在人家老外手里，家电倒是被我们消化吸收了不少，反客为主了。1980 年代过来的人都能忆起，当初的冰箱行业，电视广告一打，七八个"阿里斯顿"品牌大闹天宫，不过几年，这样的现象没了！取而代之的是一群国产品牌。

博弈中什么都可能发生，家电行业能如此，农机行业又何尝不可以做到了！

● 中国农机向谁学习？

编列本文的标题，着实费了些脑子，醒目一点，尖锐一点，还是柔和一点，闲适一点？前前后后列出了若干，诸如，"学习德国"，显平淡、僵直；"学习日本"，过敏感，后怕有人看完标题就直接去砸俺家的日系车，危险性忒大；"学习敌人"，有点生硬，都说同行是冤家；"学习对手"，中性、乏味。最终只好绕着弯子来说了，想想也真是无奈的很。

今年春节之后的一段时间里，媒体一再爆料，说国人成群结队去国外旅游，大包小包的购物。先前的重点是抢购金银珠宝、高档挎包手表等奢侈品，而现如今又有了新的热点。媒体聚焦的状况是：去德国，买高压锅；去韩国，买高压锅；去日本，还买高压锅；此外，媒体还突出报道，去日本的中国游人还大肆扫货智能马桶盖，似乎要给中国人来一场屁股革命。

关于游人的行为，引发一场热议，对欤？误欤？当然，这是一场不会有结果的争议，无论对或错，他都是事实摆在面前，批评也好、赞同也好，都抵挡不住扫货大军的行为。按照存在即合理的实用主义理论来讲，这都是无可厚非的，钱在老百姓口袋里，想买什么谁也管不着，这点小事还不让老百姓任性一把？

高压锅、马桶盖，小事也，可是居家过日子，却又是大事。买日用品是这样，买农机也是这样。有一个真实的段子。有一年"三秋"到天津武清深松作业现场调研，有基层工作人员说到合作社购买拖拉机，有这么一个现象，年轻好买"迪尔"，中年人青睐"福田"，有点岁数的喜欢"东方红"。理由是：迪尔服务一般，但产品皮实；福田价格居中，售后服务好；东方红老品牌，价格不贵也信得过。既没有褒谁，也没有贬谁，仔细咂咂个中的滋味，寓意悠长而深邃。

当下，一说到农机产业发展，人人都喊转型升级。我有微词，现有产品质量都二五眼，何以升级，更妄谈转型。所以我说，转型升级的基础是质量扎实，另外是功能满足用户需求。

回过头咱们再说智能马桶盖，国内早已有之，俺家去年装修就装了一个，开始还有些抵触，但用用就觉得还真不错。再后来看媒体分析，说日本马桶盖设计更人性化，而且价格便宜。再后来又见报道，说国内企业也在降价促销，还听说，日本马桶盖其实就是在中国制造的，不过采用了与中国不一样的标准，呵呵，问题清楚了，标准、设计、质量和价格，哪哪都有不同的地方（俺就是故意不说哪哪都有差距）。

媒体一起哄，坏事变好事，到让大家关注到平时羞于启齿的屁股问题，虽然替日本马桶盖做了宣传，与此同时，也客观上为国内企业做了促销动员和宣传，一是本来我们就有，只是没有引起用户和商家的关注，现在才知晓原来市场是大大的；二来日本的马桶盖原来是中国制造，要是我国企业提高质量，又何必舍近求远大老远跨海去买什么马桶盖呢？

马桶盖说多了，再回头还说农机。跟日本有关也有一例，过去一年，久保田的一些产品因为种种原因，被"封禁"一年，但是品牌没倒，产品在市场还红红火火的卖。俺就想，换一家内资企业，如此被封杀一年，将何如？

品牌硬是功能硬，品牌硬是质量硬。假如这两点做不好，整天嚷嚷支持、保护，口号喊得山响，怕是到了生产中农民也不感冒的。从高压锅、马桶盖，再回到我们的农机，拖拉机、收获机等，都应该好好地学习德国、学习日本、学习美国，也该好好学习国内的竞争对手。

学习对手是做好自己、战胜对手的基础，孙子曰："知己知彼，百战不殆；不知彼而知己，一胜一负；不知彼，不知己，每战必殆。"用"化腐朽为神奇"来比喻不恰当，用化"敌为友"来表述也不适意，到底用什么能表达本文的主题呢，各位看官任性吧。

● 代表委员：能为你做点啥

每年3月的"两会"都是我国政治、经济，乃至军事、文化等各方面的大事，也是各种舆论的焦点。虽然说全国人民都十分关注，但毕竟绝大多数民众都无缘直接参与"两会"，只能间接的透过代表委员去参与"两会"，参与国家重大事项的决策，由此，代表委员在重大决策中的作用就显而易见的凸显出来。

关于人大代表，自从20世纪80年代开始有投票权以来，笔者历经了无数次选举人大代表的时间节点，可是非常遗憾的是，每次投票时间几乎都因为出差啊开会啊什么的事体给错过了。在记忆中似乎有一次到投票站去投过票，投的是哪位候选人的票一点印象都没有了，究其原因，一则是时间久远忘记了，二则是候选人都是不认识的人，且未曾到我们所在选区做过什么演讲、介绍什么的，因此没有记忆痕迹也就再自然不过了。而关于政协委员，是如何产生的，到现在俺也不知是何程序和需要有什么条件。

参加工作之后与代表委员也时有接触，一方面是自己工作单位就有代表委员，另一方面是透过代表委员向地方"两会"提出过有关农机事业发展的诉求（提案或议案，自己一直没弄清这两个的区别），但是戏剧性的是提出的诉求居然最终又回到我自己手里，要自己对自己提出的诉求进行答复，弄得有些哭笑不得。

全国"两会"的代表委员都是地方选举产生的，是不是都只站在地方的利益上表达意见？今年"两会"期间特别留意了这个问题，发现并不尽然，代表委员在发言或提出议案、提案并非都围绕地方来展开，基本还是以所在的行业为出发点来表达。我专门关注了具有农机背景的代表委员的建言。查了一下农机媒体对"两会"的相关报道，《中国农机化导报》做了两次"两会专题"，一次是以图片报道为主分别报道了王金富、傅惠民、王富玉、马荣荣、林印孙发言，除了王金富发言涉及农机外，其他人士都未讲农机议题；第二次是以文字报道为主，分别报道了姜卫东（加快推进城乡环卫一体化）、刘义发（规范小型电动车行业发展）、赵剡水（进一步调整完善购机补贴政策）、张桂华（运用法律手段根治秸秆焚烧）、尚勋武（制定马铃薯主粮化扶持政策）的发言内容。《农机质量与监督》进行了一次报道，分别报道了对刘义发、王金富、赵剡水的采访，话题相对农机行业具有针对性，对行业发展的问题他们分别提出了有见地的意见。

从总体而言，也许报道的不全面和不深度，从相关代表委员的发言来看，对行业发展的诉求不解渴，对我国农机发展一些深层次问题没有说道，个人观点是觉得有些惋惜。站在代表委员个人所处的单位背景上看，应该没有什么问题，然而放在整个农机行业的角度而言，我觉得还有欠缺。从现实情况来看，代表委员既代表他们在的地区，同时也代表着自己身处的行业，因此，有机会也有义务认真征询一下行业发展的重大诉求，带到"两会"，为事业发展争取法律、规章和政策支持。为此，是否应该在行业营造这么一种机制，通过这种机制将农机行业发展最重要最核心的诉求提交到我国最高决策、议事机构去。一是代表委员建立类似代表委员联系室的方式，在平时或两会召开之前广泛征询行业意见，然后进行综合分析，提出核心问题。二是农机行业相关部门或组织加强与代表委员的联系，主动将行业发展诉求提供给代表委员，通过代表委员表达农机行业的发展心声。关于这些联系、沟通，谁来做呢？作为行业主管的农机化司出面似乎不当，农机化司毕竟是国家主管行政，不能自己出建议最后自己来解答。而农机行业的三大协会则具有得天独厚的条件，农机化协会、农机工业协会、农机流通协会，可以独自，也可以合作，通过大量的调研，形成发展意见、拟定政策建议等，为代表委员提供智库服务，使农机事业发展得到国家的重视。

回到文章的标题，在逻辑上似乎有问题，代表委员、农机行业，谁该为谁服务啊？不过这不重要，重要的是能促进农机化事业发展就行。

论道二 管理与服务

农业扶持政策大观感

2016 年 3 月 30 日，《农民日报》第二版第三版是个通栏，专栏名称唤作："三农"政策明白纸。浏览一遍，真的是脑洞大开，不看不知道，政策真不少。

为让更多的读者跟我一起普及一下这些个政策知识，特罗列如下（共 52 项）：

①农业支持保护补贴政策，②农机购置补贴政策，③农机报废更新补贴试点政策，④小麦、稻谷最低收购价政策，⑤新疆棉花、东北和内蒙古大豆目标价格政策，⑥产粮（油）大县奖励政策，⑦生猪（牛羊）调出大县奖励政策，⑧深入推进粮棉油糖高产创建和粮食绿色增产模式攻关支持政策，⑨农机深松整地作业补助政策，⑩测土配方施肥补助政策，⑪耕地轮作休耕试点政策，⑫菜果茶标准化创建支持政策，⑬化肥、农药零增长支持政策，⑭耕地保护与质量提升补助政策，⑮加强高标准农田建设支持政策，⑯设施农用地支持政策，⑰种植业结构调整政策，⑱推进现代种业发展支持政策，⑲农产品质量安全县创建支持政策，⑳"粮改饲"支持政策，㉑畜牧良种补贴政策，㉒畜牧标准化规模养殖支持政策，㉓草原生态保护补助奖励政策，㉔振兴奶业支持苜蓿发展政策，㉕退耕还林还草支持政策，㉖动物防疫补助政策，㉗渔业油价补贴综合性支持政策，㉘渔业资源保护补助政策，㉙海洋渔船更新改造补助政策，㉚农产品产地初加工补助政策，㉛发展休闲农业和乡村旅游项目支持政策，㉜种养业废弃物资源化利用支持政策，㉝农村沼气建设支持政策，㉞培育新型职业农民政策，㉟基层农技推广体系改革与建设补助政策，㊱培养农村实用人才政策，㊲扶持家庭农场发展政策，㊳扶持农民合作社发展政策，㊴扶持农业产业化发展政策，㊵农业电子商务支持政策，㊶发展多种形式适度规模经营政策，㊷政府购买农业公益性服务机制创新试点政策，㊸农村土地承包经营权确权登记颁证政策，㊹推进农村集体产权制度改革政，㊺村级公益事业一事一议财政奖补政策，㊻农业保险支持政策，㊼财政支持建立全国农业信贷担保体系政策，㊽发展农村合作金融政策，㊾农垦危房改造补助政策，㊿农业转移人口市民化相关户籍政策，51农村改革试验区建设支持政策，52国家现代农业示范区建设支持政策。

单就把这些政策的名称从网页粘贴到本文，就颇费一番事。别说外人不知道，就是我们这些累年从事农业工作的人也不全知晓在农业领域有这么多的政策，有些甚至闻所未闻。如果闭卷考试，还真够背一阵。

在这些政策里，有些是我们熟悉的农机政策，比如农机购置补贴政策、农机报废更新补贴试点政策、农机深松整地作业补助政策；有一些是跟农机关联的政策，比如种养业废弃物资源化利用支持政策、培育新型职业农民政策、基层农技推广体系改革与建设补助政策、培养农村实用人才政策、扶持家庭农场发展政策、扶持农民合作社发展政策、扶持农业产业化发展政策、发展多种形式适度规模经营政策等；还有一些我觉得我们应该挤进去的政策，比如农业电子商务支持政策、化肥农药零增长支持政策、耕地保护与质量提升补助政策、加强高标准农田建设支持政策等。

正好，前一段我们在研究技术帮扶困难村工作的时候发现这样的问题，由于专业的局限，农机专家对专业之外的农业扶持政策知之甚少，因此，仅仅靠农机相关政策，帮扶起来是"捉襟见肘"，难以发力，为此，特别建议上级部门一是组织多专业结合的专家组综合帮扶。二是对专家进行培训，尤其是增加对不同专业扶持政策的了解，从而实现跨专业的精准帮扶。

其实，除了我们直接执行的为数不多的农机政策外，大多数政策都与农机有关联，也脱离不了农机的支撑，所以我们确实应该认真梳理和研究这些政策，自觉不自觉的掺和进去、结合进去，以便更有效地促进农业发展。

● 农机公共服务能力建设面面观

农机的社会化服务包含两方面的内容，一是体现政府意志的公共服务，由政府相关机构或政府资助机构面向社会来实施；二是市场化发展产生，体现市场需求的各种生产、金融等服务，最典型的莫过于生产环节的各种机械化作业服务。其中，公共服务能力是体现政府扶持、支持、推动农机化发展的重要力量。

关于农机公共服务能力有很多大牌专家、教授进行过研究，写过大量的专著，也指导博士、硕士研究生撰写过学位论文。在这里我不想系统全面的进行论述，只想将自己所思考的相关内容进行陈述，以期引起同仁的共鸣、争鸣。

我所要涉及的内容不完全跟目前部司一致，而是根据天津的情况进行考虑的。在文化艺术领域，有这么一句话：民族的就是世界的。强调世界是多元文化组成的。在农机化行业，借用这句话，调侃地说就是：天津的就是中国的。

本文所涉及的公共服务能力涵盖五个方面，即技术推广、质量监督、安全监理、信息服务和科技创新。下面就将其内容提要的一一道来。

推进农机化技术推广体系建设。完善基层农机推广体系，开展标准化基础设施、工作装备、信息化装备建设；建立不同层次的、功能的农机化技术试验、示范基地；建立农机化新技术培训实训基地。

加快农机质量监督体系建设。建立和完善农机化质量监督管理机构；建设农机试验检测基地，抓好试验室及配套试验检测设备建设，强化农机试验检测能力。确立农机质量跟踪调查制度，定期向社会公布农机质量调查结果，引导农民合理选购农机。

强化农机化安全监理体系建设。推动农机安全监理机构的参公管理进程；力争实现农机安全的免费管理，纳入政策性保险机制；建立农机安全监理远程网络审批机制，实现农机证照的远程适时审批；建立农机安全监理智能化检测体系，实现智能化检测在全市的基本覆盖；农机驾驶员培训、考核实现电子化；建立农机安全事故处理应急体系，配套事故处理车辆、仪器设备，提高快速反应能力。面向社会开展农机安全教育，实现农机安全教育进农户、进集市、进学校的"三进"；深化"平安农机"建设，以农机合作社为重点，开展农机安全典型示范工程建设。

完善农机化信息服务体系。完善农机化信息服务平台建设，建设好天津农机化信息网，发挥好信息宣传的功能；启用农机购机补贴、农机社会化服务、农机安全监理信息服务等管理平台及社会服务资源性平台；建立市、区县、乡镇三级农机信息采集体系，奠定信息服务的基础。

构建农机科技创新体系。强化天津农机企业科技创新中心的协调服务能力；建立具有地方特色的保护性耕作技术创新中心、设施农业工程技术中心；建设农机化新技术新产品中试基地；加快新技术创新研究与科技成果的转化应用。启动农机化科技人才培育工程，提升行业从业人员科学素养，培养后备人才，夯实事业发展的后劲。

以上是参加若干研讨之后，吸取众多同仁智慧，自己对农机公共服务能力建设的归纳之见，还望行业专家赐教。不过，自己认为若以此内容来规划和完成"十二五"规划，相信那时的农机化应当是一个相当壮观的景象。

● 说说农机普查问题

《人民日报》2012 年 8 月 14 日第一版发表了标题为《寿命延长　共享健康生活——十六大以来民生领域发展成就述评之二》的文章。文章援引国家统计局最新公布的 2010 年第六次全国人口普查资料，指出：我国人口平均预期寿命达到 74.83 岁，比 2000 年的 71.40 岁提高 3.43 岁。从性别看，男性为 72.38 岁，比 2000 年提高 2.75 岁；女性为 77.37 岁，比 2000 年提高 4.04 岁。男女平均预期寿命之差与 10 年前相比，由 3.70 岁扩大到 4.99 岁。这表明，在我国人口平均预期寿命不断提高的过程中，女性提高速度快于男性，并且两者之差也进一步扩大。这与世界其他国家平均预期寿命的变化规律是一致的。

报道还反映：2010 年世界人口的平均预期寿命为 69.6 岁，其中高收入国家及地区为 79.8 岁，中等收入国家及地区为 69.1 岁。我国人口平均预期寿命不仅明显高于中等收入国家及地区，也大大高于世界平均水平。从提高幅度看，2000—2010 年我国人口平均预期寿命提高 3.43 岁，比世界平均提高 2.4 岁多 1 岁左右。现实告诉我们，古人说的"人生七十古来稀"已经变成"人生七十不稀奇"！

对以上报道，官方一点来说，就是随着经济社会快速发展，人民生活水平不断提高，医疗卫生保障体系逐步完善，我国人口平均预期寿命继续延长，国民整体健康水平大幅提高，生活幸福指数与日俱增。按照我们老百姓玩笑一点来讲，就是我们生活有一个预期指标，活到 74.83 岁就够本了，达到平均线了，而超出的年头算是赚了的，呵呵！

书归正传，说人口谈寿命不是本文的主题，不过是引出话匣子而已。

人有寿命，农机也有寿命。

农机的寿命几何？这是一个很重要的问题。现在我们在筹划搞农机的"更新补贴"或者叫"报废更新"政策及其落实措施，首要的问题就是要弄清楚农机的使用寿命，清楚了使用寿命，才能拟定出机具报废的年限。其二，说起农机使用寿命，有两个依据，一个是产品设计寿命，一个是实际使用寿命。设计寿命可以在工程师的办公室完成，根据材料、强度、结构等来界定，但机器装配之后的实际使用寿命就只能通过实际使用调查来确定了。而我们最弱、最差的的就是这个环节，而这却又是我们制定政策的重要依据。再扩展到企业的市场预测方面，这也是重要的依据。

话说到这里，再联系上面所说的人口普查报道，我就想，为什么我们不搞一个专项——农机普查呢？比如，农机拥有量、农机总动力、柴油使用量等。我们有年度的统计年报，各项指标数值逐年增加，没有考虑报废问题，有些相对性指标甚至已经超过国外发达国家，是否反映了真实的情况？另外，今年农机监理工作强调大幅提高"三率"（农机上牌率、检验率、驾驶人员持证率），要求指标量化，让人伤神的问题就出来了，拖拉机、联合收获机拥有量到底是多少？年报统计数与监理部门掌握的数有不小的差异，这个数据的真实性不解决，我们无从把握真实的"三率"，当然也难以实际的去衡量工作完成情况。

农机拥有量、农机总动力、农机使用寿命等数据应该是我们农机化工作的基础，统计、分析、计划、决策都有赖这些基础数据，制定政策、指导工作也都依靠这些数据。凭经验、凭感觉、凭估算都不是科学工作的方法。

工作总是应该从最基础抓起，因此有必要在全国搞一次全面的农机普查工作，通过普查摸清家底，通过真实的数据来帮助我们规划未来、制定政策，科学的指导农机化又好又快的健康发展。

● 风雨十年补贴情

农机购置补贴是一件大事、一件好事，一件天大的好事。2004年，注定是我国农机化值得纪念的一年，一个具有里程碑意义的一年，因为在这一年里，一个促进农机化发展的重大政策启航了，这就是农机购置补贴。

一个政策的实施，对一项事业的促进效果，往往出乎政策制定者的预料，农机购置补贴政策大概算典型案例之一。政策制定之初，我们或许预料过会产生很大的作用，但未必能料想到这样大的效应。

到了2013年，十个年头走来，购机补贴对中国农机化发展巨大的促进作用有目共睹。2004年购机补贴资金0.7亿元，2012年购机补贴资金达到215亿元，增长了306倍。这种增长幅度，你想到过吗，反正我没有想到过，估计所有人都没有想到过。2004—2012年，中央财政共投入购机补贴资金744.7亿元，带动地方和农民投入超过2 000亿元，补贴购置各类农机具2 273万台（套）；受益农民达1 823万户，耕种收综合机械化水平累计提高了约24％。看看下表，变化一目了然。

年份	耕种收综合机械化水平（％）	补贴资金（亿元）	补贴机具数量（万台套）	享受到补贴的农民资金投入（亿元）	受益农户数（万户）
2003	33.5	—	—	—	—
2004	34.3	0.7	10	19.9	4
2005	35.9	3	20	50	15
2006	39.3	6	30	45	35
2007	42.5	20	60	77	56
2008	45.8	40	120	157.5	115
2009	49.1	130	343	340	300
2010	52.3	155	528	409	400
2011	54.8	175	561	409.7	439
2012	57.17	215	601	556	459

有人问我，这十个年头机械化水平增长幅度是过去多少年里增长的倍数，我说不知道，没去统计过，但我们无论是直接的感官，还是理性的思考，都能感受到这种巨变，按照上面的说法应该是跨越的发展，跨越的变化。从初级阶段到中级阶段，农业生产方式从人畜力为主到机械化唱主角，不是巨变吗！

相信农机购置补贴政策还将延续，并将持续一个相当长的时间。购机补贴后续作用如何？后续延伸出何种新的政策？值得认真去研究、探讨和实践。

2012 年，中央财政农机购置补贴资金突破 200 亿元，农财两部首次启动农机报废更新补贴试点，苏、湘、浙三省在全省范围内开展购机补贴的"全价购机"试点。2013 年更多的省份也开始试水"全价购机"，求新求变成为趋势。

政策的"变"是永恒的主题，不变就没有创新，也就没有进步，但是服务农民，发展农机化之宗旨不会变。"差价购机"也好，"全价购机"也好，只不过是方法之变，我以为并无原则的嬗变，优点各有千秋，弊病也都存在，重要的还是把握政策、执行政策的人。再好的政策，再严密的操作规程，歪嘴和尚照样给你唱歪了。

风雨十年补贴情，中国农机化的发展我们农机人感受到了，直接受益的中国农民享受到了。酸甜甘苦只有个中之人才能体会，但愿政策常驻，农机化发展如斯常速！

● 农机购置补贴，做好自己最打紧

农机购置补贴无疑是当前全国农机系统分量最重的事，当然也就是最打紧的工作。

据农业部农机化司有关材料统计，2004—2011 年中央财政共安排补贴资金 529.7 亿元，带动地方和农民投入 1 596.7 亿元，补贴购置各类农机具 1 672万台（套），受益农户达到 1 489 万户，全国农机总动力增长了 61%，农作物耕种收综合机械化水平 8 年的增幅超过了政策实施前 30 年的增幅。2010年全国农作物耕种收综合机械化水平达到了 52.3%，标志着我国农业生产方式实现了由人畜力作业为主向机械化作业为主的历史性跨越。2011 年农作物耕种收综合机械化水平达到 54.5%，较上年提高 2.2%，连续六年保持 2% 以上的增幅。农机购置补贴政策的实施，扩大了内需，拉动规模以上农机工业产值连续八年年均增长超过 20%，促进了农机化和农机工业又好又快发展，在确保粮食生产"八连增"、农民收入"八连快"及提高农业综合生产能力等方面，发挥了十分重要的作用。

农机购机补贴的巨大成就是有目共睹的，无可置疑的！

但是，在购机补贴工作实施过程中，也发生了一些让人极为痛心的事。少数地区发生违法违规案件。部分农机部门的人员经不起诱惑，接受企业商业贿赂，为企业提供方便；个别单位违规向企业收取推广费、服务费等；部分农机生产企业、经销商违规操作，与不法人员勾结，弄虚作假，骗套补贴资金，组织倒卖机具；个别农机化管理人员失职渎职，不执行规定，不履行职责，疏于监管。种种不良现象，毁了干部，也败坏了我们农机的形象，让人深恶痛绝。

看到成绩，也正视窘境。如何保持我们的成绩，不断修正失误成为全系统重要研究课题和实践课题。

为了杜绝补贴工作中可能出现的问题，针对短板的环节，上上下下都在想办法弥补。今年以来创新购机补贴模式、改革管理模式成为焦点话题。不少地方开始探索新的补贴模式，如江苏、新疆试行类似家电补贴的先申请、全额购机、发票补贴等方式。凡此种种，我以为倒是值得一试，或许能探出一条新的路子来。与此同时，还有一些地方采用另外一些管理方式的探索，比如一是全民监管模式，成立有人大、政协、工商税务、公安监察等一干部门组成农机购机补贴领导小组，领导和监管购机补贴工作；二是结算权下放模式，由原来的省级结算下放到县级结算，以此减轻省级部门负担，也调动县级工作积极性；三是将省级抽查工作直接下放到乡镇政府，由乡镇肩负起购机补贴的核查工作。这几条都是针对目前状况出的招数，我看是有利有弊，利且不论，仔细思虑，又出现漏洞。其一，全民监管，人大、政协、县委政府，再加上七七八八的相关部门，不过是来参加领导小组会议而已，实际最后是人人有责人人无责，就像过去的社会主义大锅饭一样，人人有份人人无份，要是出了问题，板子还是打在农机的屁股上，政策是好的，谁让你们农机自己念歪了啊。其二，结算权下放，意味着风险防范点由原来的一个变成了几十个、上百个，同时，企业为争取尽早下拨补贴款，从原来跑跑省里，一下子要跑几十个、上百个的县里，成本增加几何可想而知；其三，核查权下放原本可以把集中在省里的工作负担分解一些，同时也更贴近基层，便于监管，但是，乡镇要是重点精力都放在招商引资、增加财政收入等工作上，购机补贴的分量就式微了，难免会被边缘化，应付了事的。

哎，真是难为。不过千难万难还得完成工作，职责所在，万所难辞。购机补贴是强农惠农的利民政策，好事还得办好。纵观上面的种种改革、创新，都在实践中需要不断验证、修正，不断弥补漏洞、完善制度，从而实现制度设计的初衷。在践行农业部、财政部等部门有关政策的过程中，还当谨记领导所说的"心无旁骛抓落实，如履薄冰尽职责"，无论最后用什么模式来操作，都不能惦着别人来替自己分忧担责，还是做好自己最打紧！

● 感观进步与退步

有一句名言说，真理距离谬误只有一步之遥。我要说，其实进步与退步也只是时空的差距而已，在昨天、今天、明天变化之中。

到大连参加农业部组织的全国农机化教育培训工作会议，从大连返回天津,在机场候机,因为飞机延误,时间充裕,绕机场候机厅巡视一圈,直感,机场也像往常的火车站候车室了。人声鼎沸,颇有点失落,高雅的机场候机厅,应属"阳春白雪",现如今也如凡俗的候车室,成了"下里巴人"。

油然而生一种念想,退步了。然转念一想,不对,应该是进步。有更多的人可以乘飞机了。飞机由阳春白雪变成下里巴人。忆往昔,乘飞机是达官贵人的专享,平民百姓只能望机兴叹。现如今,寻常百姓也能登堂入机,确确实实是社会的进步。嘈杂是一种退步,但它掩不住更多平民百姓登机入云的进步。

在现实社会中,进步与退步其实是经常交织在一起的。

交皇粮,这是中国农民千百年来得应尽的义务。新中国成立之后,不叫皇粮了,但农民仍需交各式各样的农业税费,名目繁多,最终成为农民沉重的负担。改革开放使我国国力迅速增长,逐渐殷实,工业反哺农业、城市支持农村成为新的理念。不但取消了实行了千百年的农业税,取消了各种名目的费,而且还给予农民各种补贴。

从向农民收取各式各样农业税费,到全部取消,再到给予农民各种补贴,这是何等的进步。

远的不说,宽的不言,只说农机补贴,2004年开始实行购机补贴,这两年又开始试行作业补贴,我们这些搞了几十年,甚至一辈子农机的人,想也没想到还会有这样的美事。

补贴实施七年了,对中国农机化的促进那是不用说的。然而,这些年围绕补贴又起了一些涟漪。涟漪,或许用词不准,权且用之。在补贴中以权谋私者有之,倒卖指标、套取补贴资金者有之等,给补贴工作的成就蒙上些许雾霾。当然也引起不少人的七嘴八舌,对补贴内容、补贴方式、补贴对象、补贴额度等产生一些非议。

我们不想说,也不会说这些不是事实,但凡引起争议的问题,确实存在一些不足,有些是制度设计中的弊病,有些是有人在诱惑面前的张狂,给购机补贴多少产生负面效应。不过我们不能就此否定购机补贴的正确,不能否定购机补贴给中国农机化带来的巨大正效应。

邓小平说过:改革开放,打开窗子,总会有一些苍蝇蚊子进来。购机补贴中的若干不足实在不足以抵消其巨大的成就。面对制度设计的缺陷、实施过程出现的违法违纪事端,需要正确对待,纠正罔过,终不应该纠缠在一时一事之上,进而全盘否定。与其在日益开放的网络世界破口大骂,还不如提出自己的意见,搬出自己的方案,其心端得是为解决事情,而不是漫天妄言,牢骚满腹,真一个坐而论道、行叹坐愁,对解决问题毫无意义。

辩证法说,看事物发展应该全面、联系、发展的来看。购机补贴无疑是发展中的进步,促进效应无疑是发展的主流,存在的些许问题不过是枝节而已,如果以偏概全就走入谬误了。看到细枝末节的错误就否定发展的主流、大势，只能算是一叶障目不见泰山。把进步与退步混淆、颠倒了。

在事物发展中，进步与退步是一种相对的关系，进步中可能又包含了一些退步的因素，不过千万不要因噎废食，一闷棍将其打死。农机化发展中的许多事例都是这样的，该是扬长避短，看大势看主流，用我们的聪明才智，充分利用购机补贴等强农惠农政策，把好事办好、把好事办得更巴适、更靠谱。

● 大数据与购机补贴

本文有两个关键词，大数据、购机补贴。关于"购机补贴"不需要进行任何诠释，大家都懂的。而关于"大数据"，据我所知，行业内大多数人跟我原先一样，望文生义，认为"大数据"就是"数据大"，其实并非如此简单，我觉得有必要科普一下。

"大数据"是一个体量特别大，数据类别特别大的数据集，并且这样的数据集无法用传统数据库工具对其内容进行抓取、管理和处理。大数据具有 4V 特点：Volume、Velocity、Variety、Veracity。首先，"大数据"是指数据体量（volumes）大，指代大型数据集，一般在 10TB 规模左右，但在实际应用中，很多企业用户把多个数据集放在一起，已经形成了 PB 级的数据量；其次，大数据是指数据类别（variety）大，数据来自多种数据源，数据种类和格式日渐丰富，已冲破了以前所限定的结构化数据范畴，囊括了半结构化和非结构化数据。其三，大数据是数据处理速度（Velocity）快，在数据量非常庞大的情况下，也能够做到数据的实时处理。其四，大数据的另一个特点是指数据真实性（Veracity）高，随着社交数据、企业内容、交易与应用数据等新数据源的兴趣，传统数据源的局限被打破，企业愈发需要有效的信息之力以确保其真实性及安全性。事实上，"大数据"的概念远不止大量的数据（TB）和处理大量数据的技术，或者所谓的"4 个 V"之类的简单概念，而是涵盖了人们在大规模数据的基础上可以做的事情，而这些事情在小规模数据的基础上是无法实现的。换句话说，大数据以一种前所未有的方式，通过对海量数据进行分析，获得有巨大价值的产品和服务，或深刻的洞见，最终形成变革之力。

看完关键词解释，懂了吗？据实而言，俺也半懂不懂，似懂非懂。简单理解为大体量数据、快速处理，方便决策、生产和生活。

日前，国务院印发了《促进大数据发展行动纲要》，从国家战略层面部署促进大数据发展。纲要提出三大任务：加快政府数据的开放共享，推动资源整合，提升治理能力；推动产业创新发展，培育新兴业态，助力经济转型；强化安全保障，提高管理水平，促进健康发展。其中，开放政府数据和推动产业创新尤为引人注目。纲要强调要大力推动政府部门数据共享，稳步推动公共数据资源开放，统筹规划大数据基础设施建设，支持宏观调控科学化，推动政府治理精准化，推进商事服务便捷化，促进安全保障高效化，加快民生服务普惠化。由于政府所掌握和调用的数据比其他单一行业多，因此推进政府数据的开放共享能够对全社会形成示范效应，带动更多行业、企业开放数据、利用数据、共享数据。

大数据已经成为一种新的经济资产类别，就像货币或黄金一样。事实上，这个趋势在电子商务、金融、电信等行业已经成为现实，对数据的掌控导致了对市场的支配和巨大的经济回报。

大数据已经"深入"各行各业，农机行业也不例外。其他的不谈，就目前农机行业最重要的工作——购机补贴，就是一座蕴含着极大价值的"大数据"矿藏。购机补贴实施 12 年来，资金从 7 000 万，到 200 多亿，带动农民消费千亿之巨，作用之大有目共睹。购机补贴实施过程中涉及的农机产品、市场销售、市场分布、购机农户等相关数据就海了去了。这些海量的信息目前只是作为历史数据保存在服务器，而在政策制定、产品开发、市场开发、用户开发以及客户服务等方面的应用价值还基本是"零"。我觉得如何将这些大数据用活是农机行业掘金大数据的一个重大课题。一方面，行业主管部门面向社会开放共享这些数据，服务企业和用户，用于科学决策、市场预警、指导消费等；另一方面，企业通过这些数据研究产品开发，了解用户取向、指导市场布局等。由此产生的经济价值、社会价值不可估量。

金山银山，若不开发，只能是荒山。购机补贴大数据就是这样的金山银山！

● 农机作业补贴的诚信代价

2015 年，中国农机化十大新闻之第五条这样表述：各级农机化系统举全系统之力、齐抓共管，超额完成 2015 年两会《政府工作报告》部署的 2 亿亩农机深松整地任务。各级农机化主管部门坚决贯彻落实 2015 年"两会"《政府工作报告》关于"增加深松土地 1 333 万公顷（2 亿亩）"的部署，将农机深松整地作为挖掘粮食增产潜力的重要技术措施来抓，科学谋划，精心组织，强力推进。为确保深松任务不折不扣完成，农业部年初将 2 亿亩深松作业任务分解下达到有关省份，并建立了进度月报考核制度，定期向国务院上报农机深松整地进展情况并通报各省，不断增强各地落实全年目标任务的责任意识。为强化深松整地农机装备保障，农业部要求各地在购机补贴政策实施当中，通过购机补贴资金倾斜、作业补助等政策措施调动农民深松积极性，通过推广物联网等信息化手段加强作业质量远程监管。允许在农机购置补贴资金中安排一定比例用于深松作业补助，并适当提高了深松机的补贴标准。2015 年，全国共完成深松整地面积 2.05 亿亩，超额完成 2 亿亩的农机深松整地工作任务。补助试点地区采取"先作业后补助、先公示后兑现"的方式，陆续向农民和机手发放农机深松作业补助。

深松工作已经连续三年列入《政府工作报告》。据说这是农业领域唯一列入《政府工作报告》可量化考核的指标。2016 年再次列入《政府工作报告》，不过任务量由前一年的 2 亿亩[①]变为 1.5 亿亩。农业部专门发出通知，要求做好今年农机深松工作。通知说，开展深松整地，是改善耕地质量、提高农业综合生产能力、促进农业可持续发展的重要举措。为此，农业部还要求：各地要充分发挥农机购置补贴政策的引导作用，将深松作业机具作为中央和地方财政资金的补贴重点，优先满足农民购置大马力[②]拖拉机、深松机、联合整地机等作业机具的需求，力争做到应补尽补、敞开补贴，加大补贴支持力度，切实提高深松作业机具装备水平。

由此可见，在农机购置补贴之后，深松作业补贴成为农机行业又一项重大补贴工作。并为此制定了《全国农机深松整地作业实施规划（2016—2020）》，重视程度可见一斑。如何做好这项工作，农业部在通知中，有很具体的指示，我们各地方也正在学习、贯彻、落实通知精神，在这春暖花开的季节，春节土地深松作业也就如火如荼地展开了。这不，天津 4 月 6 日召开深松工作会议，布置工作，4 月 7 日举行深松作业现场会，演示多种深松机具和不同生产条件的作业路线。

《中国农机化导报》关于这条新闻的副标题为"机具敞开补贴 提倡公开招标 物联网远程监控"。可否理解为，既要机具保障，又要公开透明，还要扎扎实实。深松整地涉及补贴资金的发放，如何核实作业面积成了一个艰巨而又不得不面对的问题。为此，也真想了不少办法，签作业协议、作业后签字、选点抽查等，不比购机补贴简单，但是，作业补贴毕竟与购机不同，购机，可以看到机器，还可以前期、中期，甚至后期"人机合影"。作业补贴不可能时时派人盯着，所以靠人为方式始终不是办法。回过头来还得靠科技解决，这就是上面提到的"物联网远程监控"，既监测面积，也得监测质量。

俺以 1.5 亿亩作业量算了一算，一台深松机年作业 2 000 亩（以天津数据计算），配一套监测仪，2 800 元（政府招标价），共需要 2.1 亿元（一次性的）；仪器年流量费 120 元，每年合计 900 万元（常态化的）；据说三年后每年

---

① 1 亩=1/15 公顷。

② 1 马力≈0.74 千瓦。

每台检测仪还需数据服务费 300 元，还得 2 400 万元！

不算不知道，一算不得了！归根结底，这是要解决诚信问题。这钱谁掏？政府买单，但终究还是纳税人的钱。代价真是不菲，但愿今后不花或少花这样的钱！

● 少一些篱笆 多一些包容

2013 年岁末，12 月 15 日傍晚，天津终于出台机动车限购令，同时公布了从 2014 年 3 月起实行机动车尾号限行的政策，另外，如北京一般对外埠车也予以"特殊"照顾，在限定的时间里不得在限定的范围内行驶。政策一出激起一番议论，先是有"三问"，后又有网友调侃说，没有北京的病，吃了北京的药。对政策的出台，市政府方面予以了说明，目的是控量、防堵、治霾。虽说有些议论纷纷，但最终民众也平静接受了，呵呵，舍小家为大家嘛。

对于限购、现行，俺没啥子可说的，在没找到更好办法之前，这种被称为"懒政"的措施出台是早晚的事，假使俺是主管官员或许也会这样干。不过，像北京一样对外埠车实行限时段限行的政策，俺是"深恶痛绝"的，外埠车进京，先要办进京证，过去要交一元钱，现在免费了，省了一元，但没省事，需要停车办证，还要出示保险、排放证明文件。有一次进京没带证明，俺只好趴在汽车前挡风玻璃上用手机一通拍照，拿去给办证人员过目，好在办证人员比较通融，就此进入北京。除了跟北京车辆享受尾号限行外，外埠车还享受特殊"照顾"，早 7～9 点，晚 17～20 点，不得在五环，括号，含五环，道路内行驶。设想一下，要去北京办事，9 点才可入市，进去之后一通堵车，10 点 11点到达办事单位，话没说上几句，人家该午餐了。下午 4 点多就得急急忙忙往外跑，5 点前必须出了五环，要是赶上一个长长绵绵的大堵车，没能"逃亡"出去，嘿嘿，等着扣分交罚款吧。唉，北京，共和国的首都，祖国的心窝窝，不太厚道，咋这样呢。

北京限制外埠车进出，天津亦然，好像成都也是。我就想啊，要是再假以时日，我们大一点的城市都效仿，哪会是怎么样一个景象？扎起的政策篱笆就像无形中建起一座座城墙一般，俺们不会又回到古代欧洲曾经的城邦时代吧，实在有些可怕，但又不是不可能。

如何解决机动车的问题，说说而已，也想不出啥破题的办法，干脆不想。

农机的问题俺们总是绕不过的，职责所在啊。在购机补贴上，地方保护主义也是有的，外地农机要求落户生产、本地农机给倾斜补贴，建起围墙，闭关锁国，这些俺先前已经说到过了。在人才招录上也有这样的实例，俺也说到过了。最近看报道，有大学毕业生质疑国家部委招录中只招录北京户籍人士，网友也好一番吐槽。天津招天津人、北京招北京人，好歹说得过去（前一段各城市出台的城市精神，多半都有"包容"一词，真不够意思），国家部委咋也只招北京人？嘿嘿，早就有人调侃北京大学是北京人大学了。其实，国家部委也好，各地行政及企事业单位也好，只招本地人弊大于利，起码不利于人才流动。要说控制大城市人口数量，在京机关每年招录的人员比之自发北漂的人员数量，不过是九牛一毛。

早几年前，农业部南京农机化所出版的《中国农机化发展年鉴》，每年都集中刊发全国各省当年的农机科技项目情况，内容相当丰富，我很喜欢这个栏目，通过这个栏目可以了解全国各地同行们都在做些哪些科技工作以及最新科技进展。这个栏目实际上是打破了全国各自为战的科技局面，至少在信息互通上起到了沟通的作用。由于行政区划的限制，科技项目还是本区域单位承担，跨省市的科技项目申报还没有写到议事日程上来，基本也就是本地化。它山之石可以攻玉，事实上，外省市在某些科技领域、某些学科有可能具有更强大的力量。面向全国以求科技难题的解决，可以求得更好的效果，也可以避免关起门来不断进行低水平重复劳动，避免劳民伤财。就汇集全国农机科技项目情况这一点而言，《中国农机化发展年鉴》所做的工作是很有意义的，但是没有坚持下来，估计是材料收集有些困难吧，各地支持不够。现在的年鉴更像农业部农机化司每年的《全国农机化统计年报》，精装本而已，使用价值与初衷应该是渐行渐远，可惜得不行啊，个人看法，年鉴编辑部的同仁多见谅！

城墙垒起来不容易，要拆了不容易，涉及方方面面利益，不是么？

但愿咱们农机行业少一些篱笆多一些包容！

● 纠结的信任危机

在日常的工作、生活中我们经历的不少事情，让人茫然得很，窝火得很，纠结得很。

到商场购物，进入一家店铺，一个或若干售货员蜂拥而上，叽叽喳喳的向你推荐产品，巧舌如簧，说得仿佛你看了一眼的商品就是为你量身定做的，大有不买对不起人的感觉，结果吓跑了顾客。这是一开始就充满不信任感。

再有，据参加港澳游的旅客言，到了那里就像绵羊入了狼群，被导游数落的没一点自尊了，就像大陆人民亏欠香港人一样，被强迫购物，买一堆质次价高的高档货，还被强收额外的费用，引无数游人摇头而归，恐再难回首。这是在事后失去信任感。

在圈内，购机补贴是天大的好事，但一些地方在实施中指定农民购买某某产品，而农民却不买账，实在不愿买，因为大头还是花的自己的血汗钱。这也是没有信任感。

另听说，农机企业产品已经通过部级推广鉴定，但要进入一些省，上当地补贴目录，还要再被检测，无奈的企业四处奔波完这些莫须有的手续，实属无奈。不知道谁不信任谁。

去过国外，到老外超市购物，明码标价，价格说一不二，没有可以划价的，然而，让人买的心安理得。这算充满信任感之例。

上面书写了好些事件的片段，国内国外、境内境外、业内业外，读起来乱七八糟的，风马牛不相及，不怪读者读不懂，其实我原先也读不懂。

要是反反复复读他个百十遍，这些个似乎不相干的事物被顺一顺，理一理，可以悟出点内在的逻辑联系，其实都涉及"信任"的困扰，就像每段之后的小结一样，核心一个"信任"也。

远的不好说，就说圈内的事。中国境内的农机鉴定，执行的应当是一样的国家标准或行业标准，标准所要求的技术内容、检测环境、检测指标等，肯定是一样一样的。部级鉴定做完，理论上就应该"走遍天下"了，然而，还是有不认账的，到省里以种种理由，甚至是严肃的地方法规规定，还要再来一次。同一个标准做下来的，换个地方咋就不灵了呢。模仿范伟的话说：都是一家人做的事，差距咋就这么大呢？再说了，假如每个农机产品走到不同的省份都需要用同样的标准在同样要求的试验条件、同样要求的试验手段、同样要求的检测指标下，再"验证"一番，全国30个省、市、自治区都来折腾企业一把，企业堪何以扰？

把上面事例扯进本文话题的核心"信任"中来白话，就有些纠结了。是鉴定站信不过标准？是省站信不过部总站？是省站信不过企业？还是相互之间谁也不信谁？检测之后企业信不过鉴定站？还是鉴定站信不过产品？乱了，乱了，全乱了！

纠结在一起的关系，其实都是"信任"问题，不过，这些危机最后都被钱摆平了。信不信没关系，只要把钱花到位，信不信就不重要了。由信任转到钱上了，已经不是信任问题，私心贪心在作祟。最终的结果可能还是企业对鉴定机构产生不信任之感。

企业要的是利润。企业花的钱最终肯定不是企业埋单，早早晚晚要转嫁到最后一环，即农机消费者——农民身上。不断上升的高昂价格，结果造成的是让农民对农机经销商、对农机企业，还有实施补贴政策的各级政府也产生了不信任感，这才是最最悲哀的。

我们常常说，中央强农惠农政策英明，尤其是农机购机补贴，扶持了农民，提升了我国农业综合生产能力，同时还带动了我国农机工业发展，促进了农机营销的兴旺，这等好事当然应该好事办好，锦上添花。要是弄点杂碎进来，把好生生的事弄得麻烦纠结，最终闹一个当事各方谁也信不过谁，这就不是简单的信任危机了。

拉拉杂杂的几个事例，不断的纠结。事与事看似无关，却又能用两个字串连起来，圈内圈外事体可以不同，但道理是一样的，事不同，理相通。从生活到工作不要这样多的纠结，应该从信任危机中正本清源，重树人与人、事与事的信任。

● 农机报废更新一己之见

农机的报废更新在《农机化促进法》、国务院关于《加快农机化和农机工业又好又快发展意见》等法规、政策中屡屡提及，国家有关部门也在积极进行调研、制定相关执行具体政策措施，一些地方还开展了一些实践，探索出一些有益经验。

天津这些年也做了一些应用试点，借助农机购置补贴政策，运用补贴资金，开展了植保机械、大中型拖拉机、联合收获机更新补偿，取得初步的成效，为今后更大规模、更大范围开展工作奠定了良好的基础。

具体做法、具体效果在本文省略不叙。单从这几年实践及参阅其他地区的实践情况，谈若干的思考片段，供农机同仁商榷。

其一，报废更新着重点应该在更新。按理说，报废更新包括两个方面，报废与更新，看似同等重要，实则有所差异。报废，可以节能减排，资源回收。而更新不但可以实现节能减排，还能提高机具效能，更有利于节能减排，还有拉动工业经济发展的动力。另外，在现阶段我国农机化水平仍然不高的农业生产状况下，更新还有提升农业生产能力的巨大作用，意义更显要。因此，我以为更新应该是我们的着重点，假如是单纯的报废，虽说也十分有意义，不过只要借鉴汽车报废制度就可以实施了。

其二，报废更新要有一定的选择性。目前的报废更新制度设计其实与农机购置补贴紧密相连，是一种补偿式的更新。农机购置补贴现在不是普惠制，今后很长时间也不会是普惠制。报废更新当然也不会是所谓的普惠制，应当根据当前农业生产急需解决的机械化生产难点和资金的状况确定报废更新的机具范围、资金规模和补偿额度，有重点的开展报废更新。全面铺开式的报废更新，什么都补偿，既无必要，也无能力，效果也有限。我认为涉及农产品质量安全、促进农业规模化生产方面的机具应该先行展开报废更新。此外，也可根据不同地区农业生产的差异有所区别。

其三，报废管理应当特别关注。报废与更新，两个方面合二为一，均不可疏忽。从现实来看，更新部分现在已经有农机购置补贴作为基础，应该借用这套行之有效的政策措施，有机结合，应该没有大碍。而报废部分则是需要新建制度，虽然有汽车报废制度可以参考，但也还需考虑农机的特殊性、农民消费者的特殊性来进行制度设计。这项制度涉及很多环节，需要在调研基础上开展适当的论证。比如，报废企业的选择，是否参考农机购置补贴经销商遴选的方式呢，我以为不具有参考价值。报废企业选择上，一是宜少，二是宜大，三是要设置门槛，也就是条件。报废企业与经销商有差别，别的不说，一方面环保要求应该更高；另一方面，报废的"四大总成"不得用于拼装使用，要求需严格。这就要求管理部门加强管理，进行全程监管。此外，还涉及农机的牌证管理问题，假如报废更新制度一旦实施，必须与牌证管理全面接轨，这也有助于强化拖拉机、联合收获机等的牌证管理。关于纳入牌证管理的植保机械，可以考虑采用备案制度并与报废更新相结合。

农机报废更新制度实施，既有可供参考的规定，还有许多新的科目需要设计，因此实施起来还需要以试点带动，循序渐进的方式逐步展开方为上策。

● 农机鉴定质量提升要把好 4 关

农机试验鉴定是农机公共服务体系的一个重要组成部分。在我国农机化发展由数量型向质量型转变的历史性阶段，农机试验鉴定是关乎农机化发展质量的重要环节，因此，提升农机鉴定质量意义重大。

如何提升农机鉴定质量，笔者以为当把好以下 4 关。

其一，把好素质关。农机鉴定是在国家农机化行政法规的指导下开展工作，并依照国家、行业的技术法规开展工作，因此，农机鉴定工作是一项政策性、技术性很强的工作。高质量地开展工作，人的因素是第一位的，要完成好工作任务首先要从抓人的素质提升着手，把好从业人员的素质关。工作性质的重要性要求农机鉴定工作者应该具备较高的工作技能和良好的职业道德。因此，需要通过不同的形式加强对员工的培养、教育，造就一支技能高超、作风硬朗的员工队伍，不断提高农机试验鉴定工作人员的廉政意识和道德素养，树立良好职业形象，以应对新时期发展对提高农机鉴定质量的要求。

其二，把好作风关。农机鉴定是把握农机产品质量的重要关口，同时，农机鉴定也是科学性极强的工作。鉴定工作以标准、大纲为准绳，讲求科学的方法、严格的工作程序和规范的管理，因此，鉴定工作者需要有科学的工作作风，需要不断研究鉴定工作的方法，不断提高鉴定工作的科技含量，用高质量的鉴定工作方法来完成鉴定工作。工作中，要树立科学严谨的鉴定工作作风，严防简化工作程序、减少鉴定内容、以偏概全和弄虚作假等现象发生。尤其是当前，因为农机补贴政策效用的彰显，促进了我国农机产品的开发与生产，大量新产品涌现，市场需求空前旺盛，农机鉴定任务也不断增大，要防止急功近利、单纯追逐经济利益的思想，严格按照标准、工作程序开展工作，公平公正、廉洁高效，防止弄虚作假。

其三，把好手段关。农机鉴定工作是依据法律法规进行的，并通过科学的试验、检测装备来实现的。因此，需要不断充实鉴定物质装备基础，加强农机鉴定能力建设。部、省级鉴定机构应该根据所承担的鉴定任务，规划好基础设施建设工作，按照各自的职能、特色，按照保障重点、调整结构的要求，不断完善提高农机试验鉴定能力。只有通过强有力的鉴定手段，才能保障农机鉴定工作的质量和水平，满足农机化发展的新需求。

其四，把好服务关。农机鉴定既是执行国家的行政、技术法规，同时也是农机公共服务功能的主要体现。农机鉴定不但要体现把关的功能，还应该积极地发挥公益性服务的功能，营造和谐的鉴定工作环境。因此，要在工作中，显现出服务生产企业、服务农机消费者的功能。服务企业，即通过鉴定工作中的试验检测，在严把鉴定质量的同时，积极主动地反馈相关信息，督促、帮助企业不断提高产品设计、产品质量，完善产品生产过程中的质量保障体系。服务农机消费者，即通过发布农机产品质量信息，指导消费者购买优质高效的农机产品，从而提高农机使用效益，服务农业生产，使农机鉴定的社会功能得到扩展。

农机鉴定工作涉及方方面面，提升质量除以上各点以外，还需要加强与质量投诉监督、质量认证、维修管理等机构的密切配合与通力合作，从而全面提升农机化发展质量，促进农机化又好又快发展。

● 农机鉴定的主体性及其基本问题

某一类的哲学史观有三个基本问题，一我是谁？二我从哪里来？三我要到哪里去？这样的表述正确与否，没研究过。但用这个命题来比喻当下的农机鉴定，还真有些贴切。

为何有这样的感觉？下面我拉拉扯扯些可能不着边际的事来说道说道。

我国的农机鉴定制度已经有三十多年历史了，我有幸伴随并见证了这三十多年的历史过程。不严格地讲也是老鉴定了，交情至深，感情至深。但是，这二三年对农机鉴定工作却越来越看不懂了。一是鉴定量剧增。据说有些大的鉴定站一年鉴定项目上千，抵得上 20 世纪 80 年代全国一年的工作量（那时候我参与编辑全国农机鉴定年鉴，所以知道一二）。就我们这里的小鉴定站，过去一年只有几个十几个项目，现在也闹到几十个近百个。二是鉴定站似乎都不想干鉴定了。改名为质量管理站者有之（我个人认为此路基本走不通，因为国家有专门的质量管理机构，不大会再来一个行业的质量管理机构，假若如此，全国不知道会冒出多少新的行业质量管理机构）；不受理或缓受理鉴定任务有之，农机企业做个鉴定有时居然要求爹爹告奶奶找关系走后门。三是形形色色的疑似鉴定派生出来了，曰试验、曰检验、曰检测，名目繁杂，不一而足，虽不叫鉴定，但却行鉴定之实，我觉得甚至严重到有颠覆几十年来行之有效的农机鉴定制度之嫌。看不懂，真的看不懂！

从2016年1月1日起，新的农机鉴定办法实施。新的办法赋予农机鉴定机构鉴定工作主体性地位，至少我这样认为，或者说主体性地位更强了，农机鉴定机构应该更加强健有力了。农机鉴定是农机化管理部门在农机质量与监督方面的唯一支柱，没有之一。这个支柱要是被闪了腰，肯定有大疾。本来应该为农机化管理部门提供强力支撑作用的机构，现在却想打酱油了，是咋想的呢？

农机鉴定主体性体现在两个方面，一是表现在鉴定机构获得的全权授权，即谁鉴定谁发证谁负责，官方地位十足，不存在旗舰店与加盟店的现象；二是鉴定工作的权威性，官方认定鉴定能力、鉴定范围，国内应该找不到比之更严谨更权威的机构了。如果再冒出个什么疑似的鉴定机构或非鉴定机构的疑似鉴定机制，那就真是对现存鉴定机构、能力及其主体性和鉴定体制的全盘否定和颠覆，就我这个对鉴定机构感情至深的人看来，认为除了荒唐还是荒唐。官方授权，执行国家、行业标准，计量认证的检测仪器，严格的试验鉴定工作程序，假如这样鉴定的结果还不被采信，非要由非专业人士眼观、耳听、手摸来进行验证或替代，用"文革"语言来表述就是开历史倒车，不是么？想想也就是。

新的办法出来后，倒是原来的主管部门有点像打酱油的，不鉴定、不发证，要检查，要去为鉴定机构颁发的证书进行执法检查，这个辩证逻辑关系需以后商榷之。

农机购机补贴是当下农机的中心工作之一，农机鉴定为其服务再正常不过了。鉴定量的剧增正是购机补贴的必然结果，就目前各地鉴定机构能力（人力、设备、水平等）而言，供给与需求之间存在一个较大的差距。但鉴定机构不围绕购机补贴开展工作，而想远离之，何意之有？不能因为鉴定机构出了一些这样那样的事，就认为是购机补贴惹得"祸"，差矣！其他行业、其他部门也有这样那样的问题，谁也没有就此不干自己的本行了，避而远之了。无论是有意无意放弃阵地，该正当防卫的不作为，这倒正好给各种疑似鉴定留下可乘之机。农机鉴定部门如何体现其主体性，确实应该好好反省一番，从哲学的基础上打量自己：我是谁？我从哪里来？我要到那里去？！

● 思辨农机鉴定属性

农机鉴定的属性，老生常谈的事了，何以还要弄出来再辨一辨。

农业部颁布的《农机试验鉴定办法》开宗明义：

第一条　为了促进先进适用农机的推广应用，维护农机使用者及生产者、销售者的合法权益，根据《中华人民共和国农机化促进法》和《中华人民共和国农业技术推广法》，制定本办法。

第二条　本办法所称农机试验鉴定（以下简称农机鉴定），是指农机试验鉴定机构（以下简称农机鉴定机构）通过科学试验、检测和考核，对农机的适用性、安全性和可靠性做出技术评价，为农机的选择和推广提供依据和信息的活动。

根据鉴定目的不同，农机鉴定分为：

（一）推广鉴定：全面考核农机性能，评定是否适于推广；

（二）选型鉴定：对同类农机进行比对试验，选出适用机型；

（三）专项鉴定：考核、评定农机的专项性能。

第六条　通过农机鉴定的产品，可以依法纳入国家促进农机化技术推广的财政补贴、优惠信贷、政府采购等政策支持的范围。

农业（农机化）行政主管部门和农业技术推广机构对通过农机鉴定的产品应当予以推广。

学完上述官方定义，不难看出，农机鉴定与农机推广不是割裂的，天生就是一家子。农机鉴定就是为农机推广而生的，鉴定是推广的一种质量保障，也是一种门槛。农机鉴定绝不是中介，鉴定应该是围绕推广来鉴定。

然而，现实中，我们往往发现，鉴定和推广并不是紧密关联的，有意无意间呈现分离的现象，是两张皮，脱节的、分离的，互不相干，风马牛不相及。推广是推广，鉴定是鉴定。推广为推广而推广，跟是否鉴定无关；鉴定为鉴定而鉴定，与是否推广无关。话是绕了点，但确实反映出一种脱离的关系。

农机鉴定、农机推广具有承接关系。其实是一码事，不过是一件事物的两个方面而已。鉴定本质是推广，精到的说法应该是推广的铺垫或前期工作。打一个不恰当但很形象的比喻，鉴定、推广是一家的前后院的关系，要进入后院，必须先入前院，必经之道，除非走歪门邪道，翻墙入院。

我们农机部门经常要论证自己存在的价值、反复去证明自己存在的价值。鉴定工作的性质就是一例。虽然《农机试验鉴定办法》已经明确指出：农机鉴定机构是不以赢利为目的的公益性事业组织。

推广工作有《农业技术推广法》"罩着"，公益性无需自证，鉴定却经常在公益与中介之间晃荡。要是随便找一个人问一下，很多人，包括行业中人，甚至鉴定中人，也会说自己是质量检测机构，不是推广机构。把鉴定与推广脱离来看待，可能是我们更看中了鉴定的质量检测工作，算是一种认识误区。如果是中介性质，鉴定就自当退出公益，走自收自支，自生自灭之路。

辨了这番，该知道了，鉴定、推广不是两条道上的马车，鉴定具有推广的属性，并且是浓郁的推广属性。既然农机鉴定归属农机推广的大范畴，那么，工作中是不是应该确认哪些农机产品是我们要鼓励的，哪些是要限制的，哪些是要淘汰的，申请鉴定的产品就应该是我们要鼓励的，而不应申请就鉴定。我们应该对农机消费者负责，而不是对鉴定单位负责，更不是对自己奖金负责。

● 推广鉴定 30 年同行

30 年，对于一个人来说着实不短，对一项事业，30 年或许刚刚起步。

农机推广鉴定从 1983 年起步，到今年整整 30 年，步入而立之年。述及农机推广鉴定，本人有幸与之交谊深厚。本人出道于农机试验鉴定推广站，早前跟随农业部农机试验鉴定总站情报室田百合等老同志编印全国农机鉴定年鉴、全国农机鉴定产品汇编、全国农机试验鉴定站基本情况汇编，参加全国农机试验鉴定情报网（即后来的全国农机鉴定检测协会，后后来的中国农机化协会的前身）活动。虽然没有亲自做过一项鉴定试验，没有编写过一份试验报告，但对推广鉴定还是了如指掌，说起来如数家珍。笔者步入农机行业 30 个年头，几乎是与推广鉴定同步而行。对鉴定工作的机构、政策、标准、产品等了解颇深，这一工作阅历为本人职业生涯奠定了坚实的基础，积攒了厚积薄发的资本。

如果说农机定型鉴定，或新产品鉴定，算作入学考核，给一个出生证，确定产品的基本功能、基本参数；而农机推广鉴定则更像农机产品的毕业证书，走向社会的敲门砖。作为农机推广公益事业的有机组成部分，推广鉴定是对农机的适用性、安全性和可靠性等进行全面考核，做出技术评价，评定是否适于推广的工作。我认为它是一项由政府主管部门倡导，从使用者利益出发而建造的一座贯通农机企业和农机使用者的桥梁，鉴定机构是这个桥梁的搭建者、维护者。30 年来，农机推广鉴定彰显了公正公平的效能，严把了农机产品质量之门，为中国农民用上好农机起到了保障作用，对中国农机化快速健康发展功不可没。

农机推广鉴定，政府牵头，一根红线维系农机生产企业和农机使用者。今后当与时俱进，以本人愚见，一是编制全国可查询的电子目录，二是与产业政策结合，由"普惠制"向"精品制"转型，更加注重先进性与鼓励性，使推广鉴定更凸显其推广属性。

● 设施农业装备监管略谈

多年来我们都在提农机安全监理要拓宽工作领域，但是一直没有明确的说法。"拓宽"有相当的难度，因为安全监理的领域、范围是法律所界定的，不是可以随意去扩张的。法律规定的职责不去履职，那是失职；没有规定的却要"行政"，轻则说是越位，重则是违法。

过去几年，各地逐步开始试行对设施农业装备的安全监理，一路走来越发觉得有些迷惘，归结起来是有若干问题没有界定或者说明晰，本文将这些问题提出来与同仁一起商讨。

众所周知，我国现行的农机安全监理模式出自公安交通管理模式，起先是对拖拉机进行安全监管，之后扩容到联合收获机，说到底还是监管行走式动力机械。使用的机械需要行驶证，操作人员需要驾驶证。这些要求都有相关法律法规进行明确的规定，并有执法规程。

相比而言，设施农业装备监管则要含糊得多。设施农业装备虽然也带有动力，但"行走""活动"的区域比拖拉机、联合收获机要小得多，与社会的接触也有限，如何监督管理，是一个全新的课题，能否实行与拖拉机、联合收获机一样的监理模式，或者采用一种全新的监理模式，对农机安全监理的拓展有重大的意义。

设施农业装备安全如何监管，我觉得需要厘清这么几个关键词。

法规依据。实施监管就需要法规的支撑。然而，目前对设施农业装备的监管法规很不清晰，我们熟知的《农机化促进法》《农机安全监督条例》都没有明确的指向，如果说在"什么等"的"等"里面包含了，实话实说，很是牵强。前几年曾经轰轰烈烈的组织过一阵全国性培训，但最终还是没有正式法规来明确，只是在一些文件提出了要监管的要求。地方上出台了一些相应的规范性文件，算是探索性的实践，很需要下一步在修法的过程中予以明确。另外，在行政规定的同时，需要制定相对应的技术法规，即相关的标准，用以指导具体操作。

监管范围。设施农业涉及农村方方面面，是实施全面监管还是重点区域监管，目前也是困惑，采用公安监管模式，每一栋大棚，台台装备见面，还是采用安监模式，对法人监管？没有个定数。台台见面的监理模式，估计我们现在的农机监理模式怕是应付不了，行政成本相当的大，个人看法是采用重点区域监管，现阶段主要监管设施农业园区、组织化经营组织，个体散户暂不纳入监管范围。

监管对象。所谓对象，即哪些设施农业装备纳入监管。现阶段只是微耕机、卷帘机进入监管范畴。其他装备在牵涉人身安全问题上重要性相对要弱一些。

监管方式。我们不但要明确监管范围、对象，而采用何种监管方式也很重要。其实在监管范围中也涉及这个问题，是不是要每一台装备都监理，或者只对装备本身进行监理，现在都没有定论，目前采用的多是混合模式，既检查装备的使用状况，也检查安全生产制度、规程以及人员资格、安全教育等，算是一个综合性的监管模式，与现有的拖拉机监理模式有所不同。至于是否采用牌证管理方式，没有定论，我觉得有一些难度，有地方用了备案制，也未必有助于有效管理，真的值得探讨。我倒是建议，在综合检查之后，向使用方下达安全整改意见书，责令定期整改，但需要后续法规支撑。

监管内容。监管内容包括安全生产制度、安全操作规程、使用操作人员、设施农业装备等方面，每一个方面都需要在量化内容指标之后进行检查，否则监管就完全是形式主义。

在没有统一要求的情况下，不少地方进行了一些具体的实践性探讨，通过这些探索，可以为今后制定全国统一的法律提供基础支持，先地方后中央，从下而上进行推动。目前天津在这方面迈出点小步子，以部门文件形式确定了监管的必要性及其监管制度，阶段性成果可以与全国同行共享，也想为这项制度在全国的正式确定做应有的贡献。

● 指鹿为马、非驴非马与其他道路

我国农机监理从一出生就注定是要和公安交管来一番磕磕绊绊，因为它的体制、机制都是克隆公安交管模式的。争事权、争路权不过是事物的表象罢了。

农机应该管"机"，但我们的口头语常常说是管"车"，质的问题从两个字之间不经意的就显现出来了。

摆在我们面前有两种安全管理模式。一种是公安交管模式，一种是安监模式。公安交管，从车上牌、人发证，到道路交通宣教、道路监督检查，再到事故处理、违章纠正、违章处罚，形成一个封闭的大管理环，既面对自然人，也面对法人。按照我们的话说，是有事权、有路权，还有强制执行权。安监局的安全生产管理模式更多的是针对法人的监管、事后的处罚，比如，工厂、矿山等企事业单位以及机关、团体；而对自然人，如千家万户的用电器、燃气等安全生产则未有监管。

相对两种模式，农机监理更靠近交管模式。我们面对的是农村的千家万户。然而，在交管模式封闭环中，我们只承担了几个关节点的责任，拖拉机、联合收获机牌照管理，驾驶操作人员证照管理，不是一个封闭的管理环。从管理功能而言，我们有严重的缺失。这种缺失严重地影响了我们工作的开展，甚至是事业的发展。

具体地说，我们没有"路权"，监管力度上明显乏力。因此，争"路权"一直是我们的努力方向，当然，现有的法律法规已经将此争议定案。这可以说是我们的一大硬伤。

再说管理对象，过去在收费养人的指导思想下，自然是尽可能管的多为好。因此，出现争管理范围的事就不可避免。出现指鹿为马的现象就再自然不过了。再就是来点擦边球，"非驴非马"一番，"机"和"车"就不可避免地要混在一起。我参加过一次全国性现场会，看到上线检测的明明白白就是"车"，但还是被称为"机"，典型的指鹿为马。再则，到一地参观"多功能拖拉机"，仔细思考，除了运输功能之外，几乎看不出还有什么其他农业生产功能，多功能何在，费解。或许我们可以说，在田间运输的就是农机，然而，小轿车、载重汽车业可以从事田间运输，为何无人将它们称之为农机？如果算，那就是时下时尚的说法：被农机。算是非驴非马一例。无怪乎我国农机化主管部门一位领导说了一句：种了他人的地，荒了自家的田。

"可以委托"，这是历史中的一个独特的表述，想起来也是奇妙无比。由其催生的"委托"是我们过去的一种管理模式，随着《道路交通安全法》的颁布实施成为历史。然而，现在又出现了"委托"方式，个人观点以为滑天下之大稽。法律授权不能实施，而委托他人去实施，不知道算不作为还是乱作为，安全管理可以委托，刑事案件多了，人手不够，是也可以委托？我不是法律方面的专家，对"这事不好细说"，只是直觉感到不妥，严重地不妥。

2009年11月1日，国务院制定的《农机安全监督管理条例》施行。对农机安全管理方面面进行了界定、规定，对于加强农机安全监督管理，预防和减少农机事故，保障农机化安全发展、科学发展及和谐发展，对维护人民生命财产安全和农村社会和谐稳定具有重要意义。

农机监理走什么样的道路，是一个需要认真研究的命题，也是一个沉重的课题。实践已经显示，完全仿照交管模式，或是安监模式，都是走不畅的。

《农机安全监督条例》施行为农机安全监理奠定了坚实的法规基础，但也更需要我们静下心来客观的思考未来农机监理的模式问题，"车"和"机"？"公安交管"和"安监"？是否还有第三条、第四条道路，值得我们认真研究探讨，毕竟安全重于泰山！

● **闲话另类跨区作业**

"跨区作业"是农机系统一张靓丽的名片。每年麦收期间，几十万台联合收割机浩浩荡荡的由南向北参加机收作业，一时间，新闻媒体都不吝惜平常珍贵的时间、版面，一起聚焦这波澜壮阔的农机大军、农机场景。这无疑是对农机化最好的宣传，也是对农机化作用最好的诠释。

跨区作业，从小麦收获开始，逐步向水稻、玉米收获及其他作业延伸。有专家说，此举解决了大农机与小生产的结合问题，是现实条件下中国特色农机化道路的一种选择。

随着时间的推移，跨区作业的项目在拓展，参与的机器数量在增加，另外，跨区范围也有缩小的迹象，从盲目、盲从，到更加的理性和经济合理。

农机生产作业中的"跨区作业"，张扬了我们农机的气势，是农机人在外界津津乐道的事例。

然而，在农机行业还有一些个另类的"跨区作业"。

比如，拖拉机牌证管理中，一些人为蝇头小利，也搞起"跨区作业"来，跨行政区域发放牌证。前些年，在我们天津的地界上，周边省份的牌证比比皆是，甚至边界不搭界的省份的也有，搞成了长距离的"跨区作业"。这里面有部分地区农机相关部门管理不严，或公或私方式进行的，即所谓真的假牌证，当然也有纯粹的假冒牌证。参与"跨区作业"的有外来者，提一个小挎包，带若干付牌证，一手交钱一手发牌证，"方便快捷"的就把事情办成了；也有本地人，内外结合，当起这个行当的经纪人。不但扰乱管理，更是违纪违法。部里做了处理，我们也对当事人做了处理，算是画了一个惊叹号，这样的"跨区作业"是否就此画上句号，目前还很难说。前几天有人报告，又看到新的异地牌照出现，调查之后说是真的异地来作业的，虚惊一场，但是，高压的管理态势还真不能放松。

在农机行当，除此之外，另类"跨区作业"还有新茬，比如一向相对封闭运行的农机鉴定也有如斯的"跨区作业"，你信不信？反正我是信的！前不久，我参加天津市组织的农业科技成果转化项目评审，发现有天津的农机企业到外地申请了新产品鉴定和推广鉴定，居然通过了鉴定。我大感不解，鉴定也能"跨区作业"？我知道，有些试验能力很强的省级鉴定站，经过部里的能力认定可以接受企业申请，完成部级鉴定的试验，出具具有法律效应的报告，但鉴定证书的发放仍然属于部里。于是乎认真查看起来，反复核对，确认我所看到的鉴定证书非农业部盖章的通行全国的部级鉴定证书。而是当地鉴定部门盖章的省级鉴定证书。我从鉴定站进入农机行业工作，深知鉴定分为部级和省级，部级鉴定面向全国，省级鉴定那就是规规矩矩的"画地为牢，各行其是"，有严格的行政区域界定。干了二十几年，还头一次看到有"跨区作业"的鉴定。前些日子也有外地企业来天津要求做鉴定，我们问明情况，知是企业生产的产品所针对的农作物当地现在没有了，如此这番，我们也不能去鉴定啊，更不可能发证。后来与当地鉴定站联系，当地鉴定站提出委托我们做试验，出具报告，他们采信，由当地农机行政主管部门颁发证书，此乃不逾矩也。据了解，因为购机补贴上目录的事宜，一些地方提出这样那样的要求，企业为图方便，花钱了事，也就异地鉴定去了，当地鉴定部门也就"顺水推舟"了。这其中都有何利益，明眼人一看全明白。农机鉴定要可以"跨区作业"，利欲熏心，非得有一场价格战要打起来，结果可想而知，不乱套才怪，如此鉴定你敢信么？

唉，好端端的一个农机靓丽名片的"跨区作业"，可千万别让这些另类给毁了！

● 话说"盘活"农机化标准

2008年年底，农机化质量作为一个新的概念被我国农业部农机化主管部门提出。官方解释，农机化质量由产品质量、作业质量、维修质量、服务质量四部分构建。谈论质量问题，必然要联系到标准。任何质量都是以一定的标准来判定的，不管是什么质量，其基础都是标准，因此标准在质量中的重要性就不言而喻了。

经查《标准化法》，对标准化工作的宗旨明确为："标准化工作的任务是制定标准、组织实施标准和对标准的实施进行监督"。《标准化法》还规定："制定标准应当有利于合理利用国家资源，推广科学技术成果，提高经济效益，并符合使用要求，有利于产品的通用互换，做到技术上先进，经济上合理。"

笔者也从事过一些关于标准及标准化方面的工作，对此也略知一二。据统计，我国现有农机化标准218个，其中国家标准9个，行业标准209个。这些标准按行业类别又可分为通用与基础、耕整地机械、种植施肥机械、田间管理机械、收获机械、收获后处理机械、农产品初加工机械、农用搬运机械、排灌机械、畜牧水产养殖、动力机械、农村可再生能源利用设备、农田基本建设机械、设施农业等14类；按照标准类型可分为基础标准、试验鉴定标准、认证服务标准、技术运用标准、作业服务标准、维修服务标准、安全运行标准、设施工程标准、资质管理标准、安全管理标准等11类。

在应用中我们不难发现，这些个标准的应用情况非常不平衡。基础标准、试验鉴定标准、认证服务标准、安全运行标准等类别的标准在实际中经常被使用，应用于产品检测、试验鉴定等工作中。而技术运用标准、作业服务标准、维修服务标准、设施工程标准等农业生产、应用类别的标准却极少被应用，尤其是在农机化生产第一线的农民的应用。这些标准约占总数的40%。数据凸显了我们在标准化工作中的一个缺陷，即重标准制定而轻标准应用。尤其是涉及使用、维修等方面的标准。这也可以被认为同样是一种"资源"的严重浪费。

众所周知，标准制定是为了使用的，标准制定是花了大把纳税人的钱的，然而，却有不少的标准从某种意义上讲是为制定而制定的。虽然都知道使用标准是目的，制定标准不是目的。标准不是拿来印刷成印刷品或评定职称用的（这些只是标准附带的功能）。但确有一些标准从制定出来就成为一种摆设或成为评定制定人某种资格、能力的成果。

在农机化质量四大板块中，作业、服务、维修占了据了大半江山，而恰恰是这部分的标准被应用的最少，不能不说是农机化质量工作的短板。农机化标准是农机化科技的结晶，承载着农机化科学技术的内涵，只有当这些标准为农民所知晓，被农民认识，为农民所承用，标准所承载的科技才能转化为现实的生产力。

我们必须认识到制定标准并应用标准，把两者有机地结合起来才能使标准在实践中促进农机化的发展。宣贯农机化标准自然成为农机化质量上水平、见成效的关键。

盘活的农机化标准才能成为现实的生产力。

通过宣贯，盘活农机化标准。我们才能把承载着农机化科技的标准从白纸黑字变成农民的行为，从而实现标准的功能。

通过宣贯，盘活农机化标准。我们才能把标准从理论转化为农民应用的技术，实现阳春白雪向下里巴人的转化，从而达到我们制定标准的初衷。

通过宣贯，盘活农机化标准。我们才能用规范化技术规定、要求，改造农民传统的思维模式，促进生产方式由传统向现代的演进。

通过宣贯，盘活农机化标准。我们才能不断运用先进的现代农业装备技术促进我国农业生产的发展，保障农业基础地位的稳定与发展，从而实现社会的发展。

综上所述，盘活农机化标准，无论从微观到宏观，都会给社会带来正面的积极效应，因此有必要积极去改变"重标准制定，轻标准应用"的局面，通过宣传、教育培训，盘活标准，助推农机化又好又快发展。

● 农机召回，我们准备好了吗？

近来，丰田公司汽车质量召回一事闹得满城风雨，沸沸扬扬，全球瞩目。一时间吸引了全世界的眼球，人们不但对丰田的产品质量划了一个大问号，甚至开始动摇"日本制造"在世人心目中的地位。

对丰田召回事件，国人也是关注有加。但是，不少人处于一种不可言明的心态，就像在看西洋镜，在看丰田、在看日本出丑，隔岸观火，甚或有些幸灾乐祸。

　　丰田召回，对我们而言，绝不仅仅是一件新闻，是一件幸灾乐祸的事件。面对丰田召回，我们不禁要在内心反问：农机召回，我们准备好了吗？

　　召回制度，在国外已经实行了多年，我国也在一些行业开始试行，不过农机行业还没有实行。现在没有实行，并不说明今后也不实行，这不过是迟早的事，是一个时间问题。

　　《农机安全监督管理条例》第十六条第一款、第二款都规定的是关于农机召回的内容，对农机召回制度做了个概要的规定，明确农机召回应当由农机生产者自主及时召回，如果生产者不能做到，政府有关部门可以责令召回。

　　关于农机召回，有很多需要我们研究的事。我没有过多的思考过，相信行业的同仁也少有研究。在这里，我想说：农机召回，不仅仅是质量问题。

　　确实，农机召回涉及很多方面的问题。

　　首先是需要一个制度的设计问题。没有规矩就没有方圆，只有先把游戏规则制定好了，才有可能让大家加入进来。关于制度，我想应该留待质量管控部门的专家去研究、议论，在此我就不赘笔了。

　　其次，涉及诚信问题。目前我国农机产品的质量情况，大家也都心知肚明，甚至有不少人认为，农机产品在田间作业，条件千差万别，十分恶劣，不出故障是不可能的，不出问题反而是不正常的，持这样想法的人不在少数。因此，一旦出现质量方面的问题，总是找各种理由予以搪塞，敷衍了事，能对付就对付，可以说是千方百计推脱责任，以此来减少企业的损失。现实中，往往是农机生产企业发现了产品质量，不是大胆的召回，反而是尽量来掩饰，想办法蒙混过关了事，置农村消费者的利益不顾，应该说这是诚信的缺失。再则，我们不少企业为了抢占市场，经常是在产品不成熟的情况下，就急急忙忙地把新产品投向市场，把应该自己完成的中试过程，通过市场去完成，通过消费者去完成。这是对消费者的不尊重，也是对企业自己的不负责，说到底也是诚信的问题。质量是企业的生命，其实诚信更是企业的生命。消费者可以蒙一、蒙二，但不能蒙三，最后吃亏倒台的还应该是生产企业。

　　再次，关联到能力问题。像此次丰田召回事件，涉及全球，上百万产品的召回，面广量大，假若没有能力，丰田敢召回么？丰田之所以这样做，我想有制度要求，不得不为，也有能力的许可。我们现在不少农机企业，正常的"三包"服务常常都难以为继，还能再来召回？过往曾经发生过的拖拉机轮胎质量问题、收获机发动机质量问题等较大的事件，也未曾听说企业最终将所有的产品进行召回更换，头疼医头，脚疼医脚，能遮掩就遮掩了事。当做个案处理了事了。假若真的来一次全部召回，我看除了企业是否有诚信外，还得问是否有这个能力。

　　丰田召回事件对丰田影响如何，现在还众说纷纭。他们是否想过扛过去、混过去，不得而知。但有一点值得我们深思，这样大范围、大数量的召回，如果没有胆识也不敢如此行事，或许，经过这一历练，实现凤凰涅槃。未必不可！

召回制度是一种义务，也是一种"双赢"的制度。建立严格的质量管理体系是生产企业的职责，对消费者负责，也就是对自己负责。在政府制度管控之下，被动地去对应，还不如主动行动，从各方面建立、完善质量监控体系，早运筹，及时应对，方可以把损失，消费者和自己的，降到最低。

农机召回不是我们愿意不愿意的问题，不久的将来是我们不得不为的事，因此在管理制度上、在领导者思想上、在企业应对能力上，应该问一声，我们准备好了吗。

● 关于品牌的认知

品牌是什么？我没有研究过。

四川雅安，茶马古道的起点，山清水秀之城，是中国大陆降水量最大的地方，以"三雅"（雅雨、雅鱼、雅女）闻名天下。雅安号称天漏之国，据说当年女娲补天时最后缺少一块石头，结果把天补漏了，因而造就了雅安丰沛的雨量，滋润这一方父老乡亲。

在雅安雨城区，有一条顺河街，有两家抄手店，都叫顺和抄手，但字号不一样，差不多的价码，却有不同的上座率。为嘛？原来一家是老字号，具有品牌效益，高朋满座，食客盈门。我没有什么品牌方面的理论，也不知道品牌的学术定义，直观的感觉这就是传说中的品牌效应。

什么是品牌，含义若何，我并不知晓。从自己的感知来理解，应该包括两个方面的要素，一是可靠的质量，包括产品质量和服务质量；二是满足人们心理需求，包括虚荣心或自尊心。前些日子，国内某知名白酒涨价时，其官方说辞就是：满足人民群众身份的需求。

在农机行业，产品销售中同样有品牌的差异，同样的型号，不同的品牌之间销售量有着巨大的差距，哪怕是产品价格相差很多。农民即使花更多的钱，也去买大企业的知名品牌产品。恐怕就是对品牌的信任度问题。对品牌信任度的差异，最终导致购买的倾斜取向。

在日常生活中，最为典型的案例就是我们购买家电、购买汽车等高档消费品时，及其看重产品质量和售后服务质量。产品质量有时候用常态的直观评价是难以进行区别的，人们只好以企业的规模、企业的知名度来进行正面挂钩，而售后服务则听从邻居、同事等社会关系的口传信息来取舍和确定，或自己在购置某产品后获得的服务感觉。比如我在购买某家电产品后，直接说就是海尔品牌，不需隐讳广告嫌疑，一般在 24 小时之内，就会得到公司总部打来的询问电话，问产品使用有什么问题、销售服务有什么问题，如此服务让经常受到冷漠的消费者简直有一股暖流涌上心头，哪怕质量有些问题、服务有些不周全，也会感动的不知所以，因而在下一次购物时还会固执的选购这一品牌。

我常常想，在农机行业，质量之间的差异从外观上不易简单地进行甄别，但是服务却大同小异。售后服务往往成为农民不满意的主要原因。这跟农机产品使用的季节性强有很大的关联。一台收获机，一年只使用十几天或二十几天，要是在使用季节中，服务跟不上，耽误了使用，则意味着几千、几万的收入泡汤了，你能叫农民不着急、不跳脚、不骂娘吗，下一次打死他也不再买这样牌子的产品了。

产品占领市场，品牌很重要，但内在的质量却是关键的因素，也是长期站稳市场的核心价值所在，农机产品尤其如是。没有过硬的质量，靠着铺天盖地的硬广告、软广告和行政推动，可以占领一时，却绝不可能长期占有市场。不少企业采用打一枪换一个地方的战术，把质量不过硬的产品推向市场，坑了农村消费者，最终还是搬起石头砸自己的脚，换一个地方就丢一块市场，最终失去所有市场，只好黯然退场。

购机补贴给农机产品的销售带来极大的推动效应，提高了农民购买农机的积极性，也有效地拉动了农机的销售与生产，最最直接的创造了我们最爱用的统计数据 GDP。不过也有很多企业在这场优惠行销的活动中败北。关键还是质量，产品质量和服务质量。至于满足人们身份需求，我想农机产品是否有这样的作用，肯定是有一些，但绝不是主要的因素。农机不是直接的消费品，而是重要的生产工具，人们更看重它的实用价值。一件品牌的女包、一款品牌的化妆品，除了满足实用需求以外，确实还有很大的身份取向，可以极大的满足人们的关于身份的虚荣心表现。农机是需要为用户带来可靠的经济收益的，而不是用于炫耀、夸耀的奢侈品，因此，品牌的价值更多体现在其实际使用性能上。

于是，我想说，农机产品能否满足农民的需要，不看广告要看"疗效"！

● 数据啊数据

"1+1"在什么时候不等于 2？算错了的时候！这是一个著名的脑筋急转弯，经过赵本山小品的演绎，地球人都知道了。

其实，在社会生活中，"1+1"不等于 2 的事情比比皆是。例如中国经济网讯，截至 7 月 27 日，全国各省区市上半年国内生产总值（GDP）数据已全部公布。该网记者计算得出，31 个省区市上半年 GDP 总和约为 22.7 万亿元，而国家统计局发布的上半年全国 GDP 为 204 459 亿元，超出国家统计局数据约 2 万多亿元。记者还发现，除京、沪外，29 个省份上半年 GDP 增速均超过全国 9.6％的水平。

据报道，自 1985 年起，GDP 核算就在国家和地区层面同时分别进行，国家和地方分别核算 GDP。我国各省 GDP 的加总之和、平均增速等，长期以来都与国家统计局发布的全国数据有差距，而且基本 "1＋1＞2"。例如，2009 年上半年各省 GDP 之和高出国家统计局 2009 年上半年 1.4 万亿元，2009 年全年相差 2.68 万亿元，2010 年上半年各省 GDP 之和高出全国 1.45 万亿元，2010 年全年相差 3.2 万亿元。由此，我们知道了 GDP 各省之和大于国家统计局数据是常事。

数据啊数据，真是让人挠头！

写文章的人经常被数据困扰。小到一篇杂文，大到一个规划，大多需要数据来做支撑。搞项目，没有试验数据，增产多少、增收多少、节支多少，靠估算，靠臆想，这样的项目实施情况可想而知。

工作中，数据很多时候让我们真的很无语。

曾有一则笑谈：一位农机行业顶级专家经常发表有关农机化综合性理论文章，引经据典，用数据分析过去、现在和未来。有一天，一位农机管理部门的人员与这位专家谈话时说了一句 "雷语"：分析用的数据很多是我们拍脑袋出来的。真是无语！

再有，20 世纪 90 年代，全国农机系统都搞 "铁牛杯" 竞赛，基本是按照耕、播、收机械化水平指标来评定一、二、三等奖。几年以后竞赛搞不下去了，每年定的评选指标肯定被超越，攀比之风盛行，而且是你追我赶，节节攀升，一发不可收拾，再搞下去指标就要爆棚了，结局只能草草收场。这几年此情此景又再次发生且有愈演愈烈之势———自农机化初级、中级、高级阶段划分理论问世，20％、40％、70％，指标清晰明了，使用操作性强，立马引起很多地区农机人的蠢蠢欲动，一下就形成了比学赶帮态势，不少人开始对指标数据进行发力。不到几年工夫，有不少的地区相继宣布进入农机化发展的 "高级阶段"。此举引起业内一些人士的异议，其核心所在无非也是数据统计问题。

对此，过去坊间有些经典的概括，诸如 "干部出数据、数据出干部" "增产不增产、领导说了算，增产多少也领导说了算"。由此可见，数据对于我们的工作是何等重要，因为它出政绩、出效益、出经费、出面子，工作需要、事业需要，提拔也需要。

实事求是地讲，现实情况下，农机化指标体系本身没有什么问题，而所仰仗的统计数据却让人大伤脑筋。过去农机化系统从上到下体系健全，如今是部分省市县各级相对健全，乡镇级则几乎遗失殆尽，而我们统计所依托的基础却正好是乡镇。过去乡镇农机站机构保全时，一般村里的农机员，上报进展数据多少还有些谱，现如今人没了，腿没了，谁来统计？数据从何而来？不拍脑袋才怪！缺少了根基，很多时候只好出现上面所提到的"拍脑袋"的数据了。

设定合理的事业发展评价指标体系十分必要，但建立合理的数据统计机制更为重要！

● 指标数据的话赶话

最近，媒体报道了有关指标与数据的消息，有两则引起哗然。

一则，8月3日，国家发改委宏观经济研究院社会发展研究所称，2010年中华民族复兴指数为0.627 4，即完成了62％的复兴任务。"62％"一度成为调侃用词，甚至有人质疑有人从中获利。作为民族梦想，中华民族还有多久才能伟大复兴？这是天下都关心关注的事情。但是，如何衡量"复兴"的度，是个核心问题。报道称，《中华民族复兴进程监测评价指标体系》首先将复兴指数作为一级指标；其次选择经济发展、社会发展、国民素质、科技创新、资源环境、国际影响等六大指标为二级指标；最后，将二级指标再分解，最终选择了29项三级指标，构成了中华民族伟大复兴监测评价指标体系的总体框架。其中，"经济发展"指标权重最高，为0.25，包括GDP与人口份额的匹配度、人均GNI、全球500强中国企业营业额、上市公司市值占GDP比重，另外像恩格尔系数、基尼系数等重要指标都在其中。尤其是，大量指标都备注了"同年度世界平均水平""发达国家平均水平"等。对这样的指标及其评价，媒体也提出了质疑：评价体系的指标参数精确到万分之一，乍一看，这个研究挺科学，但细一想，又不是那么回事。首先，"中华民族伟大复兴"是动态的，它的目标不断在改变，既然谁也不知道100％，62％从何而来？第二，"军事支出占GDP比重""全球500强中国企业营业额"等指标设置太随意，秦始皇时全民皆兵，清末官商伍秉鉴曾是世界首富，结果如何？第三，"中华民族伟大复兴"仅仅是物质层面的复兴吗？如果没有价值复兴，这个复兴反而是件令人恐惧的事，可价值层面的东西，如何量化？

二则，《大祠堂》出品人王建锋在微博报料，电视剧收视率可以"买卖"，一年投资五千万就可轻而易举进入全国前10位，消息引起各方名人和网友的关注。经济效益是电视台的终极目标，一个栏目组衡量好坏需要考核，而收视率是电视台内部目标考核的重要参数之一，当电视台有的栏目组收视率不达标，就会想尽办法提高，而这个时候，"造假"便应运而生。央视名嘴崔永元也关注此事，并发微博痛斥收视率交易黑幕，希望司法机关介入，而且"早就该介入了"。

话赶话，说远了还得回到咱们的本行，农机行业也不能脱俗。这两项评价指标及其数据所引起的强烈反响值得我们思考，上述两则新闻报道所言之事，我们当认真思忖。过往，我们制定出种植业机械化水平的评价指标体系，近期我们又在制定养殖业、加工业、设施农业、林果业机械化水平的评价标准。

我以为进行评价还是必要的有益的，不过需要认真研究评价体系，包括评价指标、统计数据等。评价指标设置关系到评价能否科学合理，既要反映水平的主要特征，又要具有可操作性，避免成为在科学外衣下的赞美指数，再现"62%"的调侃。评价数据则应该考虑其真实性可否实现，在目前的态势下，数据来源甚为要紧，因为我们的统计体系已经残缺了，很多数据是连估带算出来的，如果不改革统计方式方法，真实数据不能到手，再好的指标体系也白搭，会严重误导统计结果，进而严重影响领导决策，再严重影响政策措施的制订和实施。

此外，还需当心评价指标的运用。如唯指标而指标，用指标表述工作绩效，人为地揠苗助长，很可能展开一场指标争霸大战。"实用主义"至上，用指标去达标，最终也许会将上演一场类似电视收视率掺水作假的闹剧。

前车之辙，后车之鉴，三思而行！

● 试看农机安全监理工作的新转变

2010 年 12 月 1 日，全国设施农业装备安全监管及专项治理培训班开班仪式在天津举行。来自北京、天津、河北、山西和山东的 120 余名农机安全监理工作者参加了培训。这是农业部在全国六大片区实施的系列培训的第一期，此后将有涉及我国各省市区，包括省、市、县三级 600 余人参与培训。此举标志着我国农机监理开始了向新领域的扩展，是历史性的突破，意义重大。

此前，我国已经有效的对拖拉机、联合收获机进行了安全监管，但是我们必须认识到，农机不仅仅是拖拉机或联合收获机，农机的范围要比现在已经实施监管机具范围要广泛得多。关于农机的定义，《中华人民共和国农机化促进法》对此有明确的界定：用于农业生产及其产品初加工等相关农事活动的机械、设备。为此，我们有充分的理由对涉及人民生命财产安全的所有农机逐步开展安全监管。

农机安全监管工作领域的转变以及工作方式的转变，其实反映了观念的重要转变，显示有两个方面的标志性发展。

首先，显示了农机监理工作的新转变。一是从管"车"向管"机"的新转变；二是从道路管理向田间管理的转变；三是从单一的动力机械向作业机械的转变。

其二，预示了农机部门在设施农业建设中找到一个有效的切入点。过去，虽然农机化司具有设施农业发展的职能，但始终未有一个有效的实质性切入，此举具有划时代的意义。

面对新的工作领域，我们有许多新的挑战。

在启动的新工作中，我们应该意识到更严峻的全新挑战。在设施农业装备安全监管中，"三新问题"摆在我们面前，那就是：监管对象是新的，监管内容是新的，监管方式也是新的。

依据什么进行监管、怎么监管，对我们而言都是新的课题。急需完备法规与技术的支撑。一是法律法规的完善与细化，为具体的安全监管奠定执行基础；二是相关技术法规（标准）的制定，使监管具有技术规定，实现有据可循；三是要求相关检测手段的装备的配备，用科学的仪器设备来改变"眼看耳听手摸"的监管方式；四是急需提高监管人员的能力，工作技能需要从过去机车管理向生产作业管理的变革。

应该说，怎么监管，具体的方式方法还需要在工作中不断探讨和完善。设施农业装备的应用涉及农村的千家万户，如何进行具体的管理，不是一两句话就可以到位，找到切入口是关键。实现对一家一户的监管，显然是不现实的，一则我们没有这样的人力，二则没有这样的行政财力。在这一点上，笔者认为示范园、集中连片生产区域应该是管理的契合点。

关于设施农业装备的安全监管，一要把好产品的安全性能关，二要提高产品的使用能力关，三要探寻建设监管机制关。还应该注意两个方面的协调进展。一是把安全监管与农机购机补贴、新技术推广等有机地结合起来，建立以服务为主轴，各个方面协调进行的机制；另一方面是工作应该逐步展开，不宜立即全面铺开，先在设施农业示范园区进行试点，寻找有效的监管经验，然后逐步开展全面的监管。

论道三　行业与文化

农机文化略谈

培育农机界领军人物刻不容缓

关于标志性事件和人物的遐想

炒一座农机博物馆出来！

学术交流，沙龙是一种态度

我们都是一家人

感受天津农机推广的气质

到处都是我们的"人"

别忘了农机发展的"垫脚石"

休闲农业觅农机

农谚新探

"世界第一"梦的追逐

有一种感情叫情结

跟我走企业，一起浮想联翩

农机会议素描若干则

话说五湖四海的农机

农机展会，怎一个"闹"字了得

我的农机展，我的记者团

闲言碎语话青岛农机展

农机展会的再发言

心随武汉——中国国际农机展之远观

青岛农机展之"全与专"

青岛农机展之"趁火打劫"

青岛农机展之"2016，约还是不约"

青岛农机展之"天津元素"

● 农机文化略谈

参加一次辅导报告。一位导师讲，英国当代一名人说中国，"能出口电视机，但不能出口电视剧"。意思是我们的物质产品可以打入西方世界，但是我们的文化不能被世界认同，成不了世界的主流文化意识，因而无法对西方文化造成真正的影响和威胁。

在一个物欲横流的社会，精神文明日益淡薄，凸显了文化的失落和尴尬。如何提振国家、公民的精神文化，已经引起全社会及国家高层的重视。2011年，中央十七届六中全会出台了关于振兴文化产业的文件。恰好与此同时，一部以农机行业先进典型朱庆来为原型的电视剧《丰年》公映了。电视剧的放映是单一的事件，但也折射出一个信讯，文化建设也有农机的份。

在一般人看来，农机从产品外形看就是一堆金属物品，没有生命可言；从事农机的人，凡人一群，成天围着铁疙瘩吆喝，谈不上什么文化，更遑论高雅。

实则不然，农机作为一个行业，必然有其特定的行业文化，或曰产业文化，这种文化根植在轰鸣的机器之中，扎根于广袤的田野之间。农机、农机化，牵连着工业文化与农业文化，是两种文化的链接。农机化是工业技术、工业生产模式运用于农业生产的过程，也是工业文化渗透农业文化的过程。从我国几十年农机化发展的历程，我们可以看到，农机化在不断地改变着传统的农业生产方式，也在改变着农业生产模式，与此同时，还在改变农民的生活方式，更在潜移默化的改变农民的思想意识，因此农机化也具有文化层面的属性。用工业产品装备农业生产，用工业化生产方式改变农业生产，工业文化改造农业文化。机械化生产就是一种新型的农耕文化。

撇开理论层面的缘由，单说实践层面，农机也具有浓郁的文化味。朱庆来农机社会化服务的实践及其搬上银屏的形象所包含的精神；每年"三夏"期间充满电视荧屏的浩浩荡荡的联合收割机大军，那种震撼的场面，活力的情景，你能说这不是一种文化？跨区机收只是一个形式，而它带来的更多是一种新的农业文化的变革。

在一些具体的技术层面，我们也能追寻到文化的元素。保护性耕作作为我们推广的一项技术，发芽于山西，推广到全国，现在山西农机人又把它由技术演化、提升到一种文化，使其从单一的技术影响农业生产，变成影响社会、生态和生活等多方面的文化元素。全国各地在建或已建成的各种形态的农机博物馆，展出的是农具、农机产品，但它们其实承载着我国几千年农业文化的变迁，从石斧、石凿、石磨，到镰刀、锄头，从水车、纺车，再到拖拉机、收获机、播种机，哪一件不是古代、现代文明传递的记录与展现？只是现在我们注重了实物的展示，还没有完全的发掘其文化的内涵。

工业旅游已经不再是新鲜名称，农业旅游业也在红红火火兴起。设施农业作为现代农业的一种标志性生产方式，更是饱含了文化的气息，成为农业旅游的重要模式。全天候的生产，温度、湿度、光照等诸多影响因素在人为调控之下进行生产运作，其中，充斥了信息化、机械化的成分。除了生产功能，现代农业更具生态保护、文化传承的功能。生产过程中的机械化生产方式和机械本身都已经成为一种文化，在休闲游览之际，还起到了普及科技知识之效。

农机不但有文化，而且太有文化了。

● 培育农机界领军人物刻不容缓

常言道：事在人为。又曰：事是人干出来的。但是，日常生活、工作中我们却往往忽视了人在事业中的重要作用。农机界的同仁相聚时，谈论多的无非是机构问题、经费问题，抑或技术问题，然极少论及"人"的问题。

农机发展靠科技，科技发展靠人才，这已经是行业内的一个共识。农机化发展取得的辉煌成就，时时处处离不开科技进步与人才支撑。然而，现实之中我们却往往不是这样践行的。我们将很大的精力用于争经费、抓项目，把人才的培育放在一边去了。经常以没有编制、经费不足等理由，将青年生力军挡在行业大门之外。如果搞一个详细的调查，就会发现目前的农机行业，在年龄结构、专业结构、职称结构等诸多方面呈现倒金字塔结构，后备力量严重缺乏，并且越往基层，这种人才断档的现象越发严重。而在工作中，我们经常能听到不少的埋怨：没有人为我们说话。这就是因为我们缺少有影响力的领军人物，在竞争中、在资源分配中没有话语权，没有代言人。

农机行业中的有识之士已经看到，培养一支生气勃勃的农机人才后备队伍已经成为刻不容缓的事情，其中培育事业发展的领军品牌人物尤为迫切。

如何培育领军人物？

一者，需要我们树立"人才兴机"的战略思想。在农机事业发展中，人才的重要性是不言而喻的，而其中领军人物的作用又是更为显要的。领军人物是事业的引领者，也是事业的发言人和事业的话语者。不但可以引领正确的发展方向，更可以在与不同部门的资源竞争中占取先机，获得更多发展所需的各种资源。从某种意义而言，领军人物不仅属于其自身，属于其所在的部门、机构，更属于农机化事业。

二者，对领军人物的培育要有刻意意识。领军人物不是一朝一夕可以锤炼出来的，需要我们刻意去造就，从"商业"意义而言，就是需要"包装"，给予充分的发挥才智的资源，给予充分的荣誉，给予充分发展平台，着意去为领军人物的脱颖而出创造条件。具体到某一个个人，可以提供工作机会、科技项目、表现舞台、荣誉桂冠，凡此等等，有目的、有计划、有措施的为事业包装出引领、代言的"品牌"——领军人物。在造就领军人物时，不必顾虑闲言碎语，应将最好的资源集中于领军人物的造就之中。要有正确的人才观点，领军人物在工作中的成绩、荣誉和利益，属于自己，若然没有这样的认识，那是决然不可能造就领军人物的。

再者，建立农机发展广泛的后备生力军。万丈高楼平地起，万事都有源头。领军人物或许是一个两个，或若干个人，但造就领军人物需要有一个庞大而厚实的后备基础。因此，不能只看到眼前缺少编制、缺少经费等困难，就限制人员的流动，限制新生力量的充实。没有现在的人员补充，就没有领军人物培育，更没有今后事业的发展。克服眼前的种种困难，引进新生力量，实际是投资未来，具有长远战略意义。应该抓住现在大学生就业困难的契机，大举进人，夯实事业发展的基础，抓紧培养和造就一大批高素质的青年后备人才，尽快形成有利于优秀领军人物脱颖而出、有所作为的工作机制，从而培养出适应新时代要求的农机引领者、代言者这应该是全行业的共识和共同的举措。

当今世界谁拥有稀缺资源，谁就拥有了竞争的优势，市场的竞争说到底是人才的竞争。人才资源是第一资源，领军人才更是稀缺资源。相信，通过我们有意识的举措，建立一个基础厚实的人才队伍，打造一批行业领军人物，营造出一个"江山代有才人出"的农机化发展局面，农机化事业会迈向又好又快的发展之路。

● 关于标志性事件和人物的遐想

2011年年末，中央农村工作会议上，有四个低于、四个高于50％的数据呈现，标志着我国农业发展进入一个崭新的历史新阶段。四个低于：①乡村居住人口低于50％，标志着中国数千年来以农村人口为主的城乡人口结构发生了逆转；②农业从业人员占总人口比重低于50％；③农业从业人员中青壮年比重低于50％；4. 农村家庭经营收入占农民收入低于50％。四个高于：①农机化率高于50％，农机化的快速发展，增强了农业综合生产能力，在促进我国粮食"八连增"、农民持续增收，加快农业现代化中发挥了重要的装备支撑作用。农机化率高于50％，标志着我国开启了以机械化为主的农业生产新时代；②农业科技贡献率高于50％；③农业灌溉面积高于50％；④规模养殖水平高于50％。对这"四高""四低"，官方都有确切的解释，虽然对每一条解释我们都未必全然接受，但我们农机人从中也感到非常欣慰。农机化率高于

50％是我们事业发展的直接的标志性事件，而农业从业人员占总人口比重、农业科技贡献率、农业灌溉面积、规模养殖水平等低于、高于50％中，哪件事不包含我们农机的贡献呢？都深深地蕴含了农机的因素，试想，没有农机化的发展，能有这"四高""四低"么？

近日，研究了一下体坛的事情，发现2011年我国体坛有三件事影响甚大，尤其是在国际上产生影响。一是姚明退役，二是李娜法网夺冠，三是丁俊晖世界杯折桂。姚明，一篮球运动员也，但所产生的影响远非只在篮球场上，被老外称作中国进入美国的一张"名片"，甚至还被称为中国最重要最有效最成功的出口"产品"。李娜，人称为"中国娜"，2011年先是澳网亚军，继而法网冠军，风靡全球。丁俊晖，在小小台球桌上独领风骚，领军中国台球走向世界，让在海外市场日渐衰微的世界台球界把振兴台球的希望寄托在中国身上，影响当然也着实不一般。三位球员都让世界瞩目中国，起到了小球玩转大球的作用。然而值得思考或者研究的是，三位球员都具有一个共性，那就是都是非体制内的球员，至少现在都不是体制内的，按照国内的行话来讲就是"个体户"，不吃皇粮，自己养活自己。三件事，其实是三个标志性人物，从个体带动了一个领域，甚至产生比自身从事行业领域更大的影响，不能不引起思考。

说回我们农机行业来，年年也都评些个十大新闻什么的，自己感觉确实大的不行，然而，在国内，甚至在农业系统，更遑论海外，似乎都没见到什么反响。平心而论，我国农机事业这些年发展确实日新月异，长进不小，但总觉得没有什么能让人觉得惊天动地、影响深远的标志性事件或标志性人物。

一个行业发展，都有阶段性的划分，我们也在不停地寻找这个标记以及这个时代的标志性人物；从另一个角度来说，一个行业发展也真的需要一些标志性人物来引领。在国内，农业系统近十几二十年的标志性人物，袁隆平算一个，贡献和作用无须赘言，反正是名气蜚声中外，可算是农业系统的有分量的人物。而我们农机系统呢，好像还没有寻觅到这样在全社会都享誉的标志性人物。虽然也有一些大专家、大教授在行业里声名显赫，贡献非凡，也有一些其他人士闻名圈内，然而，毕竟还是在自家圈子里，没能成为全社会的标志或名片，影响有限。

标志性人物的出现，可以引起社会的关注，抬显自身事业在社会的影响和作用，从而促进事业的发展，我们期盼农机行业也有重量级标志性人物出现。

● 炒一座农机博物馆出来！

2010年6月9～11日，国务院总理温家宝在河南考察今年"三夏"农业生产。在许昌，先后登上一台小麦联合收割机和一台拖拉机，并驾驶拖拉机进行了播种作业。之后，据网络消息称，这两台农机均是第一拖拉机制造有限公司的产品，公司方面已经跟拥有机器的农民联系，回收了两台机器，据称将作为陈列品进行收藏和展示，有点意思。

现在、如今、眼目下，在我国，但凡是有点名气，无论是人物、器具，历史遗迹，甚至传说中的妖魔鬼怪、神话大仙，都会被炒得一塌糊涂。炒名人名事，炒名人故里故居，炒帝王墓葬，炒神话故事，只要有名，无论美丑，无论好坏，无论古代，亦不论现代，几乎是无所不炒。综合有关媒体信息：李白故里被四川江油和湖北安陆两地争夺多年；貂蝉故里被五地争夺；河北临城、正定两地争夺赵云故里；河北丰润、辽宁辽阳和铁岭、江西武阳三地争夺曹雪芹故里；观音菩萨之争涉及四川遂宁、河南平顶山和新疆昌吉。甚至传统的反面人物——西门庆，也被山东阳谷、临清和安徽黄山三地争抢得不可开交；争夺潘金莲故里那当更有噱头更吸引眼球。此外，曹操墓、诸葛亮墓、刘备墓，也争得不亦说乎！传说中的神话人物——孙悟空故里竟然也起了争纷。

弘扬历史、不忘史实、爱国教育等，理由繁多。忽然想起，很多年前有一句流行语：文化搭台，经济唱戏。原来纷争核心是利益之虞。

似乎说远了，其实不远。社会有的，我们农机也不会例外。市场经济下，这种利益之争也算正常，用行政手段断是管控不了的。阅读农机报刊、搜索网络，常常也能看到农机行业也经常冒出国内第一、首创等字眼。从生产企业，到科研院所，均列其间。争第一、争首创，无可厚非，不是一件坏事，到自是反映行业有一种奋勇争先的风范，可喜可嘉。

遗憾的是，农机行业在整个发展之中，相对其他行业，缺少"炒作"之风。回到开篇的总理驾驶过的拖拉机、联合收获机，寥寥一二条消息之后，就再难睹下文了。个人愚见，文章没有做足做全，实在遗憾。

我有一个愿望，素来已久，中国应该有一个像样的农机博物馆。这些年在天津、在全国各地，也看到一些貌似农机博物馆的陈列，旧农器、农具、农机，在一些景点、单位陈列。1990年代初，在浙江余姚，还正式打出了中国农机博物馆的牌子，陈列了不少的古代、现代农具农机，说话之间约有20年了。用了不少的资金，盖了一座很漂亮的楼宇，很费了些资财和精力，20年没有再去过了，现况如何，不得而知！就当时的状况，我以为还像展览，距离博物馆的"博"还差之甚远，不过我还是很钦佩余姚同行的，敢为同行先，敢为天下先！

我们是农业大国，近年行业内也自称是农机大国，没有一座像模像样的农机博物馆实在说不过去。借近年"三夏"中央领导对农机的肯定以及企业收藏有历史价值之农机举措，建立农机博物馆之事应当被行业认识，并炒作起来。名人能炒，名人故里能炒，子虚乌有的大仙也能炒，我们实实在在为中国农业发展做出巨大贡献的农机何不能炒！这样的实炒，符合农机事业的核心利益，意义重大。

前些年中国农业出版社出版过一册《中华农器图谱》，按图索骥，我们能找到很多历史中的农器、农具，现代的农机更是相对容易寻觅。过去，我们不是有很多农机产品也进过中南海么，这些不都是可以收藏之物！我国现在号称有 8 000 多家农机生产企业，还有数以百计的农机科研、教学机构，一家捐献一台，我们的博物馆馆藏何以计数？在博物馆里我们也能陈列出无数中国、甚至世界第一的农机。

但愿农机同行一起来炒，实打实的炒出一座属于我们的农机博物馆，使之成为农机科研、教育、培训的园地，技术交流的基地，成为展示农机文化的平台，同时以物化的形式承载我国五千年辉煌的农耕文化历史。

● 学术交流，沙龙是一种态度

我在早几年前一篇文稿里说过，网络再发达，网络交流再便捷，始终无法取代人际交往中人与人之间面对面的沟通，更不用说促膝长谈式的沟通。

老年间曾有"国民党的税多，共产党的会多"的说词，开会的重要性由此可见一斑。

开会的功能很多。上传下达、统一思想、统一行动、布置工作、交流学术等。怎么开会也是很有讲究的，不同性质的会，开法是不一样的，要是用错了方式，效果相差甚远。

政务方面的会议很多，三天两头有会议，开会基本上可看成是一种重要的工作方法。学术会议次数则相对要少一些，而且这种会议通常要做较长时间的准备。先发通知征文，后发正式通知，再编印论文集，邀请专家作报告等，一个像模像样的学术会议最起码要筹备一两个月，较大型的会议甚至一两年。

这些年参加了不少各式各样的学术活动，但感觉交流的氛围明显弱化。从名称上往往就可以感触到。从前多叫某某研讨会，现在变化了，要么是报告会，要么是论坛，似乎论坛比研讨会要高一个层次。论坛或许还不够档次，再冠以"高层"，如果能联系几个老外参加，还可以提升到"国际"，工作语言还增加一门英语，显得层次就更高乎哉也。

其实，研讨会也好，论坛也好，高层论坛也好，不过是一个称呼而已，重要的是内容。学术活动内涵是交流学术问题，借用外交术语来说，交流应该是双边的、多边的，使学术问题在交流中得到解决、得到深化。所以交流是重要特征，多边交流更是特征。

网络上有人说，我国每年的人大、政协两会，应该是"吵架"的会议，当然不是真像两人打架一番的死掐，而是充满质询、争论、辩解等，通过这样的"吵架"来解决社会发展的问题或找出化解问题的办法、思路。其实学术更应该如此。学术问题往往都是在质疑中完善、发展起来的。曾经听一位行业老前辈讲，参加一些国际会议，与会者往往就一个问题各自引经据典，捍卫己见，反驳对方，争吵不休，面红耳赤，在我们看来这很不和谐。但实际上正是这样的"不和谐"导致了科技的进步和发展。学术在争议中发展、在质疑中进步。

反观我们现在的学术活动，从"研讨"升级到"报告"，再提升到"论坛"，就走样了，以请到大腕为荣，花大代价请来大专家大学者大领导，在"坛"上一番单向论述之后，会议的议程也就基本完成，即使有交流也是凤毛麟角的三言两语，甚至毫无交流，更遑论双边、多边交流，从场面上看，煞是和谐。我不想否认大腕、领导讲话凝聚着真知灼见，具有很强的指导性，但是这种"一言堂"式的学术活动往往具有强烈的行政化，又可能抑制学术的活跃。

学术交流讲究"百家争鸣，百花齐放"，都"和谐"了哪有思想的交流与碰撞。我国春秋战国正是百家争鸣的氛围才产生了诸子百家思想繁荣发展的局面。有一个名词，叫做"沙龙"，从网络百科中查到，"沙龙"原是法语 Salon 一词的译音，在法语中一般意为较大的客厅，另外特指上层人物住宅中的豪华会客厅，之后逐渐指一种在欣赏美术结晶的同时，谈论艺术、玩纸牌和聊天的场合。而现在现代沙龙延伸到会议方面，主要指规模较小、议题简要、非正式化的，由行业内的企业聚集在一起进行讨论的会议。看来这是一个比较自由的、多边的交流，应该包括争论，甚或"吵架"，是一个从不"和谐"到"和谐"的过程。

真理总是在争论中产生和发展。论坛、高层论坛是学术交流的形式之一二，但是不能由此舍弃了学术活动百家争鸣的精髓，同时，各种学术活动还应放下身段，避免老生常谈式的单向灌输，要给更多的人，尤其是小人物们一些机会，体现沙龙的精神，在不拘泥于发言人身份的状态下展开交流与交锋，通过不同思想、不同观点的争吵，达成学术的共识，完成学术的进步。

真的，期待农机学术活动更多的具备沙龙风格、充满沙龙精神。

● 我们都是一家人

常言道：天下农机是一家！

一家人自然不说两家话，一家人总得经常在一起聚一聚。于是乎我们就营造了诸多亲友相聚的场合，那就是各种各样的会议，时尚的说法又叫平台。

纯官方的有每年一度的全国专业会、半年一度的厅局长会；半官方的有每年的推广站长会、鉴定站长会、监理站长会。民间的那就多了，农机流通协会的全国大展，农机工业协会的装备展，农机化协会的廊坊新技术展。还有中国农机学会每两年一度的学术年会。还有其他形形色色的聚会活动，如直辖市的农机工作座谈会，副省级城市的农机讨论会，还有更多的不同部门、机构的片区会。其他现场会、展示会等就难以计数了。

在现代信息技术高度发达的今天，这些活动还需要么？回答是肯定的。

我们可以通过报纸、期刊、广播电视知晓相互的情况，更可以通过互联网迅捷的进行沟通、交流，然而，所有的这些媒介都难以替代人与人之间面对面的沟通，即所谓人际交流。

办公桌上放着一块不知是有机玻璃还是水晶做的饰物，镌刻着"郑州宣言"，细看是2007年农机流通协会农机展会的纪念物。晃眼就是三年过去，农机展会再回郑州。阴差阳错，过往两年的会都没有能参加，甚至报完名也没能参加，但上一次郑州论坛、展会的景况仍然历历在目。

每年全国都有不少农机行业的活动，不说行业工作会议，但说展会，直到现在，我还是看好农机流通协会组织的展会。一则是展会规模大，基本俱全了全国的农机产品，一圈逛下来，全国农机产品状况了然于心；二则参观人流量大，能通过这些人流对产品的眷顾，洞悉最新的进展；三则配套论坛层次高，可以聆听不同层面人士的教诲；四则为行业内朋友见面提供了绝好机会，谈工作、谈生活，有朋从八方来不亦说乎。

毋庸讳言，郑州这样的展会，从计划经济时代走来，就历史而言是计划经济的产物。改革开放几十年来，原先订货的功能几乎荡然无存了，但历史的发展又不断在赋予它新的功能，承载新的使命，焕发新的生命。

从全国汇聚而来的同行，可能已经忘却订单的价值，但却又在此流连忘返。这里是农机企业形象展示的舞台，这里是农机新产品亮相的T型台，这里是农机技术交流的殿堂，这里是农机发展时事报告的大厅，这里还是亲朋相聚的场所，何乐而不至也。

话说了这么些多，快把个展会夸得找不到北了。其实，我们细心观摩，也是可以找到诸多不足的。说展会规模大，铺天盖地，很多企业杂乱排列，像个自由市场，进去以后确实找不到北。还缺少一个准确的展会指南，指导参观者按图索骥。另外，每年论坛中，老面孔太多，高谈的内容与其他活动大同小异。因为现今展会不断，大专家们又逢会必被请，自然难于场场都是最新见解，炒回锅肉现象就是必然了，不能全怪大专家们。此问题我曾经跟协会有关人士交流过，能不能请一些不那么知名，但有一些新观点的人士，包括一些"奇谈怪论"，让听者耳目一新，否则，台上高谈阔论，下面嗡嗡一片，真是浪费大专家们的感情，也辜负主办方的一片盛情，效果也不好。

瑕不掩瑜，收获总是大于遗憾。有机会每年还是应该来逛逛、来看看，肯定会有新的感受、新的心情、新的斩获。

常言又说：远亲不如近邻。

互联网再发达，但取代不了人际关系中的亲情交往。时空是会隔断亲情、疏远亲情的，虽说天下农机是一家，倘若不往来也就难以亲起来，亲戚亲戚，越走才来越亲。于是乎，合肥会展也好，济南会展也好，郑州会展也好，有时间还是应该常走动走动。

● 感受天津农机推广的气质

最近，全国各地都在遴选所谓的地方"精神"，这些"精神"汇总在一起，几乎扫荡了当今时尚新潮的主流词汇，如包容、创新、开放、团结等，大同小异，放之四海而皆准。

要论一个单位的精神，我想这样空泛来提毫无意义，但是我们每一个单位确实又有区别于其他单位的特质，为了避免与所谓的"精神"相雷同，我选择了"气质"一词来表述我想说的内容。

何谓气质，《辞海》释为：人的相对稳定的个性特点和风格气度。把我们每一个单位拟人化看待，那么他也应该具有特定的气质，也就是差别化的个性特点和风格气度。

作为一个曾经在天津农机鉴定推广站工作过，并且在之后工作中也一直与之密切关联的农机人，我想用自己的切身体验、感受来解释一下天津农机推广的气质。

包容性。1980年代初期，当我们一批大学生分配来到天津时，很多单位因为住房、工作条件等原因，不方便接受，结果当时的鉴定推广站基本悉数纳入，包容了来自不同地域、不同学校的学子，并由此奠定了天津农机现在科技骨干的重要基础，当然这是后话。后来，站里又融入了来自管理部门、生产部门、教学部门的许多同志，时间或长或短，都无一不成为这个团队中有效、有机、和谐的一部分。在站里工作期间，我还与时任站长合作尝试写了一首站歌，具体内容已经记不清了，但第一句就是"我们来自四面八方"，清晰地体现了这个团队的包容之心。

创新性。天津农机鉴定推广站成立之前，天津没有专门的推广机构，新的单位、新的事业，很多难题摆在面前，如何开展工作？需要创新。在站领导的带领下技术创新、方法创新，组织了大量的现场会、展销会、现场咨询等丰富多彩的活动，卓有成效，极大地推动了天津农机化技术应用。农户笼养鸡技术、池塘机械化养鱼技术、小麦机械化收割技术、免耕精播技术、机械化秸秆还田技术等一大批新技术在天津农村普及应用。尤其是为解决天津市吃蛋难、吃鱼难做出突出贡献。这些新技术推广先后多次获得国家级、部市级科技进步奖励，使天津农机推广在全国独树一帜。天津农机系统的劳模大多产于推广站，推广站还曾经荣获天津市劳动模范集体，这曾经是我在家人面前津津乐道、引以为荣的无上荣耀。

开放性。天津农机推广从来就不是在一个故步自封、画地为牢的团队，从一开始就具备开放性的思维、开放性的视野，立足天津，发展天津，服务全国。1980 年代，天津鉴定推广站是农业部授权的全国农户笼养鸡技术联络中心挂靠单位，是全国池塘机械化养鱼副组长单位；在天津，在全国很多地方组织畜禽机械化技术展销会、研讨会，还组织编写教材、发行幻灯片等宣传培训工作，为机械化养鸡技术在全国发展做出了突出贡献。还组织过多次全国性林果机械化活动、现代物理农业工程技术活动等，另外，当时的《全国农机鉴定推广站年鉴》《全国农机鉴定产品汇编》等也在天津编辑出版；甚至曾经从日本引进过 1 000 辆二手摩托车用于全市农机管理、推广、监理工作。在面向全国开展工作的同时，也从全国其他地方引进了大量的农机化新技术、新产品，服务于天津农机事业发展。

竞争性。天津农机推广是一个团结的团队，一个激情向上的团队，也是一个人才辈出的团队。动力来源于强烈的事业心和良性的竞争机制。是金子总会发光的，是煤炭就会发热的，在团结的和谐氛围中又不乏竞争的气氛，你发表一篇论文，我也发表一篇论文；你申请一个项目，我也申请一个项目；你引进一个新机具，我也引进一个新机具，一个良性的竞争环境促进了团队知识更新、观念更新，战斗力不断增强。

伴随天津农机推广事业 20 多年的发展，所见所闻很多，这只是信手拈来的一些感受，挂一漏万，不知是否妥帖，但却是非常真实的，不是只看文字总结材料所能体会到的。至于这些算不算是天津农机推广的"气质"，请大家体验、总结。有这样的气质的一个超强团队，没有不能完成的任务，没有不能到达的目标。

我相信，过去我们创造了很多成就，今后会创造再更多的辉煌！

● 到处都是我们的"人"

开宗明义，先说明两点，一是本文标题不是原创，是借用的，原创题目来源于《今晚报》的一篇散文，说的是在美国爱荷华大学，随处都可以遇见中国留学生。二是标题的"人"不是平常的自然人，而是拟人化的物化的农机，更准确一点表述，应该是说"农机元素"。

2010 年 11 月 20～22 日，2010 信息化与现代农业博览会在北京中国农业展览馆隆重举行。农机元素充满了展览，农机行业赚足了眼球。

开幕式之后的现场演示，北京爱农众城公司的车载远程弥雾机"吞云吐雾"、福田雷沃公司的自动驾驶拖拉机、GPS 车载监控作业信息系统演示让人眼界一亮，耳目一新。

进入展馆，随处可见农机元素，耀眼夺目。在农机化展区，农机试验鉴定总站、农机化技术推广总站、北京市农机鉴定推广站、中国农业大学、中国一拖集团、福田雷沃重工和部分省市农机管理部门展示了农机信息化建设的成果。展区分为精准农装、信息服务、智能农机、电子政务四个组成部分。与智能化的大型拖拉机留影的人络绎不绝；中国农业大学工学院的蔬菜自动嫁接机、黄瓜自动采摘机更是被人围观。采摘黄瓜的机器人每完成一次准确无误的操作时，都能听到人们"啧啧"的赞叹声；蔬菜育苗嫁接机器人技术演示，也受到来访者交口称赞。行走在各省展区里，设施农业智能化温室检测、调控系统无不闪现农机元素，而中国移动展区则展示了农机跨区作业信息系统。农业科技、精准农业展区，几乎让农机包了圆，充满了农机元素。新疆兵团展区的主角几乎都是各种大型农机出场，现足了农机元素，展区模型中摆放了数不尽的农机，大型拖拉机、玉米收获机、采棉机、喷灌机等，不经意会以为进了农机博览会，一幅机械化生产的场面展现得淋漓尽致。

看罢展览，你不得不得出一个结论：到处都是我们的人！

据悉，在博览会结束之后的评奖中，农机化大放异彩，农机化司获得了最佳组织奖，优秀设计奖，农机跨区作业直通车项目获得推广应用一等奖，蔬菜嫁接机器人项目获得优秀案例一等奖，全国农机购置补贴管理软件系统项目获得推广应用三等奖。这五个奖项全面反映了博览会组委会和专家评审组对农机化展区所取得成绩的充分肯定。媒体用了精彩亮相、好评如潮来评价农机行业的表现。

电影《南征北战》中有一句经典的对话：大炮不能上刺刀，解决战斗还要靠我们步兵。在那个年代确实如此，但是，现在看来错了一半，对了一半。现代战争解决问题的肯定不是刺刀了，也不是大炮了，往往在没有见到敌人的情况下，战争的胜负就已经决定了。但收拾残局、打扫战场还需要带刺刀的步兵去完成。当然，现在的步兵也不是当初的步兵，信息化装备全身披挂，已然是高科技武装到牙齿的智能化步兵。

在农业领域，良种、良法和良器总是相辅相成的。良法、良种最终还需要良器去落实，这就是我所说的农机化是先进农业技术的载体。

再回首，我们也要看到，现代农机已经不是单纯的机械部件了，信息化作为它的神经系统已经肩负起贯通经脉，传达指令的作用。现代农机已经融了许多信息化的成果。信息化使农机更敏感、更聪明、更精准、更节能。

看了此次博览会，我们更感觉到信息化无处不在，同时，也从充斥展馆的农机元素中感悟到农业信息化离不开农机，而我们搞农机的人也不能感觉良好的自以为是，以为自己了不起，离了谁自己仍然是老大。信息化作为现代农机的神经系统，我们必须在设计上、功能实现上吸纳信息化的元素，使我们符合现代农业的需求。

农业信息化，农机元素不可或缺；农机化信息化元素同样也不可或缺！

● 别忘了农机发展的"垫脚石"

看过《三国演义》的人，都会知晓汉中这个地方，忆往昔，"魏武挥鞭""诸葛空城"的年代，刀枪剑影，有多少历史大剧在这个地方上演。而现代，一段农机发展正剧也在这里辉煌上映。

从历史回归现实，话还得从去年年初说起。2011年2月1日下午5时半许我乘火车途径陕西汉中，停车13分钟，急急下车，在站台踱步。20年前，我曾两度到汉中，在这里组织了一次全国性小型联合收获机研讨会，当时汉中的毛毛细雨在脑海里浮现，我仿佛又回到了当年。

在这里，曾经掀起过一场小麦机收的革命浪潮。当初，汉中收获机厂的飞龙-0.75小型联合收割机扬威中原大地，号称"小联合"的背负式小型联合收割机，运输路过河南时被农民拦住，要求购买，由此揭开了我国小麦联合收获的序幕，当时的《中国农机化报》作了详细报道。同一时期，陕西富平收获机厂、河南桐柏收割机厂、河南舞阳收割机厂、新乡第一拖拉机厂、河北收割机厂、上海向明机械厂、江苏南通收获机厂、江苏射阳农场收割机厂等，从0.5～2千克喂入量的收获机都曾经辉煌，为我国小麦机收立下了汗马功劳。之后，新疆联合收割机厂的新疆-2号异军突起，攻城略地，占据了大半江山。但是，我们不能忘记前述各厂在启动小麦联合收获事业中的贡献，正是他们，在当时看来小麦机还不太成熟的时期，在巨大的争议之中顽强奋争，打开了农民认识小麦机械化收割的大门，为后来瓜分天下，风靡市场的若干"大牌"产品奠定了基础。

牛顿说过，如果说我比别人看得更远些，那是因为我站在了巨人的肩上。论成就，其实我们取得的所有成绩都是在前人的成绩上的得到的。而在这些发展过程中，有多少铺路石、垫脚石，我们都会很快忘却，滚滚红尘中，辉煌的烟尘遮掩了多少铺路的石块。我们不能忘记在开路中披荆斩棘的飞龙-0.75、新乡-0.5、向明-2.0等机型。

人们往往记住了最后的辉煌，如同小麦机发展进程一样，我们最后看到的是新疆-2风靡大地，驰骋天下，甚至在很长一段时间里独步天下。在事业取得成功之际，我们忘却了泯灭在发展烟尘中的众多开路先锋。

人们往往只记住了最后的辉煌，然而我们不能忘却，在我们辉煌的背后有许许多多开拓者付出巨大的心血和贡献。小麦联合收割机是如此，玉米机械化收获发展过程也是如此。从背负式单行机、两行机到自走式收获机，从单一摘穗到摘穗、剥皮、籽粒回收等多功能一体化机型，玉米收获机械化第三次发展浪潮前期，有多少企业投入大量的人、财、物，而大都无功而返。需要记住的是天津津武玉米收获机厂、张家口探矿机械厂、河北石家庄农机厂，以及山东兖州的"三丰"们，辉煌中可能看不到他们的身影，收获的季节他们或许已经"牺牲"，但正是他们这种前赴后继的努力才换来今天的玉米机械化收获为农民所认识、所接受。

对于我们后人而言，历史的发展不可回流，历史发展不可选择，在品尝收获的喜悦之时，不能忘记铺路搭桥的垫脚石。

产品开发如此，农机科研也当如是，所有的工作都不是在一片荒芜中突兀而来的，我们所有的工作都是在前人基础上的发扬光大，我们不能在自豪成功且沾沾自喜之时忘了为我们做出重大贡献的肩膀和重大牺牲的垫脚石们，而我们当下所做的工作也都是后来者的"垫脚石"！

● 休闲农业觅农机

在生产力水平提高、产生剩余农产品和剩余劳动力以后，农业的功能便发生了质的变化，即由单纯地满足人类简单的食物需要转变成为推动人类社会进一步发展的基础产业。休闲农业在全国兴起，标志着中国农业从传统的生产功能向更多功能转型。

传统农业的功能主要体现为解决人类的温饱问题。现代农业中，满足食物需求仍然是第一要务。但是，随着现代农业的兴起，在满足食物需求的同时，农业又被赋予了更多的功能，农业兼具了生产、生活、生态和文化传承等多重功能，其中，生产功能是基础功能，也是第一功能，不过，随着经济发展，生活、生态和文化传承功能的重要性日益增强，尤其是在增加农民收入方面的分量在不断加重。

曾几何时，农业发展已经由露天大农业逐渐过渡到都市型现代农业，农业产业的优化升级促使生活、生态等服务功能走向多样化。在生态农业建设方面，通过"林下经济""生态农场""农耕体验""民俗风情""科技展示"等时尚的现代农业生活和生态模式，通过这些新的农业模式，明显提升了城乡居民的生活质量和幸福指数。据测算，目前北京郊区农业生态服务价值已经接近

1万亿元，媒体说，这一价值已成为提高市民幸福指数、改善农民生活质量、增加农民收入的重要资源。

前述农业功能中，生产功能是基础，其他功能通常又被称为休闲功能，对应的农业模式唤作休闲农业。

作为现代农业物质基础的农机，在农业生产过程中举足轻重。耕地、播种、施肥、收获、加工等生产环节都可以看到农机作业的身影，农机及机械化生产方式已经成为现代农村生产、生活的一道亮丽景观。作为生活、生态和文化传承重要标志，农机也该是休闲农业的一部分。

一部农机具发展史其实就是一部活生生农耕文化史。

这样的观点，笔者在很多场所表露过，有人不理解，农机咋跟休闲农业扯到一起了？

人类文明史很大一部分是农业生产工具的历史，作为传承农业生产方式的农机自然是其主要标志。刀耕火种，此"刀"非菜板上的"刀"，也非两军厮杀刀光剑影的"刀"，真真正正的农具也。千百年来，人们先前种植的植物、养殖的畜禽不可能以实物形态延续下来，从地下挖出的化石，虽然也在向我们述说历史变迁，但考古学家"考"来"考"去，经常给出模糊不清的结论。而农具则一直以实物形态在延续，我们现在可以看到秦始皇年代的农具，却看不到秦始皇年代的种子及植株。

在休闲农业之中，通过展示古老的农具、现代化的农机，我们可以看到千百年来农机具的演变过程及其传承的农耕文化的变迁。通过观看机械化生产过程，甚至体验机械化生产过程，可以学到很多现代科学技术知识，也可以充分体会现代农业的生产方式，也让普通老百姓体验到现代农业生产的愉悦，没准还能激发一部分人产生从事农业工作的念头。

休闲农业不等于原始农业，也不等于传统农业，休闲农业是现代农业，现代农业离不开农机，离不开农机化，因此，农机理所当然地应该成为休闲农业的一分子！

● 农谚新探

农谚是谚语的一部分，是我国传统文化的积淀，也是智慧的积累。

最近读了一本书，《农谚800句》，由中华农业科教基金会组编，中国农业出版社出版。从头到尾读了一遍，并有重点地复习了若干章节，感觉这里蕴含的知识博大精深，源远流长，若看懂弄清了这本书的全部内容，差不多应该是小半个农学家了。

读着读着也勾起了一些早年的回忆。对于谚语，我一直很感兴趣，小的时候就记住了不少，可以说是没齿难忘。我出生成长在雅安，雅安号称雨城，早年间我看到一本教科书说，雅安是中国大陆年降水量最大的地方，一般年份降雨量在 1 800 毫米。因为雨城，所以记住了很多跟雨有关的谚语。比如，"雅无三日晴"，这算是对雨城雅安的一个概括，再有"燕子蜻蜓低飞要下雨""水缸冒汗，大雨在眼前""有雨天边亮，无雨顶上光"等，都跟雨有关，虽然很多年过去了，但还是记忆犹新。

再回到《农谚 800 句》，书中大部分是历史传承下来的，但也有一些是新创意的，有了现代气息，也有了农机元素。

关于现代气息。"规模经营，流转先行""小康不小康，关键看老乡""土地确了权，农民吃下定心丸""科技兴农，信息致富""种田不交税，政府给实惠""合作医疗是个宝，有病就看不烦恼"。这些多半是关于管理、政策等方面的新谚语，以我的知识来判定它们肯定都是新谚语，充满现代气息。而有关农业生产过程中的谚语，由于本人不是这方面的专家，难以区分哪些是历史传承的，哪些是新近形成的，不敢乱举例，弄不好会贻笑大方，丢人现眼。

关于农机元素。书本收集的谚语中直接表述的极少，但关联的还是有一些。涉及土地耕作的有"地不冻，犁不停""冬耕要深，春耕要浅""光犁地不耙地，等于蒸馍跑了气""秋冬耕地好处多，除虫晒地蓄雨雪"，从字面看应该是传统生产套路的谚语，从字面就可以理解其含义。有一些可以引申来理解，比如，"好锄快镰，不多花钱"与"磨刀不误砍柴工"有异曲同工之意，也可以理解为使用好的设备，虽然花钱多，但效果好，收益也高。至于"黑夜点明灯，飞蛾白丧生"，可直接解读为物理农业了。而"育秧插秧不下田，稻麦收割不动镰，农忙时节不回乡，一心一意去挣钱"，则完全是现代农机化发展的写照。机械化解放了农村劳动力，促进了劳动力的转移，让农民增添了一份工资性收入，其实也可以简化为"农机当家，农民工农忙不用回家"，更直截了当，简明扼要。当然，在"种田不交税，政府给实惠"里面还包含了购机补贴、农机作业补贴的成分。

从全书来看，尽管直接表述农机、农机化的内容不多，但插图中却每每都是机械化作业的场面，从而表明现代农业中农机化的重要地位与作用。也许是作者搜集不全，也许是我们没有注意去整理，现代农业中关于农机的很多俗语都可以整理成农谚，比如"高挡小油门，省油小窍门""种子磁疗，发芽有保""土地深松，培育不倒翁""秸秆焚烧可惜了，粉碎还田是个宝"等，搞一个小活动，搜集一批农机方面的谚语，集成册，借助谚语朗朗上口、短小精悍、通俗易懂的特点，用于普及知识、推广技术、指导操作，大有裨益。

完成此项既有趣又有益的工作，你来还是我来？

● "世界第一"梦的追逐

"不蒸馒头争口气"，这是过去我们经常挂在口中的一句显示豪气的话，显示出我们有一种不甘落后，勇为人先，敢争第一的精神。

20世纪50年代，"超英赶美"既是一个响亮的政治口号，同时也是一个高标准的追求。英美是世界一流的化身，当然是追赶的目标。然而，实话实说，在过去很长时间里，在社会、经济相当多的领域，我们是越追越远，正所谓渐行渐远，差距日大。我们可以显摆的领域实在忒少。人口数量世界第一，就常常成为我们引以为骄傲和自豪的数字指标。标准用语就是：人口众多，地大物博。不过，后来发现"地大物博"被"人口众多"一分摊，就不值得炫耀了。

改革开放以后，国家发展日新月异。三十年间，在很多领域赶上了世界很多先进国家，自豪感不断提升，追求目标也一而再再而三的攀升，争当"世界第一"再次成为我们的梦想。

最引人关注的莫过于我国的经济总量，超过英国、法国、德国，越过日本，直逼美国，当下屈居世界第二。何时赶超美国？经济学家纷纷预测，保守的说15年、20年，激进的甚至说2015年就可以赶上，无论保守还是激进，都喻示超过美国不过是时间早晚而已。

近几年来，我国在各个领域成为世界排头兵的步伐不断加快，喜讯纷至沓来。2012年12月，世界知识产权组织发布报告，中国成为专利申请第一大国。2011年，中国受理来自国内外发明专利申请52.6412万件，超过美国的50.3582万件，成为世界第一。有数据显示，2011年我国科技人员发表的期刊论文数量，已经超过美国，位居世界第一。媒体报道，联合国世界旅游组织发布数据，去年，中国已超越德国、美国，成为世界最大国际旅游消费国。

以上事件跟我们都有关系，最直接的还是中国农机的发展讯息。

《中国农机化导报》评选出的2012年中国农机十大新闻中，我国成为"世界农机制造第一大国"赫然其中。2012年，中国农机工业生产总值跃居世界首位，欧盟、北美（美国）排位二、三。规模以上农机工业总产值3 382亿元，连续6年保持20%左右的增速。拖拉机年产量超过200万台，收获机械年产量突破100万台，数量远远高于其他国家和地区，中国在全球农机工业发展中的地位、产业话语权和对国际市场的影响力进一步提高，成为各国密切关注的区域。

其具体阐述：2004—2012年中央财政共安排补贴资金744.7亿元，带动地方和农民投入2 187.9亿元，补贴购置各类农机具2 272.6万台（套），促进了农机制造业、农机流通业加快发展，2012 年我国已成为全球农机制造第一大国。

在我们一路高歌猛进的过程中，犹如攻城略地一样，一项项世界第一的位置被我们占领，一顶顶世界之最的桂冠被我摘取，我们不断地骄傲着，不断地自豪着。

但是，我们还得清晰地看到，我们的世界第一，很多是总量的第一，在均值方面、在质量方面，距离世界第一差距还很大。

例如"科技论文总量世界第一"，可是这些科研论文的平均引用率排在世界 100 名开外。众所周知，由于职称评定机制的原因，我们每年都在制造数量庞大的垃圾论文。

再如"全球第一农机制造大国"，全球农机产品种类已达 7 000 多种，而我国农机产品的品种只有 3 500 多种。我们的农机产品主要满足了粮食作物耕、种、收主要环节，而经济作物机械需求方面还有很多空白；同时，适用于平原地区的农机多，而丘陵山区所需的农机还是十分薄弱。在自动化、智能化、精良化、全程化等方面与欧美等发达国家还有很大差距，农产品加工及大型经济作物收获装备等高端农机产品还主要依赖进口。

在农机使用领域、制造领域，我们是大国，但还不是强国，距离农机强国之梦还有相当差距，正是革命尚未成功，同志仍需努力！

● 有一种感情叫情结

每年春节，就会上演一场声势浩大的群众运动，中国的老百姓，无论年龄、无论性别、无论职业、无论地域，齐齐的参与；飞机、高铁、快客、大巴，如果有载客火箭亦然，挤满可能焦躁、可能悠闲、可能疲惫，但充满兴奋的人流，据报道说 2014 年客流量超过 30 亿人次，这就是中国的春运。即或近在咫尺，抑或远在天涯，人们心中都装着一种心绪，回家。这是怎么样的一种心绪，这种心绪是什么？专家说这是一种传统文化，一种渴望团圆的情结。

情结是什么？

情结，心理学术语，指的是一群重要的无意识组合，或是一种藏在一个人神秘的心理状态中，强烈而无意识的冲动。每个心理学理论对于情结的详细定义不同，但不论是弗洛伊德体系还是荣格体系的理论都公认情结是非常重要的。弗洛伊德认为，情结是一种受意识压抑而持续在无意识中活动的，以本能冲动为核心的欲望。学术解释有点玄乎，字典解释则豁达得多："情结，心中的感情纠葛；深藏心底的感情。如：化解不开的～ ｜ 浓重的思乡～"。由此而言，所谓情结，俺们人人皆有。

京津塘高速，全长 142.69 千米，我国动工修建的第一条的高速公路，也是我国利用世界银行贷款通过国际竞争性招标的第一条高速公路。途中，天津北辰段穿越一座公路桥，桥名曰：农机站桥。名由何来，未曾考证过。但是每次开车路过这里，看到路边的桥梁上"农机站桥"的标志牌，内心都有一种莫名的兴奋与躁动。对照上述名词解释，真的就是一种活脱脱的"情结"，一种农机人独有的"农机情结"。

子曰：知之者，不如好之者，好之者，不如乐之者。干农机的自然要得有"农机情结"，否则是没法做到干什么吆喝什么。俗话说，干一行爱一行。也就是一种情结使然。

看到每年浩浩荡荡的跨区作业大军南征北战，频频亮相在媒体，作为农机人，我们洋溢着自豪。每当年初中央 1 号文件发布，我们会认真地去阅读，尤其是情不自禁的去寻找字里行间关于农机的段落、词句，甚至单词，从中寻觅工作的灵感。记得有一位已经退休多年的老领导，过去常常跟我们讲，去年中央文件提及农机有几个字，今年又增加了几个字，从增加值里解读农机工作被重视的程度值，浓浓的农机情结跃然而出。当时的情景至今仍清清楚楚的映像在脑海中。当然，现今中央文件关于农机的论述已经不是几个字、十几个字、几十个字了，常常是长长的一段，另加散落在其他段落的若干文字。

农机人的情节，就是爱农机的感情，这种感情绵绵不断，如滔滔江水浩浩汤汤。今年以来，不断从中国农机化信息网、《中国农机化导报》等媒体见到报道，全国各地有很多生产企业、营销企业被取消购机补贴资格，用假冒产品顶替真品、空转套取补贴资金等，行为手法虽然不一，但目的倒都相同，为多捞一些银两。这都是可耻之为，农机补贴政策来之不易，不去珍惜，反倒耍小聪明，真乃一粒耗子屎坏了一锅汤，为自己一些蝇头小利，破坏购机补贴政策、坑害农民，同时严重影响农机的形象，罪不可赦啊。

作用、地位，这是我们农机人十分看重的东西。我们经常性的强调在农业中的地位，不断的用作用来维护、提升我们的地位。人云，干一行爱一行。爱就会产生一种挥之不去的情结，这种情节需要发扬光大，并用这种情结去感染周边的人、周边的事物，从而营造一种发展的良好氛围。

当你倾注一份感情于农机以后，这一份浓浓郁郁的感情定会让你更加珍惜你的努力你的成功，这种感情就是农机情结。

● 跟我走企业，一起浮想联翩

古语说，开卷有益。还说，行万里路，读万卷书。非常强调读书。但古人也说，纸上得来终觉浅，绝知此事要躬行。我觉得两者都重要，不可或缺。要不当代伟人说，读书是学习，使用也是学习，而且是更重要的学习。由此而言，到实践中去学习那是相当的重要。

年初，参加一个行业活动，到一家农机行业大型企业去参观学习了一把，一圈走访下来，收益不小，感触颇深，浮想联翩。

参观了技术中心、信息中心、培训中心和生产装配线，参观的点、面够宽泛的了，因此随之产生的联想也就分散了，换句话讲就是覆盖面广，或许又有些零散，不成体系，所以本文也就看到哪，想到哪，也就写到哪。

先说当下炙手可热的话题，国Ⅱ升国Ⅲ真的有麻烦。早前我写过这方面的文稿，据说点击率颇高。到现场看到正在进行匹配试验，正处在英文 ing 的进行时态，据说效果不甚理想。现场的感受就是国Ⅱ升国Ⅲ确实没有准备好，思想上、技术上、产品上都有问题。远不是开始理解的撤下国Ⅱ发动机，换上国Ⅲ发动机那么简单，绝不是换一个发动机而已的事。底盘、液压、电控、油料等都有差异。国内标杆企业如此，其他企业可想而知。总而言之，要是立马实施，真的是事情复杂，麻烦多多，还当"牢骚太盛防肠断，风物长宜放眼量"。兹事体大，当另行文述说。

再说第二个话题，动力换挡。当下一说到农机的转型升级，言必称动力换挡，不说不足以显现"高大上"。现场看了动力换挡机型的试验和装配，之前调研时也了解了一些这方面的事，动力换挡拖拉机操作舒适性确实好，不过机手反映修理不便，企业也有同感。动力换挡、国三发动机应该都会面临维修的新局面，很奇怪的是没听说有一家维修店已经着手准备升级维修手段，至少我接触的范围内还没有耳闻，但愿是我孤陋寡闻。看来新的农机 N 个 S 的修理店需要尽快布局和建设了。

从维修带出来的问题就多了，其中之一就是培训。在企业培训中心看到较为齐备的维修设备、设施，发动机、电器、传动、底盘等一应俱全，虽说很多都是用旧机器改制的，但很实用。也是唏嘘感叹一番，我们不少农机化学校这些年就没有添置什么教学用具，存留的都是十几二十年前的设备了，甚至更年长的。最近我去一家农机化学校参观，教室是新的，视频教具是先进的，教具也很新很先进，仔细一看全是汽车的教具，这个可以有，但不能没有农机的啊！我想，农机生产企业能不能利用回收的旧机器改制出一批教学设备给农机化学校，当然，还可组织相关的教师来进修培训，包括合作社的技术骨干培训，这是一个可以研究，也可以操作的课题，一举几得，多方得益，当然，还得看明白了的企业先下手为强，争个先入为主。

最后说道一下信息中心，这是我长期以来很感兴趣的事。据说该企业信息中心具备几大功能，在营销、维修、生产进度、跨区作业，包括改进产品质量、开发新产品等方面很有价值。我总想，我们全国农机系统搞个农机化生产指挥平台，农业部农机化司设一个总的指挥中心，各省一个分中心。大的方面，可以及时把握全国农业生产进度，了解各地需求；微的方面，可以指挥调度机具作业，从农业部到农机合作社全国一盘棋，那家伙是什么阵仗！企业的信息中心在某些方面可以利用，大数据时代这是不可或缺的，而政府部门掌握的信息也可以为企业和社会各方面服务，包括有偿服务。年前，有《农民日报》相关部门来人接洽要帮我们弄这方面的平台，构架已经有了，但还需要充实完善，迟迟未有进展，缺银两啊。不过总归还是需要的，迟早而已。待我凑足银两，一定请行业专家指点指点。若是已经有现成的案例也请赐教，一定去学习之。

走出书斋，到企业看看，总会有新的感触，新的联想。

● 农机会议素描若干则

工作就要开会，开会就要讨论，讨论就要发言，发言就要到位，到位却未必精彩。

某次，参加一次全国农机化方面的会议，来自全国各省市自治区的农机人汇集一堂，就农机的热点问题展开了海阔天空的大会发言。说是讨论，其实少有互动，各说一词。当然，其中也不乏大家共同关心的话题。笔者用拙笔记录了若干发言，静寂的时候回回锅，相当相当的有滋味、相当相当的有意思。

以下就是会议讨论的素描，没有用文学语言，所以谓之素描也。

其一则：山西代表建议，购置补贴要能够体现分类补贴特点，应进行分类补贴；机具不在大小，而在适用；丘陵山区不一定要追求全程机械化，解决重点环节。广东代表则申请新产品补贴试点。湖南代表指出，购机补贴实施主体不明确，要求明确为县级人民政府。补贴额度各省自主确定会造成各省补贴标准不一，造成倒卖。湖北代表也建议对丘陵山区农机化予以重视。河南代表提出购机补贴资金缺口很大，需要增加补贴资金；司领导回音，国家财政不太好，不要奢望补贴资金有大的增加。购机补贴议论忒多，笔者就免评了。

其二则：湖南代表说，关于植保，遥控飞机是最好最现实的实现手段。此时，一位司领导说可以放到新产品中去。一位部总站领导则回应说，国家如果不拿钱，自己用不起，太奢侈了，收不回投资，对此持怀疑态度。笔者也暗虑，遥控飞机价格虚高、操控不易，电源问题多多，如何化解还待时日；另有人提出过，这种机器在经济发达国家为何没有时兴起来？

其三则：河南代表介绍了农机农艺结合进行花生生产，从种到收分段式机械化。最基层的乡站，改为985个区域站，县乡两级建设取得成绩。智能指挥平台建设取得成效，18个市级分中心、148个县调度室建成。1亿亩地、1亿多千瓦动力，每亩达到 1 千瓦，统计有水分，没有除去报废数额。笔者暗想，生产指挥平台建设值得学习，务必抽时间去学习一把，要是部司搞一个全国联网的农机化指挥平台，则善之善者也！

其四则：山东代表介绍棉花机械化鲠在机采棉上，应加大采棉机的补贴额度；另外，干燥机械的辅助机械价格太高。深松补贴应该每亩 40 元，25 元太低，补贴资金地方配套不了。笔者暗评，但愿山东开个好头，全国也水涨船高，不过这 40 元是如何算出来的倒是应该算计清楚，有根有据，否则有关部门会审计问责的。

其五则：江西代表言及补贴对象应不局限于农户和农业生产经营组织，应该是所有从事农业生产的个人和组织。笔者暗评，所言极是，后来文件修改也果如是。

其六则：轮到南方某省发言时，局长不说话，后座的副局长，用极富文学化的言语发言，铿锵有力，洪钟若响。笔者暗评，发言激扬澎湃，就是太官样化了，否则也不会发言完毕便引来一片笑声，算搞笑一例，也说明俺农机人也是十足幽默的。

其七则：有代表提出，部里每年都有粮食生产机械化方面的专项，是不是也重视一下设施农机化方面的专项。搞了设施农机化示范基地，但一分投资都木有。笔者深以为然！

全国三十多个省市自治区及计划单列市的代表都有发言，若要是一一素描出来，则整期杂志也未必能刊载完，其中有很多是重复的，还有很多口水话，没有登录的价值。另外，笔者记录速度也有限，也不可能全部实录下来，只能摘取有点价值有点趣味的内容，也算奇文共享。

有没有味道，有没有意思，对各自的工作有何参考价值？请列位看官自判。

● 话说五湖四海的农机

家门口不远处有一家服装店，宽宽敞敞的大玻璃门上贴了一张 B5 纸的告示，言简意赅：同行免进，面斥不雅。同行为什么不能进，违法么？进来看看价、看看样式，不行么？同行也是消费者，再说了，你咋就能看出谁是同行呢？面斥人家啥呢？一连串的问题，俺自是无法回答，也不晓得写这告示的人是咋想的。荒唐不，绝对荒唐。

其实生活中、工作中类似的荒唐事比比皆是。远的不说，就单说俺们农机行业的事，最近去参观农机展，到招聘区域转了一下，看到一些招聘启事，甚是不快，扯出几条说道说道。

一曰，两年工作经历。非得要两年工作经历？要是抬杠，就得问一年行不？三年行不？谁都是从没经历过开始的，为什么不给孩子们一个创造"经历"的机会呢，再说了，年轻的学生走上工作岗位，可塑性大，不也有长处么。

二曰，本市户籍。此乃画地为牢之举，一个单位、一个行业、一项事业，要发展本来就需要来自五湖四海之人力资源，凭什么只要当地人呢，把优秀人才挡在家门外，非明智之举。还涉嫌"近亲繁殖"，过去高校招录研究生一般都要自家培养的学生，后来发现，思维方式、学术风格等都一样，很难兼容百家，实现学术的兼容并蓄，有容乃大嘛。选人如此，办企业也是这样，你能说福田雷沃重工就是山东企业么？约翰迪尔就是美国企业么？奇瑞重工就是安徽企业么？跨国企业、跨省企业是普遍现象。

另外，还有些岗位，非党务工作，纯专业技术型岗位，也得要求党员什么，不知作何道理。前几天倒也看到网上一条招聘信息，相对人性化、温柔化，写的是党员、预备党员、入党积极分子优先，我理解是在相同条件下的优先，要我或许也是这样考虑的，未必有什么正式明文规定的理由。要俺理解，党员一般在学校表现比较好，或许还是学生干部，相对素质、能力都比较强，基于这样的理解，俺也就理解了，你理解了么？

此外，有些岗位要求的专业模棱两可，甚至编出闻所未闻的专业，闹了笑话。专业要求是应该的，但过于苛求就是病态了，尤其是过于狭窄，不利于学科的融合。当下提倡农机农艺融合、农机化信息化融合，咋就不能收纳一些相关学科的人才进来呢。所谓复合型人才，应该兼容并蓄，除农机之外，对其他学科也得有所兼容，否则哪有这样那样的融合呢。我理解，农机学科横跨工学与农学，本身就需要这两方面的知识，俺上大学的时候不但学农机课程，从画法基础、机械制图、机械原理、理论力学、材料力学、发动机原理、汽车拖拉机、农机等，也学了土壤化学、农学基础和农业经济管理等课程，记得专业课不咋地，但后三门课考试倒是成绩名列前茅。在农业学科之中，农机也相对特殊，搞农机的人需要掌握一些植物栽培、动物养殖、植物保护、水土保护等知识，现在更需要掌握信息化技术，因此，农机部门招人也要有一定的开放思维。

清末民初，全中国一共有 8 万人漂洋过海，海外求学，出了一大批人才。改革开放之后大量出国留学，现在很多回国服务，建功立业，可见人才流动之重要性。

这些年说起高等教育不公平，招生指标分配就遭不少非议，北京大学就被人喻为北京人大学，以此类推，就有南京人大学、天津人大学、浙江人大学等。我们农机部门应该以此为戒，不能弄成农机人的部门或当地农机人的部门，还得广纳天下人才，造就五湖四海的农机大熔炉！

● 农机展会，怎一个"闹"字了得

犹豫半天，终于选了一个"闹"字，没有敢用"乱"来表述。

闹，查《新华字典》，解释为：①不安静；②发生；③发泄、发作；④搞、弄。其中，不安静又分为两点，一是人多声音杂，二是喧哗、搅扰。我想，本文中的"闹"喻为喧哗、搅扰，再转义为"热闹"比较贴切。

回眸现今的全国性、大区性农机展会，犹如雨后春笋，风起云涌。

论主办机构。有带中国字号的社团组织，如中国农机流通协会，中国农机工业协会，还有新成立的中国农机化协会；有地方称号的协会（工业、流通），也有地方政府携同社团组织举办的，或独办，或联办。这些展会一般都得再拉上一堆协办单位、支持单位，来一个友情出演，阵仗煞是壮观、热烈。

看展会覆盖面，即地域。有面向全国的，也有面向区域的。有郑州的大展，还有江苏南京、新疆乌鲁木齐、湖北武汉、黑龙江哈尔滨等的区域展。

望展会名称。有全国展，有国际展；有的叫展览会，有的叫博览会，有的叫推广会，还有的叫展示会，五花八门。会议大多配套一些论坛、研讨会、报告会、新闻发布会、产品推介会等活动。大大小小，林林总总，每年数十个之多。每年就这些个有点来头的展会，就够一些有一定级别的有关机构的领导应酬应酬的、忙得不亦乐乎。

纵观全局，真是好一番热闹非凡的景象！

毋庸讳言，展会本身就是经济繁荣的标志或风向标。我国古朴的农村赶大集，应该算是展会的最一般的表现形式。

不难看出，现如今展会的繁荣与经济发展成正比。展会多的地方，往往是经济繁荣之地。这一点可以从各大城市空港、火车站接站的热闹程度直接显现。

农机展会的繁荣，也表明了农机事业的兴旺发达、欣欣向荣，是可歌可喜之事。

但是，你要以为这些主办单位都是在为人民服务，那你错了。俗话说：无利不起早，无论是主办机构的主管还是客观，没有自身的利益，尤其是经济利益，展会断然是难以为之的。一个展会组织下来，多少都得有一些纯收益留存，还有机构赚了个钵满盆盈，甚或一年的经费、奖金有了着落。

不过，你以为这些主办单位没有在为人民服务，那也错了。促进行业发展是这些行业组织、单位的职能，组织展会也是实现其工作宗旨的具体行为，无论主观还是客观，农机展会都在行业内起到了技术交流、产品交流、信息交流，引领了行业的技术进步和产业进步，促进了事业的发展。

然而，热闹的且繁忙的农机展会背后，也难掩诸多的无奈与尴尬。

不少展会，开幕式热热闹闹，之后便是冷冷清清，甚至门可罗雀。

展会的繁荣给农机企业带来诸多的商机，但是也带来无数的烦恼，组织展会的哪个神也得罪不起，哪场庙会也怕被落下，于是，不得不东奔西走，南去北往，花着大把的银子，往往闹了个凑热闹，空欢喜。然则，又不能不去，因为哪个庙号的菩萨都有一定的杀手锏在握。

面对多异、纷扰的局面，怎么办？不少智者发出了呼吁：整合资源，做大做强；按专业办成精品；分区域办展会，办出地域特点……

然而部门分割、地域分割，还有利益分割，搞起整合，谈何容易。

看来，农机展会一个喧哗、搅扰的"闹"字还得继续下去！

● 我的农机展，我的记者团

我的农机展，指的是每年一度的全国农机大展；我的记者团，遥指本文将要提出的报道农机大展的记者团队。

过去中国农机流通协会独家主办，现今三家协会共同主办的秋季全国农机大展，号称万家企业十万观众，算得上是当今我国最大最全的农机展会，堪称行业一大品牌。

笔者参加过几届全国农机大展。先前是单一的展览，现今是展览、论坛、交流汇集在一起，感觉是越办越好，越办越丰富，越办越红火。

然而，每次又都有同样的感觉，不参加遗憾，参加也遗憾！何也？且听我一一道来。

每次去参加全国农机大展，先要参加一系列的主题报告会，然后是论坛什么，再加上一些信息发布会、交流会，留给去现场参观的时间是少之又少，往往需要在报告会中间，溜出去参观一阵再返回报告会场，不好意思全时段溜号，会场上有桌签啊。

全国农机展确实值得一看。在规定的时间、规定的地点，汇集了几乎全国各地的农机产品，新开发的、成熟的，还有概念的；种、养、加、运；耕、耙、播、种、收；统统集合在一起。那家伙，琳琅满目，应有尽有，就这样的场面，就这样的机会，但凡干农机的，科研、鉴定、推广、教学、营销，哪个不该来看看，哪个不想来看看？这样的农机盛会，不参加肯定遗憾！

然而，因为种种原因，还是有很多农机人不能即期到现场来走一走，看一看。而来了的人，因为时间等原因，也难以一一仔细的查看，要么走马观花一圈，要么直奔单一主题去关注，往往是挂一漏万，看不深，观不详，这难道不是遗憾吗！

不能去的，或去了没细看的，只好寄希望于有关的报道了，可是，翻开相关专业报纸、专业期刊、专业网站，往往会大失所望。参与的记者不少，但都是单打独斗，单兵作战，很难看到全覆盖深层次的报道。大部分媒体不过是泛泛报道，时间、地点、领导、会展规模等概况，就让你知道发生了一件新闻事件，并且散见于不同的报纸杂志网站，要想专业方面更多的资讯，没了。

虽然也有一些记者撰写了长篇的报道，一般集中在拖拉机、收获机等热门品种和一些重量级企业的亮相上，报道深度也不谓不深，而其他很多品种都似乎被遗忘了，难见只言片语，可以说远不能满足农机同仁的需求。

这就给我们出了一个题目，如何深度、广度地去报道全国农机大展，延展、扩大展会的成果。一方面把大展的全貌详尽地展现给全国更多不能参会的农机同仁；另一方面也是最大限度的利用展会所蕴含的专业资源，服务农机同仁。相信这是农机大展组织者、参展企业所希望的，广大农机人所期盼的。

基于上述理由，假如我是展会组织者，我会统筹策划大展的报道活动，将目前散兵游勇般的媒体记者整合起来，组织起来，成立一个农机大展报道记者团。各路人马提前集合，分门别类进行工作分工，有报道整体情况的，有报道市场走向的，有报道新产品亮相的，有报道技术创新的，有报道行业热点焦点的，还有报道龙头企业最新动态的等，不一一举例。记者分工进行报道，再每日进行相互交流、讨论，通过沟通来挖掘报道内涵，挖掘展会资源，全方位、多角度覆盖报道，从而使农机大展的报道更深更细更专业，让展会的信息更全面的扩展出去，延伸展会的服务空间，从而给更为广泛的农机同仁带去专业的信息。我相信这样的报道会使农机大展更好的服务全行业，成为真正的大展，让大展品牌的阳光照射更远更广泛的空间。

服务全行业：我的农机展，我的记者团！

● 闲言碎语话青岛农机展

很显然，刚刚结束的青岛中国国际农机展览会将以某种特质留在农机同仁的记忆里。在展会之后的若干时日里，网络里一直议论纷纷，笔者称之谓：闲言碎语。不过这种言论并非背后瞎议论，都是公开的，算作正能量，认真反思会有益于展会组织的进步。

对于这次展会，我们相当重视，组织局机关各处室、直属各单位以及区县各农机部门大约百十号人去参观，算是这些年参加农机大展人数最多的一次，所以不能看完回来一句话都不说，因此，笔者回来第一件事就是给各单位参展带队领导发了一个短信通知，原文如下："各单位参加青岛展会领导：根据局主要领导指示，请你们近期在各自单位内部组织一次青岛展会参观的报告会或讨论会，将参观成果扩大化，把参观中的亮点、焦点提炼出来。各单位组织活动时间通知我，我或许参加。也可能要组织一次全系统的参观收获的综合报告会，请各单位安排人做准备"。之后，笔者参加了一两家的讨论会，最多的是对展会服务的失望，而对参展的观感只言片语感叹一下就完了。最多的话语都集中到对青岛糟糕的接待服务能力上了。路难行、门难进、住不下、吃不上。一着急，把来干啥都忘了，折腾七八个小时，只看了一两个小时，把好端端的展会弄得灰头土脸的。

但是，展会真正的内涵很多人未必领悟到，正所谓"外行看热闹，内行看门道"。行云流水似的展出布局、"脍炙人口"的展示产品，细细嚼来还蛮有味道。并不是所有人都只注意到遭到诟病的服务，也有人深刻地去观察、认识。另外，本次展会组织的若干论坛、报告会等活动还是相当精彩的，很有价值的。

纷纷议论之中，农机同仁也提出若干看法，很有见地，笔者以为有些意见非常值得主办方认真研究、总结或采纳。而且，我们也从拥堵中看到发展的正能量。有人评议说，大家不要抱怨青岛的全国会，拥挤也是一件好事，证明中国农机事业红红火火，场面相当火爆，有几个展会能和农机会的场面相提并论？反向思维的确如此。

"农机展为什么不在冬季农闲时候开呀，让我们这真正用机械地去看看"。不用说这是农机手的诉求。"展会的主办方应该像奥运会这样来选择展览城市"。这是对展会承办城市提出严格考察的要求。"看来，开幕即闭幕的办法，或许的确是一个解决开幕当天严重堵车的一个有效办法"。这种"复古"的想法，值不值得采纳，需要三思。"会场设置应该说合理的，都不那么拥挤，能轻松参观"。这是难得的正面肯定。"给参会人员提供了免费3条公交车"。虽说免费公交线路运行状况堪比北京地铁的拥挤，也被批评过，但这样的举措本身还是值得发扬光大的。

闲言碎语很多，不过不要紧，大家基本都是从如何办好展览的角度进行的理性反映，认真对待不但对全国农机展的组织单位有益，也对我们地方组织类似活动有助。

● 农机展会的再发言

关于农机展会，俺已经有"言"在先（见《农机市场》2010年第6期《农机展会，怎一个'闹'字了得》），原本不该再来一段相同话题的文字，给人以炒"回锅肉"之嫌，然而，目睹近期，尤其是今年以来全国各式各样、星星点点、斑驳陆离的农机展会，还是忍不住下手要再续一段同样话题的文字，用一个不那么贴切的成语来描述，就是再作冯妇，呵呵！

就此话题，在网络上跟一些农机界同仁神聊过一番，恳请大家跟我一起归纳了一下，今年上半年已经召开，今年下半年将要召开的全国的、区域的农机展会，罗列出以下一堆，仅此这些，已经琳琅满目、眼花缭乱。

全国农机展览会、青岛国际农机展览会、中国（江苏）国际农机展览会、东北地区农机产品订货交易会、黑龙江农机产品订货交易会、中国（青岛）国际农机展览会；新疆农机博览会、中国（北京）国际农机及农用车展览会、第六届中国黑龙江？北大荒国际农机展览会、首届中国（阜阳）中原经济区现代农机展示演示会、中俄（佳木斯）农机展览洽谈会、中国内蒙古（蒙东）国际农机博览会、第五届中国内蒙古农牧业机械展会、第七届中国（山东）农机产品博览会、中国国际现代农业博览会、第四届西北甘肃农机及设施农业博览会、中俄蒙呼伦贝尔国际农牧业机械博览会、CFF中国上海农业设施及农机展览会、江苏现代农业装备暨农机展览会、中国西部现代农业装备暨农机展、中国（西安）国际现代农机展览会、贵阳国际农业高科技农资农具农机展览会……东西南北中，全面开花，哪哪都有。还不包括秋季的中国国际农机博览会。

展会是一个风向标，展会繁荣，说明经济繁荣。农机展会频繁，从一个侧面反映农机化发展形势大好，能吸引如此众多的关注与关爱。试问，一个衰落的行业，"展"什么劲，又有什么人气来"览"呢！然而，形形色色、名目繁多，甚至巧立名目的展会，既让企业疲于奔命、不堪重负，又让参观者茫然无措，无所适从。

展会是农机发展的一部分，这样的话俺先前说过，现在也还笃信。虽然网络发展神速，替代了很多人际交流功能，但是，现场直观的考察与交流确是不可以完全替代的，我相信在任何时代都不可能。网络从虚拟的互联网到现在物物相连的物联网，就足以说明互联网不可能完全脱离物化的事物来发展。农机展会促进农机行业信息交流、产品流通、技术进步、形象树立、感情交流等，作用与功能大家都有目共睹，要不然也不会出现农机同仁百里之遥、千里迢迢地赶去看半天、一天，开幕式就是闭幕式的展览。

俺也看了个把展会，感官不佳，规模缩水、企业不全，产品有限。全国、国际，名号响亮。看得出来，很多企业是敷衍了事，纯粹的友情出演，特装鲜见，地摊遍地，倒是很有马路餐桌的风范。看完之后颇感不过瘾，期待下一次展会。不是流连忘返的期待，而是望梅止渴似期待，期待好戏在后头。

有业界人士指出：展会，应该是用户的选择、企业的选择，归根是市场的选择。当前的很多展会，不结合市场需求、企业需求，投机取巧靠政策、靠第四只手牵企业的展会，注定长久不了。宣传上，参展企业数量乘以 X，展会面积乘以 Y，观众数量乘以 Z（X、Y、Z 都是大于 1 甚至大于 10 的数字）。新闻信息先发到主管部门，政绩、形象有了，下一年主管部门继续支持的信心有了；再把信息发到电视、广播、网络、报纸等媒体，包装一下，社会形象也有了，皆大欢喜！展会，有人是要形象，要政绩；有人是要经济效益；当然主要的是经济效益，一个展会成千上万企业参展、数万十万人观展，搁哪都是好事，不过理性办展才能把好事办好，才叫好事。

● 心随武汉——中国国际农机展之远观

2014 年注定是折折腾腾的一年，年初"脱秋裤穿秋裤，穿秋裤脱秋裤"忽冷忽热的变幻，让农作物生长受损，收获延迟。秋高气爽的季节本应"风干物燥，谨防火灾"，然而，历时三天的武汉中国国际农机展，前不下雨，后不下雨，展会三天绵绵都是雨。从前年的沈阳，去年的青岛，到今年的武汉，一个"堵"字愁煞了多少农机人的心。有网友说去年的青岛是干堵，今年武汉是湿堵，呵呵，今后会不会还有雾堵、霾堵和冰堵？看来今后办展确实需要对气象、交通接待能力进行详尽的考察研究。

看官，以上不过都是夸张的戏说，不必完全当真。话归正传，武汉农机展我是馋涎了好长时日，早早报了名，定好了高铁车票，无奈临近会期却因为部里召开购机补贴新政学习班，此事非同小可，不准请假，只得忍痛割爱，放弃参会机会，把票退了，所幸之事是我退的原票居然两天之后被我延期决定参会的同事购了回来，在这票源十分紧缺的情况下，真奇迹也，说明属于农机的永远是农机的。

身不能亲临武汉，但心却相随武汉，并与武汉农机展同此脉搏。当然，这都得益于现代先进的通讯技术，不能亲临，但能透过同事、朋友们经过互联网上传的文字、图片，甚至情绪，深深地感受武汉农机展，因为没能到现场，我的感觉或许与到场的同仁们有所不同，不同的视角，或许别有见解。

关于展会的盛况感受。我觉得武汉农机展相比往届农机展更接近于一场农机的嘉年华。除了各厂家产品的展示外，还安排了数十个各种论坛、报告会、发布会、现场会、颁奖会，数量之多让一些媒体记者直呼受不了，没有那么多的腿、那么多的时间一一参与，分身无术，只有空感叹！这么多的展会精品大餐，菜多了，一方面不知道从哪里下筷子，另一方面是吃完了没咀嚼出味道，不仅仅是贪多嚼不烂，甚至吃了什么都忘了，弄成了一个"大酱坛"，为此，有的名记提出质疑，非得把这些活动都凑到开幕那一天来搞吗？能不能提前一天就安排一些？的确需要好好梳理一下，有意识的突出几个主要的活动，别弄得喧宾夺主、鱼目混珠。

相对于这些展会官方注册的活动，在外围，一系列行业相关活动也如火如荼地开展着，比如，农机360网组织的中国农机好声音大赛决赛、《农民日报》组织的中国农机手大赛、农机1688网组织的农机零配件与主机企业的论坛、《农机》杂志的农机推广参展团，还有中国农机论坛群的群友聚会，林林总总多少活动，怕没有一个人统计过，估计也不易统计清楚。总之，中国国际农机展已然成为农机行业的一个盛事，展会搭台，农机全民唱戏，因此，展会更多的承载了农机人的智慧、热情、友谊和团结，虽然时不时出现"脏、乱、差、堵"的现象，但已经没法阻挡一开就开成了一个胜利的大会和一个团结的大会。

关于展会的亮点。需要说明，自己本身没有到达现场，但是从全国方方面面同仁传递的信息，我觉得展会热闹了，但真正的亮点似乎并不多，或者说有什么突出的。唱主角的是玉米收获机、大喂入量谷物收割机、航空植保飞机等几个产品。我看了网友上传的十几个遥控植保飞机，外观状况果然比去年好多了，漂亮得多，不过仅此而已。这几个热点与去年相较，只能说"风采依旧"，没啥实质性重大进展。倒是看到久保田推出的玉米收获机、小麦收割机，让人心头一震，内资企业又面临严重挑战，试问老总们，做好应战准备了吗？

通过展会奇瑞重工完成了通向中联重工的华丽转身。其他企业推出了"高大上"的机型，然而展会一过这些机型多数作为样机继续做样机，距离实战还有相当远的距离。有关企业推出新品不少，但让人眼前一亮的东西着实不多，看来农机行业转型升级还是长路漫漫。

展会每年都在进步，每年都有新收获，每年都有缺陷，每年都有遗憾。我们衷心祝愿越来越好，更希望到崭新的天津来举办，给天津一个机会，天津还你一个美梦！

● 青岛农机展之"全与专"

2015年中国国际农机展有两个主题论坛，一个是深松，一个是全程机械化。深松论坛我没参加，全程机械化论坛我是全程参加的。关于全程机械化，管理、科研、推广、制造等部门的专家都发表了很多有见地的演讲，终其一个字是要"全"。到展会中浏览一遍，也发现不少企业也都突出"全"字，纷纷推出了各自的全程机械化解决方案，从技术模式、机具配套一应俱全。由此可见，"全"成了当下我国农机化发展的一个关键词。

本文自然是围绕"全"字来做文章了。不过此"全"是彼"全"，又非彼

"全"。何谓？且听笔者细细道来。

青岛农机展观留给我一个深刻的印象，那就是我们很多企业都在走"全"的道路，这个所谓的"全"，既包含了企业服务全程机械化的意思，也呈现了企业朝着产品链，或曰产品种类趋"全"的意思。比如，久保田在一般人眼里是以水稻收获机见长的，但是早几年在中国市场推出了他们的拖拉机产品。我在国外好像见到过他们的拖拉机，但在中国却是新举措。今年展会久保田展出了玉米收获机，着实让人感觉有些诧异。再说今年新上市的星光农机，在我的记忆里就是全喂入水稻收获机和油菜收获机，本次展会推出了拖拉机产品，也让人感觉有些惊异。怎么都混搭起来了？联想其他一些企业，豪丰原是主攻播种机械的，开发了玉米收获机。吉峰农机号称中国农机连锁经营第一家，曾称不涉制造领域，现今收购了吉林康达，开启了产品生产的记录。当然，还有很多这方面的案例，不一一枚举。想一想好像有点不对，却又说不出为啥不对，总体感觉大家都开始不按规则出牌了，进入一个混搭的发展阶段。

要是雷沃重工、中联重科、一拖、五征等展出各式的拖拉机、收获机，甚至农机具，我都会觉得很正常，人家是综合型企业，奔着全程机械化而出"全"品种，无可厚非，再正常不过了。我倒是不以为企业的产品必须"从一而终"，但是术业有专攻却是制胜法宝，匠心所致，产品精致，在激烈的市场里就可以有一席之地。像国外一些生产农机具的家族企业，企业规模不大，却可以延绵百十年，在约翰迪尔、凯斯纽荷兰、克拉斯等行业大佬的挤压下生生不息。其实我们国内也有一些企业在某一款产品上独树一帜，颇有建树。比如，前面提到的星光、康达等，其他如天津的勇猛、威猛等，今后他们是不是也开发其他类产品我不知道，至少现在是这样。

● 青岛农机展之"趁火打劫"

2015 年中国国际农机展，主办方称参会企业达到 1 800 余家，参观人数达到 12 万人次，数据真不真、准不准，笔者也无法考究、验证，当然也无必要。反正两天时间我是没有全看过来，囫囵看了个大概，遗憾得很。

要是对参展商家的产品挨家挨户的细看，仔细研究，两天时间怕也不够使唤，好像还有人说三天也不够，想想大抵如此。但就这样的状况，在展览之余，还"节外生枝"的平添出许多形式各异的学术、技术交流活动，抢占去不少的时间，正是所谓的"趁火打劫"！

翻开会议指南，你可以看到有一大堆活动等着你。会议：2015 中国农机发展论坛——主要农作物生产全程机械化、机械化深松，"2015 中国农机行业年度大奖评选活动"颁奖盛典，2015 年农机行业经济运行与市场分析报告会，全球农机制造商协会联盟经济委员会会议，亚太区域农机协会理事会会议。研讨、培训、推介：农机维修技术交流研讨会、遥控植保机喷洒作业服务的运营与管理研讨会、专场培训——国际农机营销实务（德）、国外农场经营案例（法）、中外农机贸易合作洽谈会、农机产品专场推介会、农机科研机构协同创新发展论坛、主要农作物生产全程机械化解决方案展示、中国农机流通协会农机进出口分会、零配件市场分会、农机具分会成立大会。农机演示："三秋"农业生产机械化解决方案演示活动、农用遥控植保机现场演示；参观企业：组织有意向的单位和个人到青岛雷肯、马斯奇奥、九方泰禾、乐星农机等公司参观考察。这些都是展会官方注册过的活动，没有登记的肯定还多得多。比如，展会第一天我就赶了几个场，开幕式不说，另有雷沃重工新标志发布、农机360农机帮2.0版上线仪式。展会第二天，深松、全程机械化两个论坛同步举行，分身乏术，只能忍痛割爱，参加全程机械化论坛；下午还赶了半场关于家庭农场解决方案的讲座。

场内场外，活动连台。白天展会，晚上还有农机360的中国农机好声音两场决赛。

展览与各种活动结合，有助于吸引更多观众参与展会，这些活动内容新颖、专业性强、覆盖面广泛，与机具展出相互辉映，使展会更加丰富多彩。不过这样的安排也给参观者留下很多难题。一是时间紧，活动多，又要看展览，又要参加各种活动，难免不会顾此失彼；二是各色主题的活动一多，难免要冲淡会议的主题，让人无所适从。

看展览还是听讲座？看展览还是看现场会？鱼与熊掌不可兼得，一天跑几处，哪都是蜻蜓点水，吃着碗里的惦着锅里的，哪都深入不进去，哪都踏不下心来，也是纠结。

一个展览，这么多活动搭车，"趁火打劫"啊！

怎么办？思前虑后，想出两招，一是从自身着手，权衡之后，确定要么以看展览为主，选一两个焦点活动参加，保重点；反之，则以参加主题活动为主，展览为辅。二是把自己参会团队人员进行分工，一部分观展，一部分参加活动，然后进行内部交流，算是自己再组织展会的三级活动。

当然，也可以建议展会组织方做一些调整，可否把一些活动安排在展会开幕的前一天，先论坛、演示、研讨会，然后再参观，时间安排上可以比较充裕。活动前移应该可行，后移估计行不通，安排活动本身有吸引人流参加展会的意图，会后再搞活动，于理不通，怕也没啥人留下来的。

虽说各种各样的活动给参展带来多难的选择，但是终归还是对展会有利，也对参展人吸收更多信息带来便利，这样的"趁火打劫"当算正能量，还当多多益善！

● 青岛农机展之"2016，约还是不约"

2015 中国国际农机展览会在青岛落幕之后，人们就开始议论明年展会将在哪里举行的话题了。本来这个议题不是我等需要操心的事，不过因为连续几年展会选址问题引发的各种吐槽，使得原本不是问题的会址问题变成了问题。去年我写过，2013 年青岛展会是"干堵"，2014 年武汉展会是"湿堵"，而 2015 年回到青岛，结果变成了"干湿结合堵"。我们相信，也看到了，青岛方面为展会做出了很大的努力，局面也有很大的改善，但是"堵"的态势依然严重。

若问，明年再在青岛开会，你去不去？

我的回答很肯定，协会敢定青岛，青岛敢再承办，我就敢去，而且一定要去！

为什么说一定要去，这是有原因的。

其一，应该以平和心态看待展会的"堵"。其实农机展会"堵"的问题早在 2012 年的沈阳展会期间就初现端倪，只不过没有后来两个城市显现的严重而已，也没有太引起主办方的注重。另外，再回过头来想想，这样一个巨无霸般的展会，1 800 余家参展企业，十几万参展人员，几乎是在一天的时间里扎堆到一个展馆去，堵，应该是常态，不堵倒成了怪事。来句站着说话不腰疼似得话，堵还显得热闹。假如不堵，我们的展会也就快黄了，不是吗？

其二，展会是农机行业一个重要的擂台。中国国际农机展览从历史上的农机订货会演变而来，几十年过去了，订货的元素几乎荡然无存了，但是大家为什么还对之趋之若鹜呢？其中一个原因是，展会已经变成农机行业一个无可代替的行业擂台。君不见，多少企业早早动手抢占一个好的位置，多少企业花大把的银两搞特装布展，多少企业借展会搞新品发布形象提升。大小企业，或放眼全球，或根植国内，或局限同类产品，都希望充分利用展会这个平台比拼同行、展示自己卓越的风采，这不是擂台赛还是什么？既是产品的大校场，也是技术的大校场，还是形象的走秀场。我们既看热闹，又了解行情，何乐而不为？

其三，展会是农机人相互沟通的管道。俗话说，物以类聚，人以群居。虽然高铁缩短了同行之间的距离，互联网拉近了同行的空间，但是毕竟无法替代面对面的沟通与交流。作为感情动物，人群是需要经常相互沟通交流的，近距离的亲情、倾情，这是"互联网＋"难以取代的。电话天天打，QQ 时时上，微信随时发，但人们还是要找各种理由见面来聚一聚，用看得见眼神、表情、肢体语言来进行更为融合的交流，犹如一年一度农机人的春节，再远，再堵，再麻烦，再抱怨，也要去探亲访友。这精神叫做：有困难要去，没有困难创造机会也要去！

其四，农机展会也逐步成了农机行业的嘉年华。过去我提议过，搞一个中国农机节，农机同仁相聚一堂，通过各种活动开展行业交流，当然，也包括娱乐。现在的农机展也差不多有点这个意思了，在技术展示、产品展出的同时，各种研讨会、发布会、座谈会、论坛等活动也都搭车一一登场，热火朝天；另外，还有演唱会、群友聚会等娱乐半娱乐活动也在其乐融融的进行中，要用国画的笔法勾绘出来就是一幅活脱脱的中国农机的"清明上河图"，不是吗？

讲了这么多去的理由，也该说说展会改进的问题，也为再去参加增添更多的理由，提供更多的充要条件。其他的不提了，但对吐槽最多的交通问题来一条小小的建议。鉴于青岛展馆"自古华山一条道"似的交通格局，是否可以借鉴九寨沟的游览模式，在几公里之外，择交通便利之处，设置大型停车场，将参观人流的车辆集中停放，然后用摆渡车以小间隔时间循环往返，如此这般，应该可以缓解拥堵的矛盾。青岛，约还是不约，就不成问题了！

● 青岛农机展之"天津元素"

每年参加中国农机国际展览会都有几多收获、几多感慨，今年青岛农机展也不例外，青岛展会归来也激动了好长一段时间，总想把所见所闻、所疑所思用文字呈现出来与同仁们共享、共勉、共思考。想法越多往往越难静下心来梳理、沉积，结果一拖再拖，直到主编催稿才匆匆铺纸行文，来一方"急就章"，万事开头难，相信余下的其余相关文字会行云流水般完成。

俗话说，屁股决定脑袋。谚语说，在哪座山头唱哪的山歌。人在天津自然要先说说天津的事。

话说青岛农机展，国内外农机产品大展览，我等去了会场看全球农机产品的"高、大、上"，自是十分的欢喜。但与此同时也不忘去眷顾一下天津的农机产品，看天津产品的成色，给天津农机捧场。与往年相比较，今年天津农机企业表现的确大有进步，企业多、产品新，拖拉机、收获机、打捆机、零部件等不一一道来，而且今年企业布展也较往年高端大气。天拖公司重新高高举起"铁牛"标志，并且挤进第一集团的一线展厅；勇猛机械则在外场大手笔布展，显示出高举高打的阵仗；零部件展厅里，天津企业也摒弃过往小门脸风情，也特装现身。看完天津农机，不敢说回肠荡气，那也一个扎劲啊！

纵观今年农机大展，"天津元素"着实分量不轻。之所以称为"天津元素"，是因为很多企业、产品都是跨界的，似天津又不似天津，但有都包含"天津"，所以我称之为"天津元素"。若真要为其分类，我倒是不那么严谨的将这些企业分为三类，一类是纯天津企业，既有土生土长的天拖公司，"铁牛"驰骋华夏大地几十年，为中国的农机立下过汗马功劳；也有近年乔迁入津的勇猛机械公司，算是后起之秀，扛起了玉米收获机械化的大旗，成为全国有名的玉米收获机械专家；也有默默开疆辟壤的天津零部件企业，以静海大邱庄为核心，几十家零部件企业悄然兴起，据说农机刀片产量三分天下有其一，小部件也做出了大模样。第二类是天津元素企业，比如，天津雷沃动力，发动机纯天津制造，装到拖拉机、收获机上又叫天津元素产品，不过就雷沃重工而言，也渐渐要"天津"了，总部大楼在天津建好，研究院天津了、动力天津了，据说高端拖拉机也天津了。依我之见，总有一天会全"天津"了。再说天津威猛，生产制造全数落户天津，已经很"天津"了；约翰迪尔呢，在天津泰达生产拖拉机、发动机等产品，不过产品营销是以约翰迪尔（中国）名义进行了，带"中国"字头，我戏称他们是"央企"，但确实是天津元素很浓郁。另外还有德邦大为，展会上是以北京德邦大为名号叫卖，但灌溉机械却是天津德邦大为生产的，天津血统也很明显。第三类具备全部天津元素，但属于新进的外来户，没做深入调研，具体情况有些不甚明朗，企业叫什么名字我就不提了，有德国的、有法国的，好像还有荷兰的，青岛展会我去摊位现场打探过一下，虽然号称天津，但似乎不在本地生产，或组装、或库存，或过境，真有点可以类比将外地螃蟹运到阳澄湖过过水，然后就当做大闸蟹出售，也就是俗话说的"洗澡蟹"，据分析，这可能是因为购机补贴政策中明确了享受补贴的机具"必须是中国境内生产"这句话而促成的。算天津企业，有天津元素，但好像又不像天津产品，说起来真有点绕口。当然，也不排除现在过境天津，今后也许会根植天津，发芽开花。

展会回来，我在微信里发了一组关于"天津元素"农机企业与农机产品的图片，配了简短数言，后来被网站选用传播，再后，又其他媒体人发文也一再提到"天津元素"一说，不知道是受我发文的影响，还是大家确实感受到在中国农机中不断增多、增强的"天津元素"。

事实如此，不管大家信不信，反正我是信了！

论道四 媒体与宣传

做农机幸福的出镜人

"胡氏"农机热度排行榜

农机媒体二三议

略谈农机行业网站的建设

农机网站同质化刍议

农机纸媒的迷离

农机、手机的故事

信息宣传工作是农机化的重要组成部分

农机信息宣传工作点滴思语

农机科技专著，谁与同行

农机广告、农机校及其融合

农机广告当对靶施药

"三夏"：没有新闻的新闻

"三夏"农机杂记：没有新闻，我们依然很忙

品味农机"十大"数字

盘点半个2014农机十大新闻

关于农机十大新闻评选的新闻评述

大事记里观春秋

水稻水直播现场短新闻及其感悟

标语雷人何尝不可

杂论自媒体时代农机话语权和意见领袖

幸福的见证

专业著作，书归何处

有《中国农机化报》的日子

● 做农机幸福的出镜人

实话实说，我很少看电视新闻，无论是中央电视台的《新闻联播》，还是天津电视台的《天津新闻》。不是因为我对电视新闻有什么看法，实在是因为个人日常生活作息时间安排与这两档节目时间不兼容而已。

即使这样，时不时都会接到朋友打来的电话，说在电视新闻里看到我出镜了，害得我只得通过北方网在线视频去看自己的光辉形象。

不瞒大家，虽然不经常看电视新闻，但我确是天津农机界在电视里出镜最多的人。说实在我是内向的人，不是我喜好在电视里露一把脸，只因为我是局里确定的新闻发言人，职责所在，事业所在。

我们农机行业时常抱怨不被重视，还经常要证明自己存在的必要性和自己在社会经济发展中的重要作用，实在憋屈得很啊。因此，向社会、向领导展示我们、表现我们就成了很重要的事了。

常言道，只说不干，是嘴把式；只干不说，是傻把式。我们当然不能当嘴把式也不能当傻把式；需要做到又干又说，当真把式。

如此一来，做一个合格的农机出镜人实属不一般，重任在肩。

宣传信息工作一直是我们农机化的重要的有机的组成部分，试想哪项工作不需要宣传。有人说了，共产党的人大多是宣传鼓动的行家里手。远的有，共产主义的鼻祖马克思，年轻时就主办《莱茵报》《新莱茵报》，虽然几经官方驱赶，把报纸办得有声有色，弄得政府很不高兴。后来到了伦敦，携同恩格斯，完成了鸿篇巨制的《资本论》。列宁，著名的演说家、鼓动家。近的有，周恩来在天津办《天津学生联合会报》，宣传主义；毛泽东在长沙办《湘江评论》，抨击现实，后来，新华社很多重量级的评论、新闻消息还都出自他的手，读起来是荡气回肠，那家伙，大手笔！

大事业需要宣传鼓动，我们农机事业只能算小小的事业，更是离不开宣传鼓动。对外宣传，影响领导、影响社会，引起领导、社会的关注、关心，进而是帮助、支持，这便是宣传的意义所在。工作中，我们提了一句口号，叫做：杂志有文，报纸有字，广播有声，电视有影，网络有页。照这样宣传鼓动，那家伙真是铺天盖地、全方位、全层次，不留死角了。现代传媒手段的应用，我们要做到一个都不能少。做农机人，无论是专职从事信息宣传工作的，还是从事其他工作的，我以为也应该有宣传的意识，随时准备为农机进行宣传。

古人云，酒香不怕巷子深。时代不同了，现代传媒的传播速度及其影响度已经不是口口相传时代所能想象的了。事业发展不能不充分利用现代科技带来的便捷，否则会落伍于时代。事业发展不能不借鉴商业化运行中的种种手段，包括"包装"的手段，宣传与自我宣传、表扬与自我表扬相结合的手段。

农业部要求全国农业部门都要建立起新闻发言人制度，而且印发了各地农业部门新闻发言人的通讯录，此举我以为很有必要。自己也很荣幸作为天津农机新闻发言人名列其中。不过翻看通讯录，各地农机部门的人不多，有缺项，有点遗憾。报纸、杂志、广播、电视、网络就是我们的阵地，信息宣传工作不应该是被动的，要加强互动，主动配合新闻媒体，捕捉新闻亮点，挖掘新闻题材，引导舆论聚焦点；主动制造新闻，主动发布新闻，通过广而告之，让社会知道我们想干什么、我们在干什么、我们干出了什么，营造农机化发展的良好舆论环境。

真的希望看到新闻媒体中有更多的农机同仁，在宣传农机的同时做一个幸福的出镜人！

● "胡氏"农机热度排行榜

现如今各种各样榜单数不胜数，最著名的要说福布斯财富排行榜，把个富人们暴露无遗；再其次是各色的所谓大学排行榜，弄得家长们无所适从。农机行业好像还没听说社会上正式搞过啥排行榜，不对，也有，在农机化统计年报里有，有全国各省市自治区耕种收综合农机化水平排名，还有农机化发展排序表，包括了农机总动力、百亩动力、农机原值、大中型拖拉机、小型拖拉机、大中拖配套农具、小拖配套农具、农用排灌动力机械、联合收获机、水稻插秧机、农机化总投入、农机化经营总收入等单项。到年末年初，新闻单位还组织十大新闻评选，也是按照得票多寡进行排序。这些个排行榜，或曰排序，包含了很多的信息内涵，反映了发展的情况，无论是了解行业情况、进行深度研究都非常有益。

我也常常琢磨，俺也弄个什么指标性的指数，每年进行排序，用以标注农机化的发展状态。可惜啊，想了好多年也没有弄出一套指标体系来，或者是我想到的别人已经在做了，没了原创性，那个悔啊，一言难尽。再说了，俺个人弄个农机评价指数、农机十大新闻啥的，好像也不老权威的。

"众里寻他千百度，蓦然回首，那人却在灯火阑珊处"。在上网搜索资料时，突然来了灵感，把一些农机词汇在网上搜索一番，看看相关条目数，不也可以从其中悟出点啥吗？就这么一闪念，俺也就原创出了自个的胡氏农机热度排行榜了，真是踏破铁鞋无觅处得来全不费工夫。

心动不如行动，想到哪就做到哪，说干就干。根据自己对农机行业的认知，立马列出一串农机词条来，大致分为行业分工、服务组织、关键环节、重点工作四类。林林总总16条。为了规范排行，选择了一家搜索工具，具体哪家就不说了，避免插入式广告的嫌疑。

搜索相关结果如下（按搜索数量排序）：

总排序			分类排序	
序号	词语	次数	序号	词语
1	农机推广	23 500 000	1	农机推广
2	农机培训	16 600 00	2	农机培训
3	农机维修	13 400 000	3	农机维修
4	农机合作社	3 670 000	4	农机鉴定
5	机械化水平	6 690 000	1	农机合作社
6	保护性耕作	3 040 000	2	农机大户
7	农机鉴定	364 000	3	农机户
8	购机补贴	4 690 000	1	保护性耕作
9	农机大户	3 660 000	2	购机补贴
10	跨区作业	1 260 000	3	跨区作业
11	玉米机收	86 300	4	作业补贴
12	小麦机收	5 130 000	1	机械化水平
13	水稻机收	776 000	2	玉米机收
14	农机户	555 000	3	小麦机收
15	水稻机插	465 000	4	水稻机收
16	作业补贴	278 000	5	水稻机插

由于初次排榜，没有前历史数据可以做变化的比较。热词搜索数量不是很精确，但我觉得可以看出发展趋势；数量大的说明是关注度高，是当前的热点。

关于这个胡氏排行榜的解读，整大了是一篇博士论文，缩小点是硕士论文，精简点起码也是本科毕业论文，嘿嘿，俺就不解读了，请各位看官根据认识水平各自解析。

● 农机媒体二三议

从骨子里我就认为自己应该是一个媒体人，而且确实差一点点就一脚跨入媒体的大门，在十年前。

从根子上我认为媒体是农机的重要的有机组成部分，农机事业发展须臾也离不开媒体的关注、支持。

无论过去、现在和未来，媒体都是我和我的事业的好朋友。

无论是老媒体、新媒体，天天都和我们打交道。每天工作的很大一部分就是阅览媒体提供给我们的资讯，我们甚至紧紧的依赖媒体的资讯在开展工作。

当今农机媒体数量不少，覆盖面也甚广。网络的有以中国农机化信息网领衔，各省农机网为骨干的农机信息网站群。平面媒体，又称纸质的媒体，则分为报纸和杂志两大类。报纸标志性的当然是《中国农机化导报》，算是当前农机化信息宣传的主阵地，其他也报道农机化新闻的有《农民日报》《中国工业报》，还有改弦易辙却又频频回头的《中国县域经济报》。杂志则有群雄大战的氛围。本文不涉及学术性，只论及新闻性媒体。不过从目前局面看分工还是相对明确，各省杂志也就画地为牢，在省内张扬；部两总站、流通协会、农机院、到报社各有面向全国的专业杂志，以我的看法，特点也还鲜明，可读性尚还可以，至少目前是我获得专业信息的主流渠道。

不过也有不尽如人意的地方，让人不吐不快。

其一，有的报纸（也有期刊如斯），大块大块的刊登领导讲话（或是一些理论文章），整版整版的，以为自己是《红旗》、是《求是》呢，还没看报道，从视觉角度就觉着累得慌。其实，当下网络已经十分发达了，领导讲话（一般都被称为重要讲话），主要内容当天，最少转天，网络就给予披露，再过两日一般就可以全文登载，不但传播速度快，而且方便下载使用。我们的报纸一周一期，杂志一月一期，且版面有限，还真舍得拿出宝贵地盘登载长篇讲话，时效性已经很差了，真是浪费啊。新闻变旧闻，长长的文章读起来也费神哦。

其二，广告喧宾夺主，寓信息宣传于广告之中，惹人不爽。报纸、杂志刊登广告无可厚非，毕竟专业报刊发行量有限，不靠广告就得让报刊社喝西北风。但是过了量就让人闹心了。有领导说，现在有些杂志是从广告里面去找新闻报道看。如同说现今电视节目是广告中插播新闻一般。硬广告铺天盖地，倒也彰显目前农机企业赚钱了，有能力做广告，且能做漂亮的广告。而软广告则又让人不爽起来，明明是看新闻报道，却越读越不是味，报纸大块大块的宣传企业动态，仔细阅读又没什么新闻价值，不用放大镜也看出了字里行间的广告词，不用深呼吸也能嗅出了广告味。倒是杂志软广告聪明一点，宣传农机用户，顺带把企业给宣传了，聪明一点，策略一点。

其三，趋同化迷失了媒体的个性。新闻媒体本应该是彰显个性的舞台，不过很不幸，现在却有趋同的现象，尤其是农机网站，打开各省网站，从界面、栏目、到内容，都有似曾相识之感。各省办的杂志也显现出这样的趋势，难有显著地特色与个性，由于行政干预能力的失效，发行量都很低迷，稿源似也不充裕，干巴巴一些不痒不痛的文章，自娱自乐而已。

白话到此，会有人问，你把行业内的媒体逐个扒拉一通，不怕得罪人？答曰：都是现实的表现，只不过我说出来了，要不皇帝新装老穿着也不是个事。再说了，开篇我就直言，骨子里我就是媒体人，自家人评述自家事，不算离谱，也不算不靠谱。

民间有这么一个说法，自家的孩子，关起门来可以打可以骂，但别人家要来说三道四则不可以！这其实是一种爱，难道不是么？

● 略谈农机行业网站的建设

以互联网技术为代表的网络传媒平台，对社会的发展产生越来越重要的作用。网络媒体的发展已经深入到政治、经济、生活等各个方面，成为经济发展和社会文明建设的一个重要平台和工具。

农机事业也在借助互联网发展，从技术研究、成果推广、安全监理，到新闻宣传，无一不与互联网息息相关。且不言互联网与农机的全面融合，要说农机信息网站的发展，也是三天三夜也说不完。在搜索网站上敲入"农机"两字，就可以搜索到数百家涉及农机的网站（页）。这些网站包罗了农机管理、推广、监理、营销、制造及宣传等部门，其中尤以管理部门网站抢眼，占据了农机网站的显要位置。

管理部门的网站，我们姑且称为政务网站，在农机信息宣传中居于主导地位。目前可以说是我们获取工作信息的主渠道。在日常工作中，在条件许可的情况下，每天上班第一件事往往是打开电脑，先浏览一圈网络上最新关于农机发展动态的消息，然后再开始其他的工作，由此可见农机网站之重要。虽然我们也有行业的报纸、期刊，但相对于网络信息，从新闻时效性、及时性而言，还是网络媒体来得快捷、及时，一般头天发生的农机事件，第二天便可以从网络获知。最快的几乎达到同步传播，我就看见有农机宣传积极分子在会议同期写博客，同步粘贴上网。

然而，农机网站建设也还有很多不尽如人意的地方，如在栏目设计、网上办公、信息互动、页面装帧等方面，都可以挑出一大堆问题来。这些问题千千万万，但我以为目前最主要的是要解决信息的时效性、及时性问题。信息网站，首要的是信息，尤其是动态性的信息。这是反映互联网快捷的重要功能。

从网上我们仔细浏览，不难发现，行业内不少网站正是这样，且不说每日信息更新，或两三日更新，有的一周，甚至半月一月都不更新，信息难觅，说起来枉自背了一个"信息"网站之名。反映出不少人是重建网、轻使用，网站成为一种摆设，这样的网站自是没有什么作为，倒是不建也罢。

现今的网站，大抵可以分为几种类型，即实用型、应付型和形象型。所谓实用型，即真是发挥作用的、有比较健全的栏目，同时有及时的信息传播，受众可以从中获取有价值的信息；所谓应付型，即别人有、我也要有，或上级指令、或统一安排建立的，放上一些文件、一些通知、一些领导讲话，大而化之；所谓形象型，又可以称之为招牌型，纯粹是一种作秀，搞形象工程、面子工程，给人印象是我也有网站了，我们也在用"高科技"。

纵论农机行业的政务网站，部级网站内容更新很好；大部分省级网站可以做到日新或周新，也有少部分更新过长者；地市，乃至一些县一级的网站则较差一些，更新之及时性较差。总体而言，有人建而无人管的网站不在少数。

行业政务网站建设耗费了不菲的公共资源，也搭上了一定的人力资源，如果"经营"不善，无疑是一种浪费，殊为可惜。人道是，用心不用心很是重要。

行业网站从一个方面可以说是我们工作态度的显现，有什么样的工作态度，就有什么样的网站形象。行业网站也是实力的象征，或者实力的一部分，有的学者称为软力量、软实力。

现今讲究节能减排，要建设资源节约型的社会，网站建设也当如此。建网站需要做好规划，有效整合资源。部、省、市、县，并非"层层级级""家家户户"都得建网站，建好的网站则需要管理好、运行好，发挥好作用。

愿农机行业网站在信息传播中能够做得更出彩。突出新闻性，增强贴近性，树立权威性，

● 农机网站同质化刍议

最近网络上有两条关于我国重量级新闻节目——CCTV新闻联播的调侃段子，一条是有人总结了新闻联播多年来新闻播发语言文字风格和构架的习性，用20个句子，1 000余个字符，概括出了CCTV新闻联播近30年播报格式及其内容。另一条据说是山东某大学的学生自行录制的搞笑版宿舍新闻联播视频节目，视频完全根据央视版新闻联播的套路改编。《宿舍新闻联播》中公寓电视台的主播们有板有眼地模仿央视主播，严肃认真地报道着关于宿舍的搞笑新闻，段子在微博上疯传，据说还得到了专业人士的高度评价。

我们且不去议论这两条段子调侃的是否得当，单从它们能在网络流传，并一度红遍天下，就应该认真去悟一悟其中的缘由。

我以为这是世间关于新闻联播节目几十年几近不变的播报风格、文字风格、内容框架的异议。让全国人民天天看几乎"同样"新闻，可能有严重的审美疲劳之感。归纳起来就是一种新闻播报风格的同质化问题。大家看多了，疲乏了，又奈他不何，只好用一种调侃的方式进行一番非议，但愿节目主管部门的主管人员看了之后，在调笑之后能进而改进之。

前不久参加一次有关农机信息化项目会议上，我向有关人士提出一条意见，现如今我国农机网站也开始陷入一种同质化的境况之中。

此事说来话长，一般情况下，我们上班第一件事就是打开电脑浏览一下农机专业网站，看看有什么新闻之类的。开始只有少量的几家网站，每天信息量也不多，在不长的时间里几乎就可以浏览一遍，然后开始其他工作。但现在情况变化了，上网浏览的习惯没变，但面对不断增加的网站和信息量，要消化其中的信息，很费力了。且不说一个省一个网站，不能都看，只能挑几家自认为分量重一些的网站看看；且不说全国性网站原先只有中国农机信息网一家，现在又冒出了好几家专业网站，几乎每个单位一个，或每个协会一个。都要看完，不说一天，至少半天时间也不大够用的，弄得有些不知何从。时间长了也发现其中的门道了，虽说网站不少，但新闻信息总量并不是叠加的结果，不同的专业网站，雷同信息不少，而且信息与专业很大程度上无关。

这就是农机网站内容同质化的趋向。很多专业网站构架起来以后，专业方面的信息并不多，不能满足网站的信息供给需要，可是又要求不断的信息更新，只好设立很多综合性的栏目，或与网站关联度不强的栏目，把与网站专业联系不强的信息拼凑进来，做了一个拼盘，一不小心把自己从专业网站弄成了综合网站了。所以，现在只要打开一家网站，基本可以得到大致相同的信息，也是一种对读者的解脱。

同质化的结果是使专业网站失去了特色，算是一种不成功的资源整合。说严重点是浪费了有限的人力财力物力，同时也是在浪费行业阅览者的宝贵时间，劳民伤财啊。

避免同质化的情况，我想无非两条路，一是各家网站坚持自己的报道方向，做精、做深报道，形成自己的独特信息内容，这样也能吸引资深的专业人士的认同，是所谓小而精也，也会有相当的生命力，当然也需要适当的报道一些行业重大的综合信息。二是进行资源整合，将不同名号的网站整合成一个综合的网站，在这个综合平台里设立不同的专栏，让阅览人打开一个网站就可以找到自己所需要的信息，是所谓大而全也。这是我的想法，不知是否适当。

同质化问题已经引起了读者的关注，更应该引发网站管理者的思考和改进。

● 农机纸媒的迷离

所谓"纸媒"，纸质媒体之简称。农机纸媒则概指农机报纸杂志等纸质媒体。

曾几何时，农机行业有一个庞大的纸媒群体。有《中国农机化报》《中国农机安全报》,有《农业机械》《农机文摘》《中国农业机械化》《农村机械化》《农业机械学报》《农业工程学报》及各省市区的地方农机报纸杂志,对行业发展起着重要的促进作用。

笔者刚参加工作时,很重要的一项工作就是负责订阅这些报纸杂志,唯恐漏掉一种,因为有些是没有正式刊号的内部期刊。邮局订阅、发函索要或用自己编辑出版的《天津农机化》与之交流,农机的报纸杂志要都订全,很是需要费些周折。当时这些纸媒是行业动态传播、技术交流的主渠道,所以大家对之相当重视。

现如今,信息技术日益发达,传播方式方法和速度发生了巨大变化,传统的纸质媒体受到新技术的极大挑战。据报道,近期就有若干曾经风光一时的报纸宣布停刊或休刊。

农机行业第一报《中国农机化导报》划转农民日报社管理,虽然独立经营,未来的路如何走,还是且走且观望,拭目以待。过去每省都有一份农机的杂志,眼下很多已踪迹难寻了,如俺们天津,原来有《天津农机》《天津农机化研究》两份杂志,后来剩下一份,并多次更名。由《天津农机化》《城郊农机实用科技》《农机化研究文集》到《农机化论坛》;由带刊号的杂志,到内部期刊,再到内部资料。坎坷走来,不管咋地还留着农机的血脉,还干着农机的事体,还坚强守望着农机的阵地,比之更名改姓、烟消云散的行业纸媒,还是值得肃然起敬的。

传统纸媒受到互联网的强力冲击,倒也不是全军覆灭,其传播功能、传播方式也不会被彻底取代,从新闻消息到技术交流,很多读者依然需要通过纸媒获取。

报纸目前就只有《中国农机化导报》一颗独苗,且行且珍惜,杂志倒是还有十来种,不过日常能看到的也就《农业机械》《农机市场》《农机科技推广》《农机质量与监督》等几种主流刊物,另有《农业机械学报》《农机化学报》等若干学术型刊物。按照生存发展的路数,一类走高端学术型,靠收取版面费谋生,也未必能养活自己;另一类则走行业资讯传播之路,赚取广告费谋生,抑或迎合当下职称评审体制的需要,与人方便自己方便,夹杂出个所谓的学术版,捞点"外快",小赚一把。

农机纸媒论数量已然不多了,论质量真的有些二五眼了,撇开学术型纸媒不说,单说行业资讯类纸媒,有时候真有些看不懂了。且不说经常需要在广告中寻找新闻,亦即在广告中插播新闻外,新闻的独创性也让人颇不以为然了,连篇累牍的是企业的报道,或通讯、或简讯、或访谈,几乎就是企业的传声筒,好听一点叫代言人,其实就是软广告。有时相同的内容多家媒体几乎同时竞相刊出,咋看都像是企业报的作品汇编,听不到杂志的声音,看不到杂志的观点。不知道是媒体绑架了企业，还是企业绑架了媒体，要想看点媒体自己的视角报道反倒成了奢侈品了，长此以往，报将不报，刊将不刊。或许俺说严重了，至少是严重的趋势，一个媒体没有自己的观点，自己的独立思考，终将难得到读者的青睐，亦难成气候。

互联网的挤压及同质化、传声化等造就了农机纸媒的迷离，千刊一面，存其一读其一足矣。如何突破？保持自己的内在特质和独立的报道风范，才是生存发展之道。

● 农机、手机的故事

本文不是小说，也不是小小说，而是拉拉扯扯说一些关于农机与手机的掌故罢了。

关于手机，有一个小说法：说是中国人走出家门，立马又折回去的，基本都是忘了带手机，回家取手机的。手机之于我们的生活实在联系太密切了，任何公众场所，都可以看到人们在摆弄手机，乘地铁、坐火车、排队购物，甚至开会，台上讲得热火朝天，台下也不时看到有人闷不做声的发短信、QQ 聊天，手机让我们充实的不亦说乎。只有一个例外，那就是乘飞机玩不成手机，不过一当飞机着地，你耳朵马上会进入各种开机音乐的海洋。由此可见，手机已经成为我们现实生活不可或缺的有机组成，很多人甚至到了须臾不可离弃的地步。

农机与手机，作为工业产品分属两个不同的部门管理，但是使用的人却很可能是同类的人，说起来还是很有关联的。

农机人，首先是人，其次才是某一类特定的行业之人。既然是人，当然不能脱俗，无论是生活、学习，还是工作也都离不开手机了。

但说行业事宜中手机也充当了很重要的角色。就说跨区作业，20 世纪 90 年代兴起的时候，几乎所有参与者都没有手机，很多人甚至不知手机为何物。后来手机面世了，"大砖头"一块，1 万多元一部，也不是农机手可以望其项背的，一亩地才挣几十块钱，一年下来也就挣一部手机的钱，有舍得掏钱买的么？转眼 20 多年过来，全中国几乎到了人人有手机的境界，跨区机收自然少不了手机这个联络工具。农业部每年还跟企业签订手机信息服务协议，免费向参加跨区作业的机手收发布气象、作业进度等服务短信，既到位又温馨，很是受欢迎。

科技越发展，手机跟农机的关系会更加密切。种植业上，温室大棚里的环境温度、湿度、光照、CO_2 浓度及土壤重金属含量等影响因素的数据可以通过各种各样的传感部件感知，再由计算机记录、整理、分析，然后传给使用者的手机上。养殖业中,水温、溶氧量等环境指标也都能够通过所谓的物联网技术传导给我们持有的手机。然后,我们通过经验、通过专家系统,决策之后再指令智能化的设备进行环境因素的调控,实现机械化、信息化和工业化的结合。

手机带来的便捷自不用说,但手机也给我们带来一些烦恼。一是一堆无厘头的短信铺天盖地强行进入,尤其是房产信息;二是各种祝福、拜年、节日庆贺的短信让人回复到手软,不发不行,不回更不行,没有礼貌啊。最近,新的困扰又来了,那就是手机报,原本是好好的事咋就变成困扰了呢?待我说出来,你就会觉得不得不难了。手机报,初衷我想是及时便捷的传递信息,开始好像是受到一些欢迎,尤其是玩手机的小孩们。我接触的第一家手机报是《农机360手机报》,然后是一个单位集团通讯的《信息简报》,再后来是《中国科协手机报》,最近,又添了农业部《中国农民手机报》等,基本都是"被订阅"的,没有征询同意与否,倒是都说免费。有的是每天都有,甚至上下午各一条,有的是一周一份或二份,不请自来。手机不一会就"嘟嘟"一响,打开一看,也没什么有新意的新闻,"炒陈饭"的不少,每天在电脑上基本都可以及时看到,加之手机又小,眼也花了,看起来老费劲了。现在是4家手机报,再过一阵办手机报的部门一多,都强调自己重要,全都给你免费发,看不烦死你才怪,这大概就是好事办麻烦一例。

手机给我们农机人带来快乐也带来烦恼,如何"除弊兴利"倒是个应该好好研究的问题!

● 信息宣传工作是农机化的重要组成部分

我国自古以来有"酒香不怕巷子深"的说辞,这是居于信息传播方式落后、缓慢的年代。现代社会仰仗科技革命的成果,信息传递速度已经不是一日千里、一日万里,一种思潮、一种现象、一个人、一个产品,转瞬之间就可以名闻遐迩,或享誉世界,或遗臭天下。

现实社会,每一项工作无不与信息宣传紧密相连,农机化工作自然也不能离开信息宣传。信息宣传工作已然成为农机化的重要组成部分。

纵论信息宣传工作的作用与意义,无非是,树立形象、影响决策、沟通内外、培养人才、振奋精神、传达政策、反映下情、普及技术等,只为营造一个良好的发展氛围。当然,不是所有的从业者都认识到这些作用的重要性。反映出来的问题就是,信息交流渠道不明确、信息传递不及时不准确等,因而造成工作的被动。

信息宣传,需要一个平台,或曰传播渠道。在我国农机系统,有不少的报纸、杂志，以及网络媒体，每天都在默默地为农机化的发展传播着工作动态、技术进展、产品信息。《当代农机》即是其中一员，以我之见，是一个传播农机行业动态、技术发展的重要平台。无论是栏目设计、刊载内容都能紧紧的与时代发展合拍。每每走在行业发展的最前沿。玉米收获机械化、秸秆综合利用、保护性耕作、社会化服务等行业的热点难点工作，总能"听"到《当代农机》的"声音"，在各地农机行业活动中，也能时现《当代农机》记者追寻信息源头的身影。他们用版面、用文字，书写着农机化发展的当代画卷。可以说，功在当代，利在千秋，中国农机化发展的历程有《当代农机》深深的足迹。

信息、图片、通讯、学术论文，记载着作者的思想、工作，交流着农机人的情感。形式多样，但贴近工作是《当代农机》最大的特色。文章长短非重要，重要的是通过传播，使全国的农机同仁得益匪浅。

人无完人，金无足赤，前进中我们还有很多需要完善的。要评价一个媒体的作用，不是三言两语可以表述的，从自身多年工作的体会，建议今后加强报道的主动性和连续性。注重报道的策划工作，从报道内容到报道方式。超前选定信息传递重点，注重全程跟踪报道。组织专题，加强深度报道，传递信息讲究深度、透彻，全方位、多视觉，让读者解渴。作为信息传播者，要研究行业发展的最新动态，也要研究服务对象，从他们的素质，到他们需求的变化，使工作有的放矢，事半功倍。

做好农机化的信息宣传工作，办好杂志，不仅仅是文字的功夫，更重要的是要跳出杂志来看杂志的发展内部、外部环境，跳出杂志开展更多的工作，我相信，《当代农机》会更贴近农机化发展的脉搏、更贴近农机人事业的需求，杂志自然就会充满生机，蓬勃发展。

● 农机信息宣传工作点滴思语

信息化是时代的大潮，农机工作自然不能被屏蔽在时尚之外，利用信息化来发展农机化是我们的不二选择，其中，农机信息宣传又是很重要的一个部分。

2011年2月24日，天津召开了年度首次信息工作座谈会，各区县交流了信息工作的情况，我做了一番鼓动，会场气氛热烈，与会者纷纷表态，2011年信息工作要上一个新台阶。时光进至年7月8日，时隔130余天，再次召开了信息工作座谈会，会议包含了典型发言、工作交流和工作总结。

半年小结，蓦然回首，发现我市农机信息化工作在不经意之间发生了巨大的变化。首先是量的大增，18个直属单位、区县局，发稿量从去年同期的37

条猛增至89条，翻一番还拐了个弯，其中，7个单位实现了发稿量"零"的突破；其次是新闻网页基本做到每日更新；其三是信息稿件质量大为提高，上报中国农机化信息网被采用的信息数量实现较大的增长。

现象可喜！其实更可喜的是一个农机信息化工作制度体系建立起来。从各区县、各单位交流情况看，信息报送制度普遍建立起来，信息员队伍稳定下来，信息工作由原先的模糊化到量化考核，实现了有人管、有人干，有人考核、有人表彰奖励的可控局面。在全市农机系统，为了促动信息工作的发展，建立有主管领导、信息员参加的工作QQ群，信息采集、提交、修改，工作进展在群里一目了然，信息工作呈现"创优争先"的攀比态势，后进赶先进，先进更先进，煞是喜人。当然，最要紧的还是信息工作得到单位主要负责人的重视，没有领导认识的提高，信息化工作难以开展。

字写到这，不禁会有人要问，你对信息工作有何见解？

信息工作之于农机化非同小可，这些年的工作中，有如下之深感：一是反映农机系统的工作情况，既包括我们每个单位微观的情况，也包括农机化宏观系统整体情况，信息工作紧贴工作大局、发展重点，展示我们所从事事业的进展、成就，就像一幕电视剧、一幅宏伟画卷，生动活泼的向世人展演着农机化历史的卷轴；二是体现农机系统农机人的团结、和谐与奋发的精神面貌，我们所发布的条条信息无不包含我们为事业拼搏之心之情，显现农机人为事业拼搏的豪迈；三是鼓舞士气，农机信息传播既面向全社会，也同时感染我们的同行，从行业不同部门、单位、区域的工作成绩中，我们可以深深地感受发展压力，促动我们相互竞争进取的心态，由此形成全系统万马奔腾的工作风尚。此外，工作所搭建的信息传递、交流平台给农机信息工作者提供了展示风采的舞台，为信息工作者提供了施展才能之际遇。

信息工作千头万绪，地位很重要，要做好也不容易。比如，我们在开会时对现在信息工作进行总结，就挑出了一些现存的问题，目前农机信息网量还小，主要是信息来源不足引起的；各部门、各单位之间信息工作存在相当的不平衡性，有的重视，有的忽视，从信息提交数量看，差距甚大，甚至有的单位依然还有待"零"的突破；有些单位所提交信息的质量仍然有待提高，信息要素不全、文字表述不清、逻辑关系混乱等。

做好信息工作关键还要靠人。要有重视工作的领导人，还要有积极能干的信息员队伍；要建立起一套行之有效的工作制度，建立起稳定信息采集、传递、发布的系统。

信息工作也是技术活。要以现代高科技作为依托的传播载体，更要有具备信息管理能力、信息采集和文字编撰技巧的人员。

挖掘多元化的信息源泉，开展全方位的农机化信息工作。说来轻巧，行则艰难，不花苦工，不深开拓，农机化信息工作也难有成效可言，只有用心方可担此大任！

● 农机科技专著，谁与同行

近日，朋友送我一册新出版的专著《蔬菜营养学》，翻了翻，虽然不太懂这个专业领域的知识，但也感觉新东西不少，联想起不久前参加天津市科学技术协会设立的自然科学著作基金项目评审，其中有 12 本具有创新价值的科学著作获得评审通过，若再通过科协领导批准，即可获得若干万元的出版资助，可能钱款数目不多，但也能了却了科技工作者自费掏腰包、自费印刷著作之苦。

这些年，看书似乎成为辛苦之事。微信上有一段文字，假托一印度人士的口吻说中国人不读书，把俺们说得一塌糊涂，此文真假我们姑且不去追究，文字、事实虽说有些夸张，但我觉得基本反映当前国人的读书状态。另外，也有新闻报道对比了国人与外国人每年读书的情况，言之凿凿的用世界各国年均读书数量及与我国年人均读书数量的比较，具体数我记不得了，总之是少之又少。

最近有一则新闻报道"华中农业大学《思想道德修养与法律基础》课老师李厚刚，给 91 名主要因为抄袭他人作品的学生打了 0 分，其中 2 名学生竟然原文照抄小学生的读书笔记范文。报道刊出后，引发华农校方和诸多师生高度关注。"报道核心说的是学生上交的读书笔记涉嫌抄袭，甚至是严重的抄袭，我看这背后也包含了学生不读书的一面，没有去阅读书籍，何来读书笔记？

从上面的报道看，读书真的是件辛苦得了的事了，要不然国人咋都不爱读书呢。相较之下，玩手机倒是全民皆是，飞机、火车、汽车、地铁，餐桌、会议、家庭，到处都是忙碌的看手机之人。QQ连四方，微信满天飞。快餐文化正在吞噬我们的生活。

既然读书是如此的辛苦，写书肯定就更加辛苦了。每次去农业部办事，我都要去农业部大门边的中国农业出版社书店走一遭，看看有没有合胃口的图书。进得书店，图书倒是琳琅满目，但农机方面的书籍确实少之又少，而且需要到边边角角去搜寻才能看到。买过几本书，但有实用价值的甚少，而其中培训类的多，学术性的少。实话实说，培训类图书最多称之为编著，反映的是剪刀糨糊功夫，此类工作俺先前也做过不少。谓之曰，编书。原创的东西较少。

这年月撰写专著是件千辛万苦之事，不敢说著作等身，就是弄出一本大部分内容为原创的图书，大概也得绞尽脑汁才能成事。我们就假设书稿撰写出来了，但要出版又得遭遇重重难关。出版社要生存，需要发行量，科学著作读者范围狭小，印刷量自然有限，出版社也就不感冒。想出书吗？花钱！卖书号，自费印刷，自己发行。一个字，累；两个字，累啊！

几年前我就倡议设立一个农机专著基金，对原创的农机学术专著予以支持，弘扬一种创新精神，也是支持我们农机科技原创型、集成型突破，胡不为？

设立这样得基金，需要学术组织支持，需要出版社支持，更需要资金支持。设想一年20万抑或30万资金，资助10本左右的专著，注册特有的标签或商标，打造一个品牌的农机科技系列著作体系，让我们农机人写好书、出好书、读好书，岂不是好事一桩！

在信息技术网盖世界的局面下，书还是人们生活不可或缺的，不求著作等身，但求读书、用书的好氛围，必须打破"刘项原来不读书"的魔咒，弘扬一种探索、创新的精神和脚踏实地的作风，传承农机科学、技术和文化。

益在当代，功在千秋，好事一般都会多磨。前面说了，这个平台的创设，需要方方面面的努力，本人一介普通农机人士，自是孤掌难鸣，还望农机大家、出版社、农机企业家携手。

● 农机广告、农机校及其融合

关于农机广告的文章俺写过，关于农机校的文章俺写过，关于农机融合方面的文章俺也写过，这年头时新讲融合，所以，今个儿俺要写的是一篇农机广告、农机校及其融合的文章。

广告是农机企业发展的必要催化剂。一般而言，企业每年都会安排一定比例的资金用于面向市场的广告宣传。资金的使用与投向是大有学问的，有限的资金如何发挥尽可能大的效果，肯定让企业老总们煞费苦心。常用的方式自然是媒体广告，传统媒体或新媒体，这些我们都见识过。翻开报纸、杂志，需要从广告夹缝中去找新闻，需要研究才能闹清楚软广告和真新闻等，都是老套路了，见怪不怪了。另外，资助一些行业活动，诸如新闻发布会、现场会、研讨会，赞助这个评选、那个评审等，也都司空见惯了，能不能玩点新的招法？让人觉得新鲜，又能潜移默化的影响受众。

回答是肯定的。新招法是什么，按下不表，待下一段文字结束，答案就有了。

农机化学校是干什么吃的，它的职能与作用若何，想必大家都能理喻，无须啰唆赘述。据农业部农机化司统计，2012年我国各地组织开展了多种形式的培训活动，全国累计培训农机管理、技术和实用人才500多万人次。数量之大令人惊叹，这样巨大的培训，农机化学校、农机推广站和农机企业都参与了，其中，主体应该还是遍布在全国各地的农机化学校。以天津为例，2012年全市各级农机化学承担了农民素质培训、阳光工程培训，落实培训资金805.6万元，完成农民农机实用技术普及培训和职业技能培训3.05万人。其中，农机实用技术普及培训2.08万人，农机职业技能鉴定9 700人。同时，培训新购机农民4 000人。这其中，农机化学校是培训的当然主体。

农机培训，农机化学校是当仁不让的主力，然而当我们回过头再来看看这些作为培训主体机构的农机化学校时，又无比的尴尬。总体而论，条件甚差，设施设备严重不足，教材陈旧，教具陈旧，师资陈旧，犹此描绘，用词或许不当，但现实的确如此。

话说了一大堆，好像还没有融合上农机广告、农机校，甭着急，这就要关联上了。

我们常说农机化发展需要多元化投入与扶持，农机化学校建设也应该如此。农机广告无论走那条经脉，转多少圈子，最终要落脚到农机购买人。而最直接的农机购买人就是农机手们，他们是农机广告最终的消费者。遗憾的是，我们大量投入的广告费并没有直接把信息传播给这些用户，反而是几经辗转，通过二传手、三传手，甚至更多的传手才最后落户。想想，真的有些莫奈何。早知这样，何不直接定向终极用户呢？

哈哈，这不就找到融合的结合部了吗。一边需要宣传自己，一边需要多元化支持，有服务意向，有需求意向，意愿互补，资源共享，实现双赢，为啥就不可以一拍即合了？

假若俺是农机企业老板，在推出新产品的同时，推出教具（拖拉机、收获机、农具或发动机等），推出教材（光盘、图书、结构挂图等），推出宣传资料（挂历、台历、手册、产品样本等）赠与学校、赠与学员。还可以，免费帮助学校培训师资，或者提供培训场所。教具、教材都用俺家的，先入为主，岂不是件快哉之事！会产生什么样的效果，我不说，大家都懂的。

到养鱼的地方去捕鱼，结果会咋样？大家心知肚明，毋庸多言。农机学员既是产品的直接用户，又能影响更多后续用户。到农机化学校去定向投放农机广告，尤如到养鱼池捕鱼一个道理！

● 农机广告当对靶施药

广告是社会生活重要的一部分。广告生活，或曰广告文化，是现代社会不可或缺的有机组成部分，几乎是须臾伴随我们的工作、学习和生活，虽然我们有时很讨厌它。比如正在热播的电视剧，一到关键时刻就插播广告；再如，报纸中的广告有时候比正文还要厚重，有人夸张地言辞在广告中插播新闻。

广告也是生产力。无论是第一、第二，还是第三产业，现实生活中都需要广告来推动发展，尤其现在是信息时代，酒香不怕巷子深的理念已经相对过时了。

有媒体报道，2012年11月18日，在整体经济环境并不景气的情况下，央视黄金资源广告招标逆势再创新高，预售总额达到158.81亿元，较上年同比增长11.388%，高于经济增速，创下19年来的新高。其中白酒类表现十分抢眼，广告投入达到36.6亿元，增幅近九成，茅台、五粮液和国美三家企业合计10.66亿元瓜分了新闻联播前的报时广告。

不过有趣的是，在央视广告竞争中得胜标王的发展往往鲜有一路高歌的。1995年孔府宴酒夺得标王，结果是落魄而归；1996年和1997年的秦池白酒夺得标王，最终是以"勾兑"事件销声匿迹；后来的爱多VCD、熊猫手机等都因为种种原因黯然退出了历史舞台。虽然也有成功转型或者一直保持发展势头的，诸如娃哈哈、蒙牛、伊利等，但总体来说是失败者居多，成功者少数。

为了读者看着热闹，我也不吝文字，将历年标王及其标价罗列出来。1995年孔府宴酒0.31亿元、1996年秦池酒0.67亿元、1997年秦池酒3.2亿元、1998年爱多VCD2.1亿元、1999年步步高1.59亿元、2000年步步高1.26亿元、2001年娃哈哈0.22亿元、2002年娃哈哈0.20亿元、2003年熊猫手机1.08亿元、2004年蒙牛3.1亿元、2005宝洁3.8亿元、2006年宝洁3.94亿元、2007年宝洁4.2亿元、2008年伊利3.78亿元、2009年纳爱斯3.05亿元、2010年蒙牛2.039亿元、2011年蒙牛2.305亿元、2012年茅台4.43亿元、2013年剑南春6.09亿元。

细数历年夺得广告标王的产品都是生活用品，"吃、喝、玩"是主旋律，尤以"吃、喝"为甚。之所以出现这样的状态，毫不稀奇，电视的受众本来就是广大普通老百姓，而老百姓日常生活最重要的就是吃、喝、玩，标王们只是适应消费者潮流而已。

社会生活不只是吃、喝、玩，广告当然也不仅限于吃、喝、玩等消费产品。生产工具也需要宣传促销，比如机床、汽车、发电机组等，其中也包括我们熟悉的农机产品。这些产品不可以上中央电视台？当然不是，为什么没有生产资料的产品参与标王的竞争呢？答案很简单，受众的差异。食品、电器，家家需要，户户使用，而农机等产品的受众要相对狭小得多。在中央电视台、《人民日报》等传播面广、订户多的媒体做广告宣传，不是不可以，要是经济实力巨大，当然啥都可能发生，但是这样的广告却有浪费之嫌。所谓浪费是指，对许多不需要这个产品的受众进行大量的无为宣传，就像为了打鸟，架上大炮对着苍天一阵猛轰一样，浪费资源，效果还不一定好。

农机植保作业有一个术语，叫做对靶施药。农机企业财力有限，做广告当得精打细算，我接触的不少企业也确实如此，有限的财力应更专业更有效地投放。标王我们不当，对我们而言实在是没有这个必要，农机广告应该准确定位广告受众，对靶施药，精确打击，实践精准农业之典型一例！

农机广告如何对靶施药，还待百家百言来共同探讨。

● "三夏"：没有新闻的新闻

每到"三夏"时节，总有媒体的朋友来询问农机有没有什么活动，有什么新闻可以报道？

面对朋友，面对年年如一的没有再新的报道由头，我只好回答，没有新闻。由此写下本文的标题：没有新闻的新闻。

没有新闻不是不可报道，没有新闻本身就是新闻。

没有新闻，是我们一手导演、出演的正剧。曾几何时，"三夏"是农村的大忙季节，最忙的季节。领导重视，全员动员，上下出动，全民下乡，抢收抢种，忙的不亦说乎。笔者读初中的时候，每到"三夏"家里人就要帮助准备好干粮、镰刀，学校集体组织到乡下割过麦子，几天下来腰酸背疼，还晒脱一层皮，浑身让麦芒刺了个惊疼，这些掌故，那个年代过来的人青春可以作证。

年年岁岁花相似，年年岁岁景相异。曾几何时，"开镰"变成了"开机"！

小镰刀换成了轰隆隆的联合收获机。轰轰烈烈的"三夏"劳作变成了一个常态的过程，常态了自然就没有了新闻。

因为农机作业方式的普及，使"三夏"的生产作业不再全民动员，只是作为一种农业生产的正常安排而已，其中，农机化作业成为生产的主角算是最大的亮点，要说新闻，这怕是最大的新闻。

有报道为证：

2010年5月13日，农业部在北京召开部分省市夏季农业抢收抢种工作视频会议，分析当前夏季农业生产形势，安排部署夏粮后期田管及夏收夏种工作。会议十分紧凑，先是江苏、山东两省发言，之后是农机化司刘宪副司长发言，最后，危朝安副部长讲话，前后不到一小时。省里发言各8分钟。细解发言，无论是两个省的发言，还是部司、部领导讲话，重点都在农机上，如何组织跨区作业、如何组织农机合作社开展作业，等等。真可谓是：三句话不离农机。此外，一个新的主题冒出水面，要抓农机化的节能减排（如果要找新闻的话，这倒算一条）。有报道说：会议指出，节能减排是转变农业发展方式的重要任务，"三夏"是农机作业的高峰期，节能减排非常重要。一要推广高效节能减排技术。重点推广保护性耕作、机械复式作业、化肥深施、高效施药、节水灌溉等技术，提高化肥、农药、水资源利用率，降低农机作业次数和油耗，减少对土壤和水体的污染。要统筹调配机械，合理确定作业范围、作业路线，减少空车运行，降低能源消耗。二要挖潜降能耗。指导农机专业合作社、农机手搞好机具的维修保养，加快老旧机型的更新换代，严格执行禁用限值和报废限值要求，严禁报废农机具进入生产领域。三要切实搞好秸秆综合利用。实施机械化秸秆还田，积极发展秸秆沼气，加快推进秸秆成型燃料，减少秸秆露天焚烧。

每年几十万台联合收割机驰骋大江南北，南征北战。一个县的夏收夏种，过去要一个月的时间，现如今三五天就结束战斗了。一个村，一天，半天，仰或几小时便结束了"三夏"。有报道预计，今年"三夏"投入的联合收割机将达到47万台，比上年增加了3万台，其中参加跨区机收作业的联合收获机达30万台，比上年增加2万台。

回忆起来，我们这一帮子叫农机的人倒也真干了些惊天地、泣鬼神的大事业。把个"农忙"鼓捣成了个"不农忙"！用小品的言语来说，就是太了不起了，太有才了。

从小镰刀，到割晒机，再到联合收割机，农业生产方式发生了革命性的转变，农民生活方式也发生了根本性的变化，农民之幸事，农机人之欣慰！

● "三夏"农机杂记：没有新闻，我们依然很忙

杂记就是杂七杂八的记事，换个文辞叫杂文。读得懂，那是你有水平，读不懂，那是我有水平。鲁迅写了好多杂文，有一些我就没读懂，不过也没有人就此说我水平凹，因此也就一直这样按部就班、心安理得的过日子。

以前我写过一篇文章，说天津"三夏"已经没有新闻了，起因是机收、机播业已基本实现机械化，全民上阵式的"三夏"大忙已经不再了。一到"三夏"，记者们也都依然随我们一起去现场，免不了又一通的提问。经典的问话一般是这样，"今年'三夏'跟去年有什么不一样？"，有什么不一样？机收、机播、机植保，一样啊，咋能不一样呢！又问，"今年粮食产量增长多少？"，这是该农业局回答的问题，农机局说不上来，算是问错地方了。还问，"今年收割机增加了几倍？"虽说每年都会有所增加，但也不会太大，否则机手的收入就会下降。问来问去，就是增产多少、投入增加多少、增收多少？这几项是关联在一起的，年年都增似乎也不科学啊。因此，常常感到这"三夏"就没有新闻可报道了。

几年过来发现我错了，不是一般的错了，是非常的错了，并没有因为基本实现了机收、机播，"三夏"期间我们就闲暇起来，反而是更加的忙碌起来。

都忙什么？梳理起来才发现真是又杂又乱，千头万绪都是愁。杂录如下：

线索一，水稻直播终于出苗了。"三夏"不只是夏收、夏播，还有夏管呢。

连续试验三年，水稻直播克服了鸟害、盐碱、倒春寒等难题，终于较为健康的出苗了，虽然长得还不咋地，但总算见到希望的"苗头"了。

线索二，马路晒粮依然。夏收一开始，往昔马路晒粮形成的"黄金大道"便呈现出来，分散种植条件下粮食烘干难题何解？仍然一筹莫展。

线索三，出现外地联合收割机的跨区作业证二维码无法通过收费站的扫描的现象，估计是当地农机管理部门发证以后没有及时把信息录入系统造成的。

线索四，随记者去采访，发现不少外地农机手都用 QQ、微信及 E 田科技、农机帮、农机通等 APP 信息化手段，看来农民接受新事物比我们想象的要快。我接触的天津农民这方面还有差距，甚至我们不少农机干部还不会用 QQ、微信等现代通讯手段。跨区作业的有序与无序，信息化的解决方案大有文章可做。机械化的"三夏"，也该是信息化的"三夏"。

线索五，发现有外地来津有收割机还没有上牌照，但却给发跨区作业证，这算违规办证。

线索六，有某省机手反映，递交了购机补贴申请表，直到出行也没办成补贴，据说交 1 万元就有人可以给办。口说无凭，真假难辨，不敢妄议。估计当地资金不足，是不是要抽签安排补贴，要是真有人敢从中渔利，也忒胆大妄为！

线索六，截机变劫机。外地来津和本市外出参加跨区作业的机手反映，某省，还是某省，收割机一下高速就被倒卖，一分钱没挣来倒先贴上了 500 元。还有在地里插铁条，驱赶外地收割机的。过去截机是为了给自家抢收，现在变成劫机了，欺行霸市、驱赶外机。跨区作业市场饱和化已经明显了，如何用法治化、信息化引领市场发展是个真课题。

实在限于专栏的篇幅，线索远不止这几条，包括秸秆的焚烧与禁烧，天大的问题啊，多去了。应该说课题更多了，问题更深沉了，牵涉面更广了，系统性更强，解决起来更难了，

找不到问题就是问题，找不到新闻就是新闻。其实这些杂乱无章的线索不都蕴含新闻线索么？而且很多是重大新闻的线索，我们正在忙着"三夏"的新闻！

● 品味农机"十大"数字

数学家是我敬佩的，高深的数字在他们那里变成了艺术一般浪漫，单调的数字充满情趣。小的时候崇拜过祖冲之、刘徽，还有华罗庚、陈景润、杨乐、张广厚，但对数学本身兴趣却不大，高考差一分及格，呵呵，说出来还是很难为情的事。

对数学不感冒，但不代表俺就对数字不关心。

《中国农机化导报》每年都评选全国农机化十大新闻。2012年年底，俺有幸到伟大祖国首都北京参加了报社组织的2012年度十大新闻的评选，也算开了一次眼界。评审过程中，专家、学者、领导济济一堂，对报社遴选出来的候选条目各抒己见，有些条目争议激烈，最终是投票选出十大新闻。

对评选出的十大新闻，业界评价不一。有的说是十大新闻，有的说是十大事件，有的说是十大工作，还有的说是是十大政绩，莫衷一是。

不管如何评价这些评选出来的十大新闻，但是起到了宣传农机化的作用，结果是美丽的，效果是美好的！

回得天津，俺照虎画猫，照葫芦画瓢，组织人手，也搞了个2012年天津农机化十大新闻，并隆重推出。这些个内容，是新闻，是事件，是工作，还是政绩，随便大家评议了。把评选出来的十大新闻一股脑传递给新闻媒体，也让俺们农机化工作在社会上风光风光。虽然是学来的，但发挥了作用，产生了效果，蛮好。对此项工作，俺常常窃喜，以为自己太有才了，还以为就俺有头脑，成功的耍了一把拿来主义！

为了凑足文章字数，还是烦大家欣赏一下俺们评选出来的"十大"，请随意评头品足，也顺带表扬表扬俺们的工作，王婆卖瓜自卖自夸一把：①全市农业耕种收综合机械化水平突破80％；②主要粮食作物基本实现全程机械化；③全市农机购置补贴资金突破1亿元；④农机专业合作社成为农机服务重要主体；⑤农机教育培训迈上新台阶；⑥农机安全监理装备水平稳步提升；⑦天津农机化新技术新成果展示会成功举办；⑧农机试验鉴定能力进一步提升；⑨农机科技推广取得丰硕成效；⑩天津市农机工作者首登全国粮食生产先进榜。这些条目都跟有具体的诠释内容，有数据、事实做支撑，有血有肉的。有感兴趣的同仁请到天津农机信息网去搜索一下，慢咬细嚼，看看跟全国的"十大"像还是不像。

自以为得意的时间不长，不曾想，过不久，看农机媒体上又出现众多的"十大"新闻报道，各地居然也竞相"十大"起来，并且没有再用"十大新闻"的名号了，可能再用就显得俗套了，代之以农机化"十大数字""十大亮点""十大新看点""十大新特点"，还有什么"十大创新产品""十大举措""十大品牌""十大女杰"什么的，凡此种种，不一一列举了，总之，创新啊，都太有才，而且比俺更有才。

前面提到的这些个"十大"新闻都一概从正面宣传各地农机化取得的丰功伟绩，看得人是喜上眉梢，赏心悦目。不过也有些个带"十"的看了心里不是滋味，不久之前看到出了农机购机补贴十不准，看完直发凉，不晓得是表扬还是批评，看似正面报道，但俺怎么看都像揭老底报道，怎么看都像是把个负面消息正面报道，呵呵，心里感觉怪怪的，也算是开了另一种眼界，这样的"十大"新闻报道还是少现出为妙，隐痛，不是滋味。

邓小平说，不管白猫黑猫，抓住老鼠就是好猫。

无论叫什么"十大"，能把数字用活了、用神了、用火了，能起到宣传农机成就、促进农机发展的效果，就是好新闻、好报道，不是么？

● 盘点半个 2014 农机十大新闻

每到年初时节，上上下下都在总结过往安排当下，于是乎形形色色的关于刚刚过去年份的新闻评选就出炉了。全国的、全省的，全系统的、全行列的，没有那么宽的视野，也弄个本单位的。这些个新闻，大也好小也好，自我感觉好那便是好。总结过去，前往未来，总是有益的，大家乐此不疲也就无可厚非了。

农机行列也如此样，2014 年末已经看到富来威托出的企业十大新闻，再过几日可能看到朱礼好民间版的十大新闻，再再过几日，或许就可以看到《中国农机化导报》半官方版的全国农机十大新闻了。

导报版的全国农机十大新闻我也参加过几次评选。本次评选的函也看到了，想了好半天，也没有想到天津有那一条够得着上全国的"十大"，当然更遑论上"头条"了。一方面，天津农机体量小，怎么着折腾在全国也占不到多大的份额；另一方面，天津好像也没什么惊天动地的事件发生，平平稳稳又是一年。事实如此，绝非谦虚。

虽然入不了头条，但也不表示我们就不可以关心农机行业的国家大事了，拙以个人名义就自己对一年农机行业事件发表点见解还是可以的了。想象朱礼好一样也弄个民间版的农机"十大"，怎奈才疏学浅，并且不能像记者们一样天马行空参加众多的行业活动，感知行业脉动，只能就自己能够感知的农机事件做点评介，能凑多少是多少，未必非得凑够十个八个的整数。

第一条算是全价购机模式在全国的铺开。除了"特区"的福建，"特立独行"的首都北京，全价购机在全国成了农机购机补贴的新常态。总而言之，平稳施行。不过今年农机市场显现萎缩形势，估计有很多省市资金未能用完，这与连续十年补贴导致相对饱和、全价购机农民筹资难度增加等因素是否有关，没有翔实的数据佐证，俺是不好判断。倒是我们本地因为头年实施全价购机，在与农商银行衔接上出了点岔头，前期给农民的资金给付拖延，临近年尾情况有所好转，大概是磨合的结果。

第二条是中国农机国际展览会成功召开。今年展览移师武汉，虽然没有能亲临参观学习，但通过多方反馈的信息，据说会议相当成功，参加者表示物有所得。不过交通情况好像还是不令人满意，从 2013 年青岛的"干堵"，变成了武汉的"湿堵"，看来今后办展览需要弄个气象早知道来帮忙了。

第三条是 CIGR 大会在北京召开。CIGR 大会者，国际农业与生物系统工程学会（CIGR）第十八届世界大会也，2014 年 9 月 16～19 日在北京国家会议中心隆重召开，国务院副总理汪洋出席开幕式并致辞。来自全球 45 个国家的近 2 000 名农业与生物系统工程领域的专家学者和企业家参加会议，盛况也空前。而在此之前召开的中国农机学会第十次全国会员代表大会则被其盖过风头，变得悄然而行。

第四条是全国农机市场风云突变，进入下滑通道。据报道，1～10 月，全国农机行业主营业务收入 3 198 亿元，同比增长 9％，但增速与上年同期相比已经明显下降，而利润负增长 5％，占行业产出约四成多的拖拉机和收获机械都出现了下滑。转型升级成为农机工业主题词。不过玉米联合收获机生产则一枝独秀，增长了 33.5％，成了唯一亮点。

第五条是第五届全国现代物理农业工程技术发展研讨会 11 月在杭州召开。来自高等院校、科研院所、管理部门、生产企业、生态园区的教学、科研、生产及推广应用人员 100 多人齐聚一堂。论影响、论规模这条都排不上，不过谁还没一点私心呢？这一条是我加进来的"私货"，其实还有好多重量级条目可以排进来，无奈杂志所给版面有限，赶紧挤进来。不过保护环境、保障农产品质量安全，现代物理农业也确实很重要、很有效，很有必要引起关注。够得上农机大新闻么，不管大家怎么看，反正我任性了，加了！

● 关于农机十大新闻评选的新闻评述

年初，参与了三场"十大"农机新闻的评选（俺自个的半个"十大"、《中国农机化导报》的全国"十大"、天津市的"十大"），围观了一场评选（朱礼好带评价的"十大"），后来又陆陆续续见识了各地各色的"十大"。读完之后，首先，感觉信息量不小，能从中学到很多好的经验，吸取很多知识；再次，觉得一年来全国农机工作成绩斐然，鼓舞人心，振奋士气；无论从哪方面而言，满满的都是正能量。

"十大"新闻年年评，年年都纠结，年年都争议，说到底，倒也符合现实社会的多样性、多元化，因为每一个人眼里"十大"新闻都有不同之处，强求一律本就不现实。

于是乎，每到评选，都有些问题要提出来，怎么评、评什么、啥标准？闲来无事，俺就来说道说道，看能不能从纷乱中理出点头绪，明年评选大家有个参考。

其一，谁来评？是新闻从业人员评选还是行业从业人员评选。我觉得正儿八经的应该是新闻从业人员评选，评选结果代表媒体编辑部的意见，是所谓媒体人眼里的十大"新闻"，落脚点应该是"新闻"本身。至于编辑部如何评，无怪乎三种方式，一是由记者、编辑们评选，所谓纯新闻式评选；二是编辑部组织行业人士评选，算是行业评选；三是媒体人和行业人综合评选，《中国农机化导报》版的农机十大新闻算作这一类。至于新华社及世界各大媒体他们的"十大"是怎么评的，没了解过，我估计应该是媒体人评选方式。

其二，评什么？评新闻还是评成绩或者评事件。这里面有交集，但也有差异。我觉得当然是评"新闻"了。有些成绩是总结出来的，不一定是报道出来的。成绩、事件要列入"十大"，我觉得应该有新闻承载方可纳入。

其三，啥标准？新闻属于人文学科范畴，原本就是靠感觉的。什么样的新闻够得着"十大"，每个人都会有不同的价值判断准绳，真要搞个量化的标准，那是很难的，也可以说是不可能的。好在重大事项人们还是应该有基本的趋同性，相信大家的共识，因此，大可不必再在意，有足够的参评人票决即可。

其四，负面消息评不评？新闻无所谓正负，新闻是新近发生的事实，只要影响足够大，就应该入列，比如重大事故、自然灾害。有些人认为，十大新闻应该宣传行业成绩、鼓舞人心，提升行业地位，所以应该尽可能不选负面消息，其实这个问题不应该提出来，违反新闻报道的原则。今年评选，关于农业部在购机补贴中开出黑名单重罚违规企业的条目，在票选中就被质疑或建议不纳入。再如，去年我国农机工业产销滑坡条目在评选中落选。购机补贴黄金十年，农机工业高速发展，成绩有目共睹，但去年遭遇较大下滑也是不争事实，成为一个转折点，转型升级成为农机行业一个重大议题，因此，本该入选。这个条目落选，就新闻角度、新闻价值而言，我觉得非常遗憾的，整得非常的不专业！

其五，新闻表述亦很重要。从参与的几个"十大"农机新闻评选中，我也觉得条目文字表述很要紧，本来很具有价值的新闻，结果被轻描淡写般的表述给淡化了，而一些不太重要的消息，反倒弄得十分的隆重，喧宾夺主，哗众取宠，这是编辑部遴选时应该注意的。如何将新闻的内在价值提炼出来的文字功夫需要不断提高。比如，今年评选中，深松作业1.5亿亩的条目，表述中突出了1.5亿，我觉得这只是一个量的数字，深松已经做了多年了，1.5亿只是一个过渡数字，不是什么10％、50％或70％这样的突破、过半、基本等阶段性标志，但要是表明深松列入国务院考核指标，那这事就大了去了，入选就毫无含糊之处了。

"十大"怎么评？笔者愚见，新闻性第一，宣扬成就次之；以媒体人为主，行业人辅之。

新闻时时有，"十大"年年评。该评的评，该议的议！

● 大事记里观春秋

每年的全国农机化工作会议，农业部农机化司都要印发两个材料，一个叫做《××××年全国农机化大事记》，一个唤做《××××年各地农机化工作总结及××××年工作思路材料汇编》。两个册子印刷简洁、明快，但非常实用，令人爱不释手，常常放置案头，当做工具书用。这两本材料，我一般是先看大事记，透过大事记洞察全国或各地农机发展轨迹、行踪；透过大事记审视各地工作的活力、活动的频次；透过大事记学习各地的好经验、好做法；透过大事记启迪灵感、寻找方向。

嘛叫大事记？百度百科道：大事记是党政机关、企事业单位、社会团体记载自己重要工作活动或自己辖区所发生的重大事件的一种应用文体。作为一种公务文书，大事记忠实地记载着一个地区、一个部门的重要工作活动和重大事件，因此，它首先可以为本地区、本部门的工作总结、工作检查、工作汇报、工作统计和上级机关掌握面上情况提供系统的、轮廓性的材料。其次，大事记具有史料价值，可以起到录以备查的作用。

洞察农机发展有种种方式、渠道，最直接的莫过于阅读总结。在我看来，大事记也算总结的一种，是流水账式的总结。一般而言，工作总结多多少少有"粉饰""拔高"的嫌疑。另外，总结是归纳性的，经过提炼，有经验、有理论，但相对严肃一点、正经一点、呆板一点。大事记因为题材的局限，篇幅有限，没有议论、没有归纳、没有分析，更不可能去提高。大事记是平铺直叙，虽然笔墨不多，字数有限，但有时间、地点、人物、事件、结果一应俱全，相对总结而言具体、形象，可以说生动活泼，更有形象感，更有看头。同时大事记也是工作索引，可以从中搜寻经验、典型，激发灵感。

这些年阅读各地大事记，受益匪浅，也摸出一个规律来，大事记的条目与工作业绩有很大关系，凡工作不错的地方大事记条目也就多些，基本成正比。

2014 年天津农机大事记一共记录了 116 个条目，其中，记载全市性活动 71 项，包括站、所组织的；重要文件、表彰等 10 项，其余为较重要的调研、考察活动。从数目上看应该在全国是比较多的，是不是天津工作就比别的省市好？自己不好意思说的！不过嘛，大事记条目多，最起码反映我们工作量大，工作丰富多彩，热火朝天，充满活力，间接表明我们认真的态度、昂扬的激情。

换个角度看条目细节，还以天津为例（举别的地方也不合适，得罪人啊）。例1，某一区，全年大事记一共 4 条，尽皆反映市局领导莅临考察、调研，只有一条是隐含着本区的活动，落笔点却是市局领导参加，咋就没自己的活动呢？全年工作情况可见一斑。至少反映出两点，一是工作开展的少，二是独立工作能力不强，是不是不会总结，或谦虚过度，以我观察不是。例2，另一区，全年大事记17条，本区为主的13条，上级参与4条，其中，开展活动9条。从中可以看出，工作是丰满的，有活力的，真实情况也是如此。

曾经，撰写有关年鉴中关于玉米收获机械化、农作物秸秆产业发展情况，每年都从大事记里去"淘宝"。搜寻各省召开玉米机收、秸秆综合利用现场会、科研与机具开发等方面的信息。这两年关注现代物理农业工程技术发展，也从大事记中找寻各地发展线索，前几年有山西、吉林等省的相关信息，2014年则有北京市现代物理农业装备进世界草莓大会的记录，这些信息统统都收入自己囊中，对工作帮助着实不小。通过阅读大事记，借鉴其他省市好经验好做法的案例比比皆是，只是因为文稿篇幅有限，就不一一枚举了。

大事记，记大事，大事记里有春秋。同志们有事没事儿都多看看大事记吧，细细品，慢慢嚼，有味道，定会有意想不到的收获！

● 水稻水直播现场短新闻及其感悟

《中国农机化报》时期，一直比较看重短新闻，尤其是现场短新闻，每期头版重要位置设一个专栏，每年都组织评奖，不瞒你说，俺还得过，不过只是三等奖而已。现下好似不流行现场短新闻了，满眼是总结式的报道和长篇综述，短、活、鲜、灵的现场短新闻不知何往了。

引言式长了点，书归正传，还是写现场短新闻吧。

2014年4月28日上午9时，天津市宝坻区欢喜庄农业示范园，2台水田激光平地和1台水稻水直播机正在进行试验。3台机器3块田作业，参观者有来自华南农业大学的教授，天津市农机局、推广站的科技人员，宝坻区农机、农业科技人员，当然还有当地农民。几轮作业下来围观者便开始纷纷议论。大的激光平地机，拖拉机两行深深的轮辙和随着拖拉机前行而左右起伏的平地铲作业效果让人不满意。小一点的平地机则以水稻插秧机作动力，效果令人满意，只是平地幅宽略显不足，大家分析或许是南方小地块与北方大地块的差异吧。再看水稻直播机，在经过平地作业后的地块行进顺畅，在半干半湿的垄背上留下星星点点的稻种，用手机拍下播种情况，细细一数每穴基本都是8粒，符合播前的设计。再看直播机往返作业留下的道道印迹，一副美如画的景象，让人心旷神怡。离开现场，各方人士开了一个座谈会，逐台机器进行分析，见仁见智，对机器的改进、操作性能等提出了中肯的意见。

十几天之后，传来信息，意想不到的事情发生了，一曰裸露在外的稻种被鸟类啄食了一些；二曰水田灌水将播下的稻种冲移了位置；三曰播种以后遭遇今年忽冷忽热的气温，发芽受影响。真是老革命遇上新问题，事先设计没有考量到这些。联想到物理农业中的物理驱鸟技术，明年一定在试验中用上。此外，稻种包衣或许也是一种选择，或许在播种之后覆盖一下表土，也可以防鸟害。

试验效果如何，现在评价还为时尚早，待秋后算账时再看。

现场短新闻结合综合报道暂时打住，下面感悟一下。

关于水稻的栽植。我们确实有太多的选择，也做了太多的选择。就移栽而言，有插秧、抛秧、摆秧；关于直播，有旱直播、水直播。其他还有别的法子么，暂时还没有看到。这些法子到底哪个好？真是说不清。可能不同地域，气温、土壤、成本等条件差异，也就不可强求一律了。早年，20世纪90年代天津在东丽区也进行过水稻直播示范，最后不了了之，估计跟当时整地质量、播种机播种质量差有直接关系，同时还有天津盐碱地对出苗的影响，从目前来看，由于激光平地机的使用，整地质量得以较大提高，可以满足播种要求，直播机播种质量也令人满意，不过土地盐碱对播种出苗的影响还有待考证。一年试验不足以说明问题，期待明年再完善试验方案，相信坚持就是胜利。

关于新技术的推广。我们在宣传新技术的时候往往突出宣传其优点，而有意无意地掩饰弱点，因此在示范推广中遇上问题，很容易让被试验者感到失望，因此，在今后的推广中，除了宣传新技术带来的正面效应外，还必须向试验者全面说明可能遇上的问题，防患于未然。我们不是推卸责任，而是全面周详地进行示范推广，只有这样才做好推广工作，我们的推广不是忽悠，而是踏踏实实为农民服务。

● 标语雷人何尝不可

古人道兵马未动，粮草先行。当今信息社会则是：兵马未动，舆论先行。

其一，如果你发现有某作家开始骂人，或与人对骂，很有可能就是这家伙的新书要出版了，以骂开道，吸引眼球，推销新书。其二，如果你发现某文艺明星忽然传出绯闻，也大可不必当真，或许是人家新的影视片要登场了，只不过是用八卦新闻暖场而已。这些事例八卦归八卦，但确实起到了渲染、烘托的效果，每每因此赚得过钵满盆盈。典型的案例莫过如此。

做任何工作都离不开宣传造势，谁也不敢小觑宣传工作。标语是宣传的一种重要手段。标语（或口号）是在政治、社会、商业、军事或是宗教等范畴上所使用的一句值得纪念的格言或者宣传句子，主要用作反复表达一个概念或者目标。

"农业学大寨""工业学大庆""农业的根本出路在于机械化"，就是我们这代人耳熟能详的典型标语。标语已经成为一个简单易行的宣传方式，媒体、校园、集市、乡村随处可见。农机合作社拖拉机上贴有：深松土地，破碎犁底层，增加耕作层；享受补贴，增产增收；庄稼想要深扎根，深松土地是根本；深松土地就是好，抗旱保墒产量高。这一路作业一路宣传，宣传政策、宣传原理、宣传作用，效果也是不错的。

不过呢，创作标语很不简单，同样的事，不同的标语，效果或许就有相当大的差异，何以见得？我们不妨先鉴赏以下两组标语。一组：秸秆还田，科学种田；禁止焚烧秸秆，还我碧水蓝天；禁烧秸秆，保护环境；禁烧秸秆，美化家园；实施秸秆还田，改善土壤结构；禁烧秸秆，利国利民；严禁焚烧秸秆，净化生态环境；谁用秸秆谁受益，谁烧秸秆谁受罚；烧荒烧草烧秸秆，害人害己害子孙；秸秆焚烧污染大气，秸秆还田肥沃土地；秸秆只要利用好，增加收入又环保；综合利用巧，秸秆变成宝；焚烧秸秆违法，监督举报光荣；露天焚烧秸秆违法，综合利用利国利民；焚烧秸秆是违法行为；秸秆还了田，环保又增产；搞好秸秆综合利用，创造优美生存环境；焚烧秸秆危害大，综合利用人人夸；焚烧秸秆，污染环境，害人害己。另一组：秸秆利用能赚钱，焚烧秸秆要罚款；谁烧罚谁，烧谁罚谁；见烟就罚，见火就抓；谁烧秸秆，谁受处罚；谁用秸秆谁受益，谁烧秸秆谁受罚；有火必禁，有烟必查，有灰必处；点火之时，就是你进去之日；上午烧麦茬，下午就拘留；蹲到地里点把火，拘留所里过生活；一粒粮食一滴汗，烧麦茬者坐牢蹲监；秸秆浑身都是宝，谁烧谁家老婆跑；飞机已经上天，地里不准冒烟；谁家麦茬谁家管，焚烧拘留加罚款；上午烧麦茬，下午就拘留。

前一组我们拟定的，文笔流畅，朗朗上口，但是文绉绉的，书生气十足，威慑力却不够。后一组来自网络，哪省的未能考证，被称作雷人标语，文风彪悍，痞子风范，但是接地气，中要害，冲击力、震慑力强劲。要说效果，估计还是后者彰显。

厦门大学做过一组劝阻行人横穿马路的实验。用客客气气的"请勿横穿马路""请走人行天桥"等 PK 简单粗暴的"你丑你横穿"。结果是无标语组横穿率最高，横穿率为 70.02%；"请走天桥"组几乎无效，横穿率为 69.78%，降幅仅 0.24%；"仅多花 9.4 秒"组，略有效果，60.96%的横穿率比无标语下降 9.07%；"你丑你横穿"组效果最明显，横穿率大幅下降 29.9%，仅有40.12%。简单粗暴的后者大胜，匪夷所思？

有人说，对待文明人用文明方式，对到粗鲁人用简单粗暴方式有用，对症下药。可谁是文明人，谁又是粗鲁人？

看来编写标语也不是件轻松的活，技术含量相当高，要震撼肺腑，冲击人心，只要不违法违规违政策，不爆粗口，雷翻人的标语或许宣传效果更佳！

● 杂谈自媒体时代农机话语权和意见领袖

毋庸置疑，任何时候，任何领域，话语权都是一个具有争议性的焦点。

现下有一种说法，这是一个转型的社会、一个充满诱惑的社会、一个疯狂的社会、一个自由的社会，原因之一就是自媒体的不断强盛，前几句话不是光有道理，但后一句话则折射出当下一个重要的时代特征，自媒体发达。而且发达的自媒体还经常处于一种欠约束状态，"正能量""负能量"信息交织在一起，真伪难辨。难怪李克强在"8·12"火灾爆炸事故会议上说，权威发布一旦跟不上，谣言就会满天飞。另有记者感叹：跑赢时间难跑赢谣言更难。

以往有什么新闻信息，我们都依赖官方新闻媒体获得信息，而自媒体则改变了这一传统的信息发布方式，微博、微信、QQ等网络传播模式出现，理论上讲，每个独立的自然人都可以成为新闻发言人。

整个社会如此，作为社会一个局部的农机界也是如此。过去我们获取行业信息一般来源于《中国农机化报》、《农机》等行业老牌报刊；后来又是《中国农机化导报》、中国农机化信息网等媒体。而现今，除了前述的媒体以外，我们更多、更迅速获得信息的方式则增加了很多的来自网络的自媒体，很多农机同仁获得了代表某个集体或者就代表自己发言的话语权，无数的"新闻发言人"如雨后春笋一般冒将出来，并成就了一些意见领袖。

若干年以前，有人弄了个"非常农机网"，在众多官网之中显得确实有些"非常"，一段时间里成为行业信息传播的关注点。可惜，时间不长，经办人撤离以及网圈里的纷争（不知何故，有人在博客里隔空打得不可开交），网站关闭了。但是，这个网站的博客应该是农机自媒体兴起的源头，假如要写这方面的历史，"非常农机网"确实应该被记录一笔。

非常农机网非正常谢幕了，但农机自媒体却一路蓬勃。博客衰落了，QQ又兴起了，一个名叫"中国农机杂谈"的QQ群悄然诞生，并很快长大为过千人的超级群。可惜，后来又分裂了，辟出一个"中国农机论坛"群，很快又成为千人大群。这两个群先后组织了几十项行业网络活动，技术、市场、管理、历史等多方面讲座、专题交流，对普及技术、传播知识等起到了很好的推动作用。其中，第一次网络活动就是我做的关于现代物理农业工程技术讲座，不受空间、地域限制，成本低，互动性强，并一直延续到今天。

为了便于工作交流，行业内各种QQ群还很多，我在网上搜寻一番，数不胜数。简单统计一下，我主动、被动加入的行业工作群有16个，其他的亲友、同学、好友群另有若干。实话实说，这些群的建立，对于沟通信息、传播信息、便捷工作起到了非常重要的作用。

微信的兴起，更给自媒体发展以推波助澜之功。一夜之间人人都成了新闻发言人和意见领袖了。不少人将信息传播的注意力从 QQ 迁移到微信中来，"朋友圈"成了新闻发布会的讲台。我等也不断被拉入各种不同界别的微信圈里（得益于"万能"的智能手机和任何人都可以拉杆子建群的便捷）。总体而言，受益颇丰，但也带来一些烦恼，在此不表。

每天工作中，我们还是主要从中国农机化信息网、《中国农机化导报》、农机杂志等农机媒体中获取大量的官方正式信息，而且也是分量比较足的信息。而短平快的信息则经常从更多新媒体中获取，尤其是不断更新的自媒体。

自媒体可以每日 24 小时不断的传播信息，而纸媒或官方的网络则往往局限 8 小时工作时间，因此在一些方面呈现滞后之感，还缺乏互动性。另外，除了传统的信息传播功能外，在培训、技术推广、学术交流等方面传统媒体都几乎是"零"功能。如何假借新媒体中这些自媒体为官方服务、借助这些方式为官方服务，或者引导这些自媒体为官方服务，掌握话语权和培养意见领袖，应该认真研究了！

● 幸福的见证

5 月 8 日。

上午近 10 点到达富康公司。参加郭玉富国家奖答辩，算是站脚助威。今天还邀请了《中国农机化导报》的王建鹏、朱礼好（现时身份为《农机质量与监督》杂志执行主编）等来见证这一时刻。

我对记者们说，大家此时此刻是在这里是见证一个历史过程，也在期待一个历史的结果。

上午距 11：30 还有 10 分钟时，调试好电话和幻灯片，等待北京的声音。现场一片静寂。此时的心情是紧张与兴奋交织，大家面面相对，虽说无言，但也都知晓，期许着什么。郭玉富、富康，十年磨一剑，今日试结果。再闯关，去摘取科技王冠上的明珠，再闯关，勇登科技最高的圣坛。

假如，假如，假如成功到达，是郭玉富的骄傲，富康的骄傲；天津农机的骄傲，天津的骄傲；也是中国农机的骄傲。

到约 11 点 40 分。"是郭玉富同志么，准备好答辩，不要关电话"，一个女声从电话传来。

再几分钟后，答辩正式开始。专家提些什么问题，我们没有听见，情急之中，郭玉富没有将电话放置在免提状态，我们只能从他与专家的对答中猜测对方的问话。

好像问了学历、单机价格（5 万左右）、毛利、机手年作业面积（平均

1 000 亩左右，在吉林）、机手收费（吉林机手单机毛收入在 7 万元左右）、功能（提高净生产力，双向卸粮、即时剥皮、提高秸秆利用率）。再回答有：先形成创意，再形成技术路线，2008 年评职称；自己研究，自行物化。龙爪纹式、棍式；不是整机设计，是摘穗核心技术创意，更好的摘穗，不丢穗；800～900 转，龙爪纹 140，长 700，不算导锥，算强拉茎。在强制喂入方面有突破；株数在 4 000 株左右，基本不堵，天津在 35 左右。

最后了解提问的评委有三人，前两人主要问技术经济指标、机手效益问题，最后一位应该是农机圈里的专家，问题比较专业，从郭玉富回答可以感受到。

从总体而言，我觉得问题回答前一部分很好，后一部分有偏失，没有把自己的创新很好地表达出来，被评委的问题导偏了一点，但整体回答也很专业，技术性很强。

凭直觉我，今年有戏。

2009 年 5 月 8 日，上面所述，就是我当日的日志。原始记录，未曾修改修饰的。

2008 年 5 月 21 日，10 点 50 分，我们同样也在场见证同样的答辩场面。

2010 年 1 月 11 日，从人民大会堂传来消息，郭玉富荣获国家科技进步奖二等奖！

幸福之感油然而生。

1998 年，郭玉富从建筑业转身农机行业。从此以后，一路相伴，一路见证。

鞭式还田机、三行玉米收获机、全幅玉米收获机，去山东，赴河南，转战东北。大约是 1999 年，在河南的现场会上，河南省局的同志见到我，还问，河南的现场会你怎么也来，我回复说，工业处长与企业同行，分内之事。总之，在富康的发展，郭玉富的发展中，我有幸见证了一路上的点点滴滴。其中的酸甜苦辣，郭玉富自知，我也能体会。

正如郭玉富自己所说，在第一线才能发现问题，才有机会找到问题的症结。不是长年钉在研究开发第一线，不骑在玉米收获机割台上反复的观察，他不可能悟出不对行问题解决的技术窍门，看似偶然，其实必然。

在第一线，不一定就能发现问题，更不一定就能解决问题。我觉得更需要个人的悟性，而悟性来自于不断的学习与思考。一个门外汉，贸然跨入农机行业，要新学多少东西，其中的艰辛，是常人难以想象的。承担了数十个部市级课题，13 项专利（其中 2 项发明专利），天津市科学技术进步奖，神农中华农业科技奖，这些过程中的辉煌，实际体现了他平时的"钻"与"研"，辛勤艰苦自知人知。

郭玉富之国家大奖，是天津农机的骄傲，也是中国农机的骄傲！

有幸的是，我一路见证了他的艰辛，现在又见证了他的幸福。

这是一种幸福的见证。

● 专业著作，书归何处

著书立说算是中国传统学者之最高境界，著作等身曾经是对学者之最高褒奖。

2011年，《农业工程》初创，如何从内容和形式上有所创新，或标新立异，我向杂志主编建议，设立专门的书评栏目，每期遴选一本农业工程类的学术图书，请有关专家进行点评。

同时，以敢为人先的精神，以身作则，将自己新出版的《现代物理农业工程技术概论》送给主编，践行了一把"从我做起，从现在做起"，上演了一则现代版的"千金买骨"。

有好事者或许诟病，你是在卖书么？回答肯定，非也！一是此书是天津市科协科学著作基金资助，天津科技出版社出版，没有自掏腰包，非自费出版。二是卖书是出版社的事，不像一些作者为某种原因自费出版、自己销售，没有包销之嫌。

出此主意，原意并非要杂志去推荐图书。点评图书，实质通过评介著作来介绍图书所涉学科、技术最新的进展，或引起关注，或引起争议，使相关学科问题在议论之中得到发展。表征是评书，更重要的是以书为契机、载体，展现学科之创新内容，其意义已经超过书本身。

《农业工程》杂志社接受了建议，并高度重视，执行主编亲自操刀，2011年第1期，以《农业工程学科的新发展——〈现代物理农业工程技术概论〉评析》为题刊发了书评。

遗憾的是，这一期之后，栏目却再没有续篇了，现代版的千金买骨没有了续集。询问之，原因多重，其中重要之一是未能联系到后续的图书。

难道真的是天下无书，专著难觅！

专业著作，书归何处？

以我对农业工程、农机行业的了解，当不是无可评之书。虽说这些年读书确实少矣，但也还看过一些专业图书，比如，跟我主编现代物理农业工程图书几乎同一时间，新疆马俊贵先生也主编出版了一册名唤《现代设施农业环境控制与促生技术及装备》的图书，核心内容也是现代物理农业工程。此外，我曾经在农业部大门旁边的中国农业出版社书店里看到一些高校教师编著的教材。当然，这些只说明还是有得书可以评价的。不过实际操作或许有些技术障碍，一是没有人推荐，造成"英雄无觅处"的现象；二是作者是否乐意他人对自己著作指手画脚、说三道四；三则可能是目前出版的农业工程图书中技术普及类多、学术类少，要做学术性评价比较难，让杂志社"巧妇难为无米之炊"。因此，书评栏目难以为继却也是一种可以理解的事了。

众所周知，在浮躁的氛围之中，能够潜心治学已经难能可贵，但要出版学术著作，费用何出又是一件伤脑筋的事。撰稿、买书号、自我发行，精力耗费、财力投入之巨都令专家学者们感到很重的负荷，至于年轻的从业人员则更是不可企及之事。再则，当下网络当道，阅读图书实在是成为一种难得的生活方式，可能也影响专业著作的出版。

前不久在权威媒体上看到一则报道：2011 年我国公民人均阅读图书 4.35本（最多的上海是人均 8 本）。与此同时，韩国人是 11 本，法国人是 20 本，以色列人是 64 本。老外为什么读书、都读了什么书，未见报道，也无从猜想，但国人所读的 4.35 本中，估计学生的教科书占主导地位，成年人所读之书未必有达到此数，我们再次"被平均"了。要是再深究这些书里有多少专业方面的学术著作，就是"被平均"也是微乎其微。

在很小的时候就知道一句警句：书籍是人类进步的阶梯——高尔基。无论是社会，还是我们所在的农业工程、农机行业，学术发展、技术进步中，学科专著都是不可或缺的。创造相应的出版条件，鼓励农业工程专家学者出版专著，办好书评栏目，引导读者关注学科进展，促成学术争议。从而造就一个百花齐放，百家争鸣的农业工程科学发展的新氛围、新局面。

● 有《中国农机化报》的日子

当这篇文章呈现在读者面前的时候，《中国农机化报》已经成为中国农机化发展历史的一段沉淀。但是，作为一个对《中国农机化报》有着深深眷恋的农机人，我又不得不拿起笔，写下下面的一段文字，作为为中国农机化事业作出不可估量的贡献的农机化报的怀恋。

一

2002 年 10 月 29 日上午 11 时，结束完在中国农机化科学研究院的公干，急匆匆赶往月坛南街 26 号，中国农机化报社，想在《中国农机化报》"易帜"之前，与过去的农机界朋友们见上一面。因为，按照我的原订日程，12 月初要出国，等回来，《中国农机化报》已不复存在了。不知算不算来晚了，报纸还在，但门牌已经换为《中国县域经济报》了，改换门庭已成史实。一种惆怅骤然升起，面对昔日的报社朋友，伤感自然是无以掩饰的。《中国农机化报》

没有了，农机人不得不产生这种失落感。对报社、对农机，福兮？祸兮？谁来评判？

二

1983 年，大学三年级的时候，在一位低年级同学处第一次看到《中国农机化报》的前身《农机化服务报》。说实在，当时并没有留下什么深刻的影响，大概都是有关农机市场销售的内容，不过从此知道在中国农机行业里还有这样一张报纸。更没有想到我此后的生活竟会与这张报纸有如此密切的关系，与这张报纸有如此深的因缘。

三

有一张《中国农机化报》，用现代人的话来说，是农机人有了一个互联的平台。天南地北的农机人，不管什么时候、在什么地方相会，都可以就着《中国农机化报》的报道话题进行交流、探讨、争议、求教。在很大程度上，《中国农机化报》是农机人生活中不可缺少的内容，影响着许多人的生活、学习。没有了这份报纸，我们又会过什么样的日子？也许我们可以说，这个世界离了谁，也照样运转，事实可能如此。不过，没了《中国农机化报》，我们再相会的时候，也许会多了一些无言、多了一些沉默。到那时，我们也许会体会到：有《中国农机化报》的日子真好！

四

说实在的，有《中国农机化报》的日子，我们并没有感到它的重要、它的分量。每年报纸召开通联工作会或记者站站长会的时候，我们提的多的往往是意见，有时甚至是尖锐的刻薄的。记得有一次开会，我拿着一张刚刚出版的报纸，找到莫小民社长，对一版头条有 30 多个字的标题，发表了一通不满。报纸没有了，我们的意见还有否？

北京的一位同仁在一次会议上讲得好，《中国农机化报》就像我们自家的孩子，在家里，我们可以批评它，甚至可以骂它，但外人却不可以。一家人！这就是我们的感受。也就是说，虽然我们可以对《中国农机化报》一肚子的不满，但在我们的骨子里，却早已将其视为生活不可剥离的有机部分，用一句不恰当的话来讲：爱之深才会恨之切。

五

就个人而言，我的农机生涯与《中国农机化报》息息相连。参加工作不久就开始向报纸投稿，最初的想法不过是想成为报纸的一名通讯员。回过头来看，这种期望实在太"小儿科"了，当时这确是真实的。后来，从基层单位到了局机关，成为专职的报纸兼职记者，与报纸的关系自然跃升到了一个新的水平，此后就发不可收拾，竟至与报社建立了比别人更深更密的关系，成为农机化报人不过就是一张纸的问题。《中国农机化报》没了，是报社的悲哀？更是像我等这样"终身致力于农机化事业"的人的悲哀！

六

有《中国农机化报》的时候，我们订报并不积极，如果有回程的话，我想，我们会更珍视这份报纸，会更加努力地去为它工作，多多订报，多多投稿，让我们的《中国农机化报》兴旺起来，不至出走。

《中国农机化报》成了一段历史，它的作用、空间由谁来填补？这是好多农机人思考的问题。但愿，但愿，早日有人出来填空，弥补中国农机化的这一空白！让我们再沐浴农机化的阳光，共同携手，开创中国农机化的新天地。

七

《中国农机化报》走了。庆幸的是，在我们共同走过的这段时光里，结交了不少报社的朋友，衷心的祝福朋友们一路走好，在今后的日子里还请时时想起在农机的日子，关照农机的日子。

笔拙，心诚，仅以吾文表达对农机化报的无限眷恋，与全国农机同仁共怀。

朋友，多保重！

论道五　农机合作社

论农机合作社的"五化"

小文章写大题目是挑战也是自信，笔者今天就尝试用千字文来一篇"大手笔"。

先前笔者曾著文说过，农机合作社被农机业界赋予了厚重的期望，各部门也投入了相当大的支持，实际上，农机合作社也在农业生产中发挥了重要的作用。

观察这几年农机合作社的发展，我觉得农机合作社呈现出"五化"发展趋势。何谓农机合作社的"五化"？直言之即：综合化、企业化、品牌化、职业化和基地化。

所谓综合化，就是农机合作社由传统的农业生产环节机械化作业服务向产前、产中、产后延伸，由单一的农机作业服务向流转土地而成为综合性的机械化农场转变。做个简单而形象的比拟，就是从提供单一搬家服务的搬家公司，到全程托管服务的物业公司，再到拍卖土地自己开发盖房、销售，然后托管物业的房地产开发商。从形式到内容不断丰富、升华，产品价值不断升值。农机合作社不再是只是"农机"，而是包含种植、养殖内涵的综合性农业生产体。农机合作社不仅提供生产服务，同时自己也出产品。

所谓企业化，就是由相对松散的社员制转化为股份制的企业化形式。形像的说就是由邦联制变成联邦制，逐步变成股份制公司，至少我个人观点认为农机合作社发展方向应该是企业化的公司，而不是简单的生产合作模式。合作社成员数不一定多，但经济联系更紧密、更融合。农机合作社可以有公益服务，但经济效益才是合作社发展的根本动力。

所谓品牌化，包括两个方面，一是合作社为农民进行生产作业的服务品牌，比如农户需要耕地、播种或收获等作业服务时，首先想到的是找农机合作社，因为合作社作业机器好、作业质量高、服务态度好、价格合理等，口碑就是品牌；二是农机合作社自己生产的产品品牌，比如自己生产、加工的小麦、玉米、水稻产品，初加工或深加工。在生产、加工和营销中树立起了自己的品牌。

所谓职业化，就是农机合作社的管理、生产人员在从事农业生产过程中成为职业化的农民，实现了农民由身份向职业的转变。关于职业农民有很多定义，也有很多的研究，本文不多分析，总而言之，合作社成员成为了农业经理、农业工人，而不再是农村人口。

所谓基地化，是指农机合作社目前已经成为农机系统新技术新机具试验、示范和推广的基地，同时，还是农机培训的基地。今年初向上级领导汇报只提出农机合作社"四化",这最后一"化"是笔者最近才"化"进来的。据我了解,我们很多的科技项目,包括研究项目、推广项目都是依托农机合作社来实施;同时,大量农机培训也在农机合作社进行。原因很简单,一方面,农机合作社有机器、有土地、有培训场所,既有实施项目的硬件条件,又有可以合作开展项目的技术人员,对双方而言叫做何乐不为呢。

综合化,我们很多合作社就已经流转大量土地,开展生产、加工全程全面的经营。公司化,天津的农机合作社基本就是股份制模式的服务公司。品牌化,农机合作社不仅提供作业服务,也注册商标,出售自己的品牌农产品,这个天津有,笔者在南方考察也看到有。

职业化,就不用举例了,合作社就是一帮干农业的专业人士,谁来种地、怎么种地,都在这里得到答案。

基地化,项目实施的实例很多,不用列举的,天津最近不少农机合作社挂上农机化学校分校或培训基地的牌子,利用自有教室、场院参与技术培训。

农机合作社的"五化",其实是一二三产业在农机合作社实现的大融合,笔者认为这是发展的趋向,虽然不是当下的全部现实,但是已经在一部分合作社成为事实,相信会有越来越多这样的案例。

● 农机社会化服务,不可或缺的生产方式

一个电话,农业公司送来了种子、化肥、农药;一个电话,农业公司开着拖拉机来耕地、播种;一个电话,农业公司开着收获机来收获……20世纪初,还在大学学习的我们,从老师的口中听到这些故事般的情节,不知道这就是传说中的社会化服务,甚至还没有社会化服务的概念。

当时,我国农村也在进行一场轰轰烈烈的改革,似乎与在国外进行的农业生产发展模式背道而驰。农民们欢天喜地的分田分地分农机,发家致富,忙得不亦说乎。从人民公社约束体系解放的农民,砸了大锅饭,有了责任心,焕发出来的生产力在改革开放初期得以激情的释放。"分田到户农机无路"的悲观情调弥漫农机系统。地分了,农机也分了,一家一户零碎的小地块生产,农机化就此无路了吗?农机化就此退出舞台了吗?

实践表明,这只不过是历史的短暂一瞥而已。数年之后,小四轮拖拉机开始风靡全国,耕地、播种,跑运输,捎带脚儿载人,虽然运输位列其主要功能,农田运输、乡村短途货运,在满足自家生产需求之后,同时进行代耕代播代收等作业,展现了农机化生产复苏的身影。到此时,我们也没有意识到,中国的农机社会化服务已经初露端倪。再后来,仅仅是十余年之后,一场声势浩大的小麦跨区机收运动,暂且称之为运动吧,更加彰显出我国农机化生产的全

面复苏，农机"共同利用"理念的出现，农机社会化服务从理念开始了伟大的实践，农机社会化服务把土地联产承包责任制下的小生产与农业生产的大市场做了一个有效的链接。到今天，社会化服务已经成为农机化发展不可或缺的环节，更是一种生产方式。

全国乡村农机从业人员达 5 334.74 万人。农机化作业服务组织达 16.7 万个，其中，农机专业合作社达 3.44 万个，农机户 4 192.34 万个、5 208.91 万人。已经形成以农机化作业服务组织为方向，农机化作业服务专业户为主体，农机户为基础，农机中介组织为纽带的农机社会化服务体系。年农机化经营总收入达 4 779.04 亿元，其中农机化田间作业收入达 1 774.52 亿元，全年实现利润 1 858.07 亿元。农机跨区作业健康发展，作业面积达 34 295 880 公顷，作业收入达 224.49 亿元。农机化社会化服务已经成为农业社会化服务的重要内容，农机化作业收入成为农民持续增收的重要支撑。

我国改革开放从农村始发，农业生产也在改革开放中得到迅猛发展，农机化的作用也越来越彰显。到 2012 年，全国农作物耕、种、收综合机械化水平达 57.17%。小麦耕、种、收综合机械化水平达 93.21%，基本实现了生产全过程机械化。

农机社会化也在与时俱进的发展，表现在几个方面：

一是服务领域的不断扩展。从农村运输，到小麦跨区机收；从小麦机收，到水稻机收、玉米机收；从农作物机收，到耕地、播种，再到植保统的机械化防统治，社会化服务已经渗透到每一个农业生产细胞，覆盖到几乎所有环节。

二是作业手段的不断更新。从小四轮拖拉机跑运输，到农用运输车运营；从十余马力小拖拉机耕种，到三四百马力大功率拖拉机投入农业生产；从小四轮披挂的小联合，到自走式的新疆－2，再到 3.0、4.0，甚至 5.0 的升级版联合收获机。各种新农机不断投入，产品水平宛如芝麻开花节节高。

三是服务形式不断提升。从简单的代耕、代收，到耕、播、收等主要环节的一条龙服务；从一条龙服务到订单服务、保姆服务，再到托管服务、土地流转服务。农机户、农机大户、农机合作社，服务组织的名称在演变，服务形式也在不断从低级到高级演进，形式与内涵都在进行深刻的嬗变，在嬗变中得到提升。

其实，农机社会化服务所带来的变化并不局限于领域、手段、形式等农业生产外在的表现，它在改变农业生产方式的同时，更带来农民生活方式、思维方式改变。先进的农业装备、农机化技术及其承载的先进农业技术进入农业生产领域，与此同时，现代工业化生产理念、现代服务业理念也在改变农民、农业、农村。尤其是在农机服务组织造就了一批现代职业农民，使农民概念从传统的身份认同到职业认同，从概念内涵进行了颠覆性的革命。

作为市场经济产物农机社会化服务，其组织结构、运行方式等还有许多需要不断完善的地方，在自身的进化中还有待于农机主管部门的关心、引导和助推，使其健康发展。

进入新的发展阶段，美丽中国、美丽乡村，跟农机化发展息息相关；"四化"同步，农机化与其"化"、"化"相连。城镇化发展、土地流转、家庭农场等发展模式，都包含了农机化的支撑元素，劳动力大规模专业、农村劳动力结构性季节性短缺、农村劳动力成本的提高，农业生产对农机的依赖程度越发严重，农机化生产方式日益成为农业的主要方式，传统体制下分散的农业生产经营发生正在发生质的变革，很显然一家一户分散的作业方式已经严重背离发展的主渠道，农机社会化服务逐步成为农业服务的重要内容和主要方式，也在实现从低级到高级的进化，成为农业生产不可或缺的方式。

人间正道是沧桑，经过几数年实践探索的中国农机化，已经探索出一条具有中国特色的共同利用之路。我们相信，随着农村改革的不断推进、深入，我国农机社会化服务发展的路子会越走越美妙，越走越宽广！

● 农机合作社承载功能之我见

农机合作社是我国新一轮合作社建设中的一个重要组成部分，在功能作用上与其他农业生产、流通领域的农业合作社相较，既具有相同的性质，又有其一些独特的个性。

现阶段的农机合作社建设不是过去的合作社，更不是互助组，它是一种全新的组织、经营模式，生存与发展在于它新的属性和功能。

合作社法规定合作社不是一个以盈利为目的的组织，只是一个服务社员的组织，我以为农机合作社必须将服务社员与盈利结合起来，如果没有盈利，则没有合作社持续的发展，并且农机合作社应该成为今后农业生产的主体，逐步成为一种农机服务公司，以承担农业生产为其发展的基本条件。至于其称谓，我以为不一定非有"农机"二字，但其注定应该是拥有较强装备能力，采用现代机械化生产方式的农业生产服务组织。

对于现阶段的农机合作社建设，应该还处于一个探索阶段，其建设内容、方式及其经营模式都在实践中不断探索与更新，现阶段不应该硬性进行规定和进行所谓的规范，切忌搞一刀切的建设推动，应该是因地制宜地进行建设推动。

基于长期发展和生存，也为使农机合作社能够健康发展，笔者以为现阶段农机合作社应该承载着比合作社法定义的更多功能。可以从以下诸多方面得以体现。

首先，农机合作社承载着服务功能。这是农机合作社的基本功能。农机合作社要服务社员，同时也要服务社会。通过组织化、规模化的生产服务，减少社员及其他农户的生产支出，同时增加合作社的收入，完成农机合作社长期持续发展的必备条件。

其二，农机合作社承载着推动农业集约化生产，促进土地流转的功能。通过农机合作社建设，以土地托管、土地流转、土地诸项作业统一等方式，促进农业生产的集中、作业的统一。以机械化的生产方式，逐步改造目前小规模生产方式，改革目前的所谓小规模生产与社会化服务的结合模式，实现真正的规模化生产经营，比较彻底的完成机械化生产方式基本条件的奠定。提高了作业机械化水平，提高了生产效率和生产效益，实现共享农机的高效益模式的建立。

其三，农机合作社承载着推广应用农机化新技术的功能。农机合作社具备一定的生产能力和资金能力，能够购买一些新型的农机具或大型的机具，有利于推广应用新技术。农机合作社应该是新技术、新机具应用的急先锋。当然，在应用新技术、新机具的同时，农机合作社也起到了节约能源与资源的作用。

其四，农机合作社承载着培养新型农民的功能。未来的农业肯定是极少人从事的行业，农民从目前的身份变为一种职业，这种职业不是一个没有职业能力，只有一身力气就可以承担的，必然是一些具备经营知识、掌握现代生产装备的新型农民。农机合作社的建设必然会培育出一批这样的人物，成为今后农业生产的主力军。在培育新型农民的同时，还促进了农村劳动力的分化与转移，使更多的农民离开土地，成为其他行业的生力军。

其五，农机合作社存在着提升农民社会化意识的功能。农机合作社建设是一种物质的建设与积累过程，但同时也是一种思想建设的过程。通过社会化服务的不断发展，在市场过程中也在不断的改造合作社社员的思维方式，也间接的在改变被服务对象的思维方式。使服务与被服务者在生产过程中潜移默化的改造思想，改变思维方式，与社会共同进步、发展。

农机合作社建设不是仅需要量的增加，更需要建立起适应发展的财务管理制度、机务管理制度和分配制度，使之适应市场的需求，健康发展，这比盲目增加数量更为重要。农机合作社的建设本身是一种生产经营模式的实践，生产、盈利、再生产，不断地发展，实现建设现代农业、建设社会主义新农村的目的，这是他的本性，不是我们认为的赋予了它太多的期望，而是因为它本质上承载着以上种种功能，因此我们有信心期待它在实践中不断创新模式，为我国农机化发展走出一条新的道路，促进新农村的新发展。

● 农机合作社几个"关于"的思考

《中华人民共和国农民专业合作社法》（简称《合作社法》）于 2006 年 10

月31日第十届全国人民代表大会常务委员会第二十四次会议通过。赋予农民合作组织以法人地位。于是乎各种农民合作组织雨后春笋一般发展起来，农机合作社便是其中一枝。农机合作社建设，有许多事例不是现成的，许多理论与实践问题有待在建设中不断厘清。下面就是自己的四点思考。

关于性质。《合作社法》第二条规定："农民专业合作社是在农村家庭承包经营基础上，同类农产品的生产经营者或者同类农业生产经营服务的提供者、利用者，自愿联合、民主管理的互助性经济组织。农民专业合作社以其成员为主要服务对象，提供农业生产资料的购买，农产品的销售、加工、运输、贮藏以及与农业生产经营有关的技术、信息等服务"。既然是互助性质的组织，就应该是非盈利的组织，但是，在实践过程中，我们则很难以此来实现农机合作社的发展，没有利润，合作社难以为继。我认为农机合作社应更像一个股份合作组织，其服务对象不局限于合作社成员，而是联合起来的成员，共同服务社会，从服务社会中赢取利润，获得报酬。而且，农机合作社将来应该成为我国农村主要的农业生产主体，即土地归农户所有，而经营或生产由农机合作社来完成，农户据其土地获得其中一份收益。

关于成员。合作社成员数量、资格，在《合作社法》已经有规定，但不少人以为人数越多越好，尤其是需要政绩之处。笔者曾考察过南方一家农机合作社，成员达500人之多，细致研究，其核心部分也不过几人，即出资人，而大多成员只是跟合作社保持一种松散的联系，机车各自拥有，只是有活的时候听候合作社调遣，合作社收取一定比例的信息服务费，合作社与成员没资产的勾连，更像一个协会与会员的联系，或者是邦联的关系。我认为合作社发展一不需要图合作社数量的多，二不需要图成员的多少。核心是合作社本身的能力，即服务覆盖面的大小。

关于名称。《合作社法》全称中有"农民专业"四个字，并没有在农业领域再在做更细的行业分类。因此就有了农业领域不同行业的专业合作社的称谓出现。当初我们扶持农机合作社发展，在工商登记中就遇上问题，要登记"农机专业"合作社，工商部门认为《合作社法》里没有"农机"两字，不予按行业属性进行登记，几经交涉才得以成功登记。我以为，有没有"农机"二字倒不是问题的核心，重要的是有核心的功能。今后，单一的行业合作社未必是发展的方向，应该是综合性的合作社，兼有农业技术、农业装备等能力的社员承担农业生产从产前、产中到产后的所有环节生产作业，而不再只是完成单一环节、单一功能，比如，耕地、收获或植保等。

关于"鱼"与"渔"。农业部提出，要在不远的期限里实现全国平均每一个乡镇拥有一家农机合作社。目前，全国发展农机合作社的热情十分高涨，主管部门为此给予了不少的扶持，从购机补贴、作业补贴，到基础设施建设等，不是给予比例上的倾斜，就是给予资金的支持，此外还有新技术示范、人员培训等方面都得帮助，大多是授之以"鱼"。我们知道，合作社建设本身是市场经济发展的产物，应该遵循经济发展的规律，在发展初期给予一些扶持无可厚非，但如果因此造成合作社产生依赖性，只能靠输血生存则大大违背扶持的初衷，我之前说过，合作社建设是"建易行难"，从发起、组建，到登记成立，并不难，难在能够最终独立自主的运行下去，并不断发展壮大，因此主管部门既要给予一些物质上的帮助，更多的还应该在运行机制建设方面给予指导、帮助，即授之与"渔"，不过，断不可以越俎代庖，参与到其自身的生产经营之中。

● 关于农机合作社的被采访之自记录

去年农业部下发的《关于推进农机社会化服务的指导意见》（简称《意见》）及今年中央 1 号文件都对农机合作社建设提出了重要意见，文件提出："坚持家庭经营为基础与多种经营形式共同发展，传统精耕细作与现代物质技术装备相辅相成""要以解决好地怎么种为导向加快构建新型农业经营体系"，还指出："积极发展农机作业、维修、租赁等社会化服务，支持发展农机合作社等服务组织"。

对农机社会化服务，尤其是合作社建设，曾有记者列出提纲对俺进行过文字采访，但发表时只有寥寥数语，而俺一向不是惜字如金之人，岂能让撰写了的洋洋千字废弃，于是自行发布自行记录的被采访专题，抛砖引玉，供同行商榷之。

问：第一次以农业部名义发布的《意见》，有何背景和意义？

答：目前，我国农业生产方式发生了重大的变化，新品种、新技术和新装备的大量应用，促进了农业的发展，也在改变农业发展方式，同时也迫切需要农业生产方式不断的改革，与技术、经济发展形势相一致。此外，城镇化进程以及土地流转等政策的不断落实，也使农业生产由千家万户分散的生产方式向集中模式变化，集约化、规模化、组织化的生产方式日益成为农民的要求，也对社会资源如何重新整合，以适应新的农业生产模式和农村新的社会格局。推进农机社会化服务其实就是为适应现代农业生产不断集中化、农业劳动力不断转化、农业生产装备化不断提高的现实，从根本上解决农业生产人力资源结构性短缺、劳动力成本不断攀升等问题的重要途径。在解决农业连续增产、农民经年增收之后持续发展的有效手段。用社会化生产方式支撑我国农业未来，建立农业高水平长久发展的平台。

问：您认为《意见》的亮点之处或者说创新之处在哪里？

答：《意见》把农机合作社建设的多元化进行了充分肯定，同时，提出了农机合作社由专一的农机作业服务向种植、养殖领域的相互融合问题，今后的农机合作社将是更加综合的农业服务组织，对提高生产能力有重大意义。同时提出要建立相关的行为规范和技术标准，有利于规范农机合作社的建设，提升合作社生产服务能力，用标准化的模式开展建设，使农业生产向工业化模式更进一步，值得期待。另外，提到创建农机社会化服务的品牌问题，有助于农机社会化服务更加"社会化"。

问：《意见》中提到，鼓励一部分具有实力的农机合作社流转承包土地，成为既提供农机作业服务又从事农业生产经营的"双主体"。您如何看待？

答：我以为未来农业合作组织也该是综合性的，单一功能服务组织应对发展风险能力相对薄弱，同时综合性的生产服务组织，有利于农机农艺的融合，有利于新技术的采用，更能够从生产总体模式上解决农业发展的问题。

问：《意见》指出，将国家对农机合作社的投入量化到每位入社成员，并按贡献进行分红。您认为这是出于怎样的考虑？

答：这是基于社会资源公平享用的原则，有利于社会资源的公平分配利用和社会的和谐发展。

问：您觉得实行"全价购机"后，金融部门如何给予支持？

答：全价购机之后，农民资金筹集可能会有一些困难，因此建立一系列金融支持是很有必要的，贷款、担保、保险等扶持对农民购置、使用农机将起到促进作用，也是农机化发展由政府扶持、促进演进到社会化、市场化的过程之中。

问：福建省规定，直接用于农机的仓库等设施用地，按农用地管理，这种做法在全国是否有示范性？

答：这一做法有利于农机合作组织基础设施的建设，解决了发展中的一个瓶颈问题，值得全国借鉴、推广。

问：您还有何其他看法？

答：尽快制定实施细则，将各项扶持意见落到实处。

呵呵，虽然意犹未尽，但采访也到此结束！

● 农机合作社是块肥肉

小时候，我很喜欢一句话，源自 1973 年 8 月 24 日，周恩来所作《中国共产党第十次全国代表大会上的报告》：中国是一块肥肉，谁都想吃。但是，这块肉很硬，多年来谁也咬不动。当时虽然并不完全能弄清楚这句话的含义，但确实很喜欢这句话的气度。

现如今，在我们农机的圈子里，我发现，农机合作社是块肥肉，这不，是人都瞪着大眼睛盯着他们，都想吃一口，甚至占为己有。

农机合作社是农机推广的急先锋。合作社具有一定的实力，可以优先购买一些最先进的农机，并乐于接受并实施农机化新技术。同时，农机合作社是有组织的实体，更易被吸纳作为新技术项目实施的主体和政府有关项目、工程的承担主力。

农机合作社是农机安全监管的示范单位。农机合作社有健全的组织机构、管理制度，有利于加强对机车、驾驶员的安全监管，因此成为农机安全监理的工作重点和切入点，监理部门通过服务可以容易的开展各项安全监理工作，更何况国家有规定，对农机合作社这样的小微企业免收农机监理费用。

农机合作社是培训的主角。农机合作社是农机实用人才的主体，农机作业人员相对稳定，有利于组织起来参加有关部门的技术培训，便于组织也便于管理，合作社本身也乐于学习新技术、新装备。

农机合作社是作业市场的主体，同时也是购机大户，是农机市场的核心消费者。

相对于农机生产企业、营销企业，农机合作社是集团客户、组织化客户，批量购买、消费能强、持续能力强，因此，在市场中往往被另眼看待，当然是高看一眼。据一拖统计，农机合作社购置拖拉机占市场份额的16％。

综上所述，不难看出，农机合作社无论是担当项目、实施安全监理、接收技术培训、购买农机产品，都是不可小觑的力量，几乎都是主力地位。政府部门及生产、营销企业都在很大程度上倚重农机合作社，农机合作社就是一块肥肉，都想来他一口。这样的表述可能不太严谨，但很形象。

农机农业一体型、农机农业兼营型、农机专营型，这三种模式的农机合作社对于送技术、搞培训、安全管理、集团购买待遇等，对合作社都是有益无害的，相信合作社是会举双手赞成的，当然也会主动配合。

农机合作社发展少不了来自社会方方面面的支持和帮助。如何扶持农机合作社发展，方式方法很多，我们也提倡多元化扶持。具体措施包括购机补贴、免费监理、政策保险、基础设施建设补贴、素质提升培训等。先前以政府支持为主，这些年企业也逐渐看中了农机合作社，各自以不同的方式介入农机合作社的建设之中。与合作社联姻，成立农机合作社协会、成立农机合作社联盟，轰轰烈烈、热热闹闹的搞出形形色色的企社合作模式。

冷静看这些个合作，客观上是有利于农机合作社的发展，主观上企业是要从农机合作社中赚取利润，无利不起早啊，企社双方通过共建，取长补短，共同发展，是双赢之举，理应支持和鼓励。不过，有些合作咋看都像是跑马圈地运动，划分势力范围，用一些小恩小惠绑定合作社，让人感觉像几大电讯运营商用花样翻新的套餐绑架消费者一样，咋用都觉得不舒服，咋用都觉得被人算计着。得到一些利益，可能也失去一些利益，至少在自主选择更多机具上是这样的，唉，老辈人早就说过，世界上没有免费的午餐。

农机合作社是块肥肉，如何烹制，我们还在探索之中。不过千万要珍重这块肥肉，下好料、把握火候、添加适当的辅料，才能把这块肥肉烹制成可口的美食，否则，吃夹生的、会消化不良的！

● 关于农机合作社发展量与质的问题

关于农机合作社我们有很多话要说，写一篇、几篇，乃至十几篇几十篇博士论文也绰绰有余，因为杂志专栏篇幅有限，盛不下这么多的内容，因而只能来一篇短文，掐其中的一小截片段，点到为止。

农机合作社在农业生产中的作用日益显耀，不但承担了大量的生产作业量，而且还承载着新机具、新技术推广应用的重任，同时也是农机购置的大客户、主力军，因此，日益受到农机各方的关注和重视。

上述说法有数据可以佐证，《中国农机化导报》报道：截至 2015 年年底，我国农机合作社数量已经达到 5.4 万个，比上年增加 4 400 多个。入社成员数达到 190 万人（户）。农机合作社拥有农机具 317 万台（套），比去年增加 8 万台（套），其中大中型拖拉机、联合收获机、插秧机、粮食烘干机分别达到 49.6 万台、35.4 万台、16.7 万台、1.6 万台，占社会保有量的 1/4。农机合作社作业服务总面积达到 7.12 亿亩，约占全国农机化作业总面积的 12% 左右；服务农户数达到 3 887 万户。农机合作社经营活动总收入达到 814 亿元，比上一年增长近 200 亿元，社均收入达到 151 万元，同比增长 26 万元。农机化服务依然是农机合作社的主营业务，其收入达到 567 亿元，比上一年增长 62 亿元，其中田间作业收入 431 亿元，修理服务收入 80 亿元，分别较上一年增长 17 亿元和 4 亿元。

与全国一样，天津的农机合作社发展也很好，而且不是一般的好，不是小好，也不是大好，是非常好。何以见得呢？据统计，全市在工商部门登记的合作社达到 296 家，其中，与农机管理部门保持有效联系的合作社 149 家，换句话说就是纳入统计的合作社有 149 家，占登记注册总数的 50.34%。统计情况表明，纳入统计的农机合作社年作业量占到全市农机化生产作业总量的 45.8%。无需过多的修饰语，农机合作社在农业生产中的重要地位不言而喻。

解读上述农机合作社的数据，简言之就是大发展、大作为。我们这些农机管理部门工作人员自是非常的欣慰。不过，也让人注意到一些现象，就是数量的不断增长的同时，也有不少停止运营的，他们仅存在于统计数字之中，这样的合作社借用当下网络语言，姑且称之为"僵尸"合作社吧。全国情况咋样没有数据分析。天津 296 家中的 147 家大多应该属于"僵尸"状态。小小的天津这样，全国 5.4 万家中有多少呢？

何以会出现"僵尸"合作社呢？据分析，应该有这样几种情况，一是经营管理不善，难以为继，最后不了了之；二是跟风成立合作社，之后又不能正常运行，一哄而上，一哄而散；三是以获得政策支持为目的，比如政府部门对合作社购机补贴倾斜、基础设施建设补助、技术培训和技术推广项目支持等，合作社本身形同虚设、临时拼凑，一旦获得支持，或者没有获得支持，得益方就退出这个机制。是不是还有其他原因，或许有，但这三条是主要的。

不管什么原因，这些合作社活力没有了，或者根本就不存在，因为没有注销，因此它们还"活着"，活在统计数字中。很可能会误导我们的分析、判断，进而影响决策。这是后话，本文不深入讨论。

话到此，才点出本文的主题，农机合作社发展的量与质问题。数量代表发展，质量更彰显发展。在发展数量的同时需要我们农机管理部门注重发展的质量。《中国农机化导报》报道还说，各地相继出台了农机合作社规范化建设意见和建设标准，重点培育一批示范合作社，积极引导他们在农机化生产、跨区作业、新技术新机具推广和土地流转等方面发挥示范带头作用。看来大家都注意到这个问题，不是自夸，天津也是这样做的。

不过我倒觉得，是不是应该研究一下那些"僵尸"合作社是如何"僵尸"的，或许更有利于指导和规范农机合作社的健康发展。

论道六 现代物理农业工程

● 还等什么，与现代物理农业同行吧

文章标题借用当下吸引眼球的模板，炫酷一把！

众所周知，中国农机学会现代物理农业工程分会 2015 年年底成立。这是一个新兴的学科，好多人还不知晓其内涵，其实，我们也一样，正在实践中不断充实、明晰它的内涵，这说明他正在发展的一种业态。有人说，在农业生产中，我们已经广泛使用了化学技术、生物技术，他们的作用有目共睹，但他们的短板也逐渐显现，物理技术的应用不是就高于先前的技术，而应该是不同背景技术的互补与融合，不能简单地理解为相互对立、相互排斥。

既然是新兴的学科，存在的问题及其不确定性就有很多。因此，分会成立之后要努力做好"四个一"：

一面旗帜：也就要打造领军人物。多次重申，我不是这个学科的技术领军人物，不是屠呦呦，也成就不了胡呦呦，只是倡导者而已，一批专家正朝着这个方向努力中，强烈期待我们这个学科有院士级的领军人物。

一个组织：也就是经营好分会这个学术团体，搭建起一个好的学科交流、促进的平台。有理由相信，我们会成为一个非常优秀的学术组织。

一支队伍：目前，现代物理农业工程学科团队初步形成，大连的带电农业和物理植保、浙江大学的畜禽养殖照明、福建农大的光电农业、中国农业大学的种子处理等；另外，在山西农业大学、四川农业大学、青岛农业大学、中国农业大学、浙江大学等已经开始本科或研究生的学科教育。

一批成果：我们这支队伍中，各个团队申请课题立项，已经做了大量的基础研究与应用研究，示范应用也在全国展开；同时，已经有一部分成果获得不同层级的表彰奖励，包括佳多公司的国家科技进步奖、吉林的等离子体获中华农业科技奖等。还期待更多的成果涌现。

应该说现在我们已经有了很好的基础，也得到社会相当的关注，有很多相当精彩的活动在筹划着。近期，分会制定了相应的工作计划，不妨在这里列出一二，请大家品头论足，提出更多的建设性意见。

信息沟通与宣传传播方面：充分利用现代信息技术，建立分会网站，设立分会 QQ 群、微信群、公众微信号平台。在 QQ 群定期组织现代物理农业工程技术专题讲座（论坛），也算创新学术交流、技术推广模式的尝试。在国内农机主流媒体组织专题报道。除了网站还在建设中，其他工作已经全面进行中。

技术推动方面：已经组织了两届优秀创新项目评选活动，还将陆续组织开展优秀新产品推介、示范基地挂牌、新装备展示、主推技术归集等工作，推动新装备新技术的创新与应用。

学术交流方面：每年一届学术年会，出版论文专刊；在全国性农机（农业）活动中组织专题报告会、讲座等，传播资讯，扩大影响。还计划组织专家到相关高校开展专题讲座，积极推动高校开设现代物理农业工程课程，为学科发展储备人才。

基础性工作方面：我们将设计自己标识；开展现代物理农业工程装备产业化情况的调研，组织编写学科发展报告；征集、编写现代物理农业工程技术词条，争取纳入相关大辞典中；适应发展的需要，组织专家编写教材。

其实，我们想做的、我们需要做的事远比上面罗列出来的要多。有句广告词这样说：心有多远，我们就能走多远！这可当是我们内心的写照。

当前，中国农业面临了许许多多的挑战，虽然说现代物理农业不是唯一的道路，也不是解决问题的唯一法宝，但是终归是一条健康的途径，是迎接挑战的一次机会。

我们的学科还很不成熟，我们的组织还很小，但我们充满活力，充满期冀。还等什么，与现代物理农业同行吧！

● 从"对牛弹琴"到现代物理农业工程技术

"对牛弹琴"是世人皆知的一句成语，语源于汉代牟融的《理惑论》："公明仪为牛弹清角之操，伏食如故。非牛不闻，不合其耳矣。"又有曰，"对牛弹琴，不入牛耳。"此成语的意思是比喻对不懂道理的人讲道理。用来讥笑人讲话不看对象。

对牛弹琴，在古人看来荒唐的事，现如今却成为了一种"时尚"的学科，这就是现代物理农业工程技术。早在十几二十年前就有消息报道，国外有人研究，给奶牛听音乐，能提高产奶量；给西红柿听音乐，西红柿产量得到提高。当时，我等不过是当成趣闻来听，一过而已。殊不知，这正是一门新兴的交叉学科的诞生，亦即现在我们所说的现代物理农业工程技术。

什么是现代物理农业？说法很多，比较通行的定义是：现代物理农业是将当代高新的物理技术和农业生产相结合的产物。现代物理农业是将电、磁、声、光、热、核等物理学原理通过一定的装备应用在农业生产中，应用特定的物理方法处理农作物、实现农业生产环境防控，减少化肥和农药的使用量，达到增产、优质、抗病和高效的目的的一种新型农业生产模式。

众所周知，以机械动力实现耕作、播种、收获等农业生产的农机，是一种物理的方式，其特点是以机械动力来驱动，实现对土壤、农作物的处理。也可以称为物理农业。而加以"现代"称谓的物理农业，则侧重于用电、磁、声、光等物理机理在农业中的应用。

目前，在我国，现代物理农业工程技术的应用已经有了不小的进展，在辽宁、天津、吉林等地得到实际应用，验证了其科学性和对农业生产的促进作用。现代物理农业所包含的内容很广。如声波助长技术，种子磁化、频谱处理技术、空间电场防病促生技术、电子杀虫技术、高频电磁波及激光育种，以及利用射线处理种子的太空育种等，是农业装备机、电、仪技术的有效结合，这些技术可以广泛应用于种植业和养殖业，它们在农业生产和环境保护中将发挥巨大作用。

现代物理农业和化学农业相比较具有显著的优势。它避免了化学农业造成的地力衰退、环境污染、农作物品质下降，甚至危害人体健康的弊端，与之相对应的是现代物理农业既有利于保护生态环境，又可促进生产出绿色、无公害的农产品，在提高了农产品的经济价值的同时，又有利于人的身体健康，所以发展现代物理农业的经济效益、社会效益和生态效益都是相当可观的。有以下例子。

种子磁化处理：小麦增产幅度达 8％，玉米增产幅度达 11％，蔬菜平均增产在 10％左右。

声波促长处理：可促进植物增产、优质、抗病、早熟，使叶类蔬菜增产 30％，黄瓜、西红柿等果类蔬菜和樱桃、草莓等水果增产 25％。玉米等大田作物增产 20％。蔬菜、水果普遍早熟一周以上。

静电除雾除尘：用于温室、大棚生产，对植物气传病害综合防效大于 80％；应用于畜禽舍内，能够显著降低畜禽的呼吸系统疾病发生率，一般可减少 65％以上。

凡此种种，其效果可见一斑。

现代研究表明，人体有经络，其他动物也有经络，同时植物也有经络，而每一种生物体都是一个生物波的发射体，基于这样的原理，人聆听悦耳的音乐，能够心情舒畅，内分泌协调，从而精力旺盛，生命力强劲。其他动植物也同于此，聆听与其生物频率相适应的"音乐"，也可使其愉悦，促进生长，当然，这种"音乐"，或许对人类而言是不动听的，或是听不到的。这就是声波助长和频谱处理的基本原理。也正是这些研究，使得"对牛弹琴"从荒唐变成了科学。

现代物理农业工程技术的应用在我国还处在方兴未艾之期，应用有了实效，需要研究的课题还很多。它是一项机、电、仪、农等多学科的交汇点，在人才培养、设备开发、生产验证、应用模式等方面还有待进一步发展、提高。同时，由于这项技术显见的效果，对于农产品安全生产的作用，又使得其成为农业工程技术发展引人关注的议题。今年 11 月下旬，中国农机学会将在天津组织召开我国首次现代物理农业工程技术发展研讨会，汇现代物理农业的精英，交流探讨现代物理农业工程技术在我国的发展之路。

● 现代物理农业工程技术的多重背景

6 月 27～29 日，来自全国的 80 余名代表齐聚成都，共同商讨现代物理农业工程技术发展大计，这就是中国农机学会组织的第三届全国现代物理农业工程技术发展研讨会。

代表们讨论的范围非常广阔，从宏观到微观无不触及。其中，现代物理农业工程技术所体现出来的植保作用、增产作用和农产品安全保障作用得到大家的一致认可，换句话讲就是达成共识。

为什么会达成这些共识？笔者想这与我国现代农业发展所面临的形势有密切关系。包括以下若干方面。

其一，源于社会对农产品安全的担忧。过去在小品里听到农民自家食用的菜不用化肥、农药，而卖给城市人的菜是使用化肥、农药的，还调侃说城里人有医保。而据今年 5 月 4 日《21 世纪经济报道》报道，浙江龙井主产区调查显示茶农担忧农药残留不喝夏秋茶，把戏中的故事真的搬到生活中来了，让人真是不寒而栗，小品带来的笑声真的就一点都不好笑了。同时，有关爆炸西瓜、绝育黄瓜、激素韭菜、毒豇豆、瘦肉精肉、三聚氰胺奶等事件又让社会对食品安全忧心忡忡。在基本解决温饱问题之后，中国社会已经开始严重关注质量问题了。呈现社会公众对农产品质量安全问题关注度高、容忍度低的社会现象，同时，也逐步意识到质量安全问题成为国际农产品国际竞争力的重要因素。

其二，基于对资源利用与环境保护意识的增强。目前的正式表述中坦诚地认为，我国农业发展方式总体仍是粗放的。农业用水有效利用率只有 50%，化肥当季利用率和农药利用率仅 30%，普遍低于发达国家 20 个百分点，单位面积化肥利用量是美国的两倍多（国际化肥使用量 225 千克/公顷，中国高出 1.93 倍）。我国每年约 100 万吨农药药液流失到土壤，造成 150 亿元损失。严峻的资源刚性短缺与生态环境日益恶化的形势不得不去正视。

其三，农业发展方式的转化已经提上议事日程。农业生产方式、农业的增长方式正在面临历史性的转化时期。农业发展逐步从数量型向质量型转化、从粗放型向精准型转化、从浪费型向节约型转化、从污染型向环境友好型转化。全社会更加重视人与自然、人与生态的和谐发展。

其四，现代农业发展对科技创新提出更高更迫切的要求。农业主管部门提出，发展现代农业：一靠政策、二靠科技、三靠投入、四靠市场，但最具有潜力、最可持续、最根本的依靠是科技。建设资源节约型、环境友好型的现代农业，必须依靠科技进步，创新肥、水、饲料等资源高效利用技术，大力发展节水、节肥、节药、节料等资源节约技术，加快研发推广污染治理与清洁生产、废弃物综合利用等保护生态环境的技术，促进资源高效永续利用，实现农业可持续发展。而农业科技创新，则要围绕粮食等主要农产品有效供给、农产品质量安全、农机化、农业防灾减灾、农产品加工、农业资源环境保护与节本增效等六个方面，加强基础理论研究和技术开发。

从以上叙述不难看出，现代物理农业工程技术的研究、开发与应用及其显现出来的作用，正是对应并顺应了这些要求而来的，在这样的背景之下，现代物理农业工程技术自然而然融入到现代农业发展的潮流之中，成为现代农业发展的一个强劲的支撑力量。

● 发展现代物理农业的意义

"物理农业"是相对于"化学农业"的一个概念。现代物理农业是当代物理技术和农业生产有机结合的一种生产方式。对于物理农业、现代物理农业、物理农业工程技术等概念，目前尚没有完全统一的界定。

1. 现代物理农业的由来

长期以来，以化学肥料和农药为代表的化学农业极大地提高了农作物的产量，为解决全球的粮食生产和饥饿问题做出了巨大贡献。然而，由于长期过量使用化肥和农药，导致的农作物品质下降、地力衰退、环境污染等一系列问题，影响了农业的可持续发展。

随着人们食品安全意识的不断增强，人们对绿色、无害化农产品的需求日益增加。因此，环保型、节约型技术和设备的开发应用迫在眉睫。推广和应用绿色、无害化农产品的生产技术和设备，是满足人民生活、创建环保型、节约型和谐社会的需要。现代物理农业工程技术，是近年来我国农业科技领域引人关注的一个新的发展学科，它集成了物理、机械、电子和农艺等相关学科知识，应用特定的物理方法处理农作物，可以有效地达到既减少农药与化肥的使用量，又提高农产品的产量与质量；既实现农业科技升级，又保护农业生产环境、促进农业生态良性循环的目的。实施推广现代物理农业工程技术，是实现生态农业、促进人类社会可持续发展的重要途径之一。

实践表明，采用现代物理农业工程技术，安全可靠，无毒无污染，绿色环保，可生产绿色、无公害农产品，有效改善农产品品质。可促进作物生长发育，增强作物的抗病能力，可促进作物早熟，产量提高，产品品质提升。同时，还可提升农产品安全生产水平，促进农业产业升级，提高农产品在国内外市场的竞争力。

2. 物理农业相关概念及其特征

物理农业是与化学农业相对应的概念，目前两者的比较研究还在进行之中。

目前，对于物理农业、现代物理农业等概念还没有一个统一的界定，研究的进程也在逐步完善、成型之中。

内蒙古大学梁运章教授认为，所谓物理农业，就是运用声、光、电、磁等物理技术方法，提高植物光合作用效率、促进生长，减少化肥和农药的使用量，达到保持作物稳产、增产，恢复耕地质量的目的，从而实现农业的可持续发展。物理农业涉及电场对动植物生长发育的影响、低能粒子诱变育种机理、梯度磁场生物学效应、静电生物效应、电晕技术的应用、激光诱变育种、辐射育种和保鲜等领域。

生物物理学家侯天侦教授认为，就像化学农业是化学和农业的结合一样，物理农业则是物理学和农业科学的结合。物理农业是以包括电、磁、声、光、水、热、核等物理学科知识和高新技术在农业中的应用为基础，以信息化技术为核心的综合集成农业。它可减少化肥和农药的用量，同时达到增产、优质、抗病和高效的目的，并且保护生态环境。物理农业是实现生态农业，进而实现人类社会可持续发展的重要途径之一。

大连农机推广站马正义站长提出，物理农业是以电学、磁学、声学、光学、热力学等普通物理学与环境、生物等学科相互交叉形成的新学科、新理论，与电、磁、声、光、热等物理方法为主要特征，以保障绿色无公害植物、畜禽、水产品安全、高效、优质生产为目标的农业产业。

天津市农机局胡伟提出，以机械动力实现耕作、播种、收获等农业生产的农机，是一种物理的方式，其特点是以机械动力来驱动，实现对土壤、农作物的处理，也可以称为物理农业。而加以"现代"称谓的现代物理农业，则侧重于用电、磁、声、光等物理机理在农业中的应用。现代物理农业则是将当代高新的物理技术和农业生产相结合的产物。现代物理农业是将电、磁、声、光、热、核等物理学原理通过一定的装备应用在农业生产中，应用特定的物理方法处理农作物，实现对农业生产环境的防控，减少化肥和农药的使用量，达到增产、优质、抗病和高效目的的一种新型农业生产模式。

综合上述研究，目前比较一致的定义为：现代物理农业以电、磁、声、光、热等物理学原理为技术基础，应用特定的物理技术处理农产品或改善农业生产环境，减少化肥、农药等农资的投入，实现农产品增产、优质、抗病和高效生产的一种农业生产模式。

从学科性质而言，它是一门涉及物理学、农学、环境学等内容的交叉学科。现代物理农业的基本特征包括4点：以物理学原理作为技术基础；减少化肥、农药等农资的使用；提高农产品产量和品质；有利于保护生态环境。

3. 发展现代物理农业的意义

用物理技术方法来替代化肥和农药的思路，为现代物理农业的发展提供了有利契机。现代物理农业是物理技术和农业生产的有机结合，作为一种新型的农业生产模式，它借助于各种适用于农业生产的物理技术和装备来提高农业生产力和农业生产科技水平。发展现代物理农业，对于改善农业生态环境，促进农业增效、农民增收具有重要的现实意义。

其一，发展现代物理农业有助于解决化学农业的弊端。近几年，化肥和农药价格的不断上涨，已经成为我国农业生产总成本上升的主要原因。根据国家发改委价格司编制的《全国农产品成本收益资料汇编 2006》统计结果显示，2005 年，我国三大作物（水稻、玉米、小麦）的化肥、农药平均投入占到生产成本的 27%（化肥占 23%，农药占 4%），是仅次于人工投入的最大一项，严重影响了农民种粮的积极性。由于资源的限制，农资价格还会不断上涨。发展现代物理农业可以减少化肥、农药的使用，可以有效缓解能源危机、环境污染、农资价格上涨等问题带给农业发展、农民增收的压力，有利于我国农业的可持续发展。

其二，发展现代物理农业有助于增强我国农产品市场竞争力。尽管从统计数字上看，我国农产品总体质量有很大改善，但还不能满足目前国际形势发展的需要，特别是国外技术壁垒、绿色壁垒正在削弱或部分抵消我国传统出口农产品的优势。例如农药残留无法满足进口国要求，一些发达国家凭借在科技、管理、环保等方面优势，设置了技术法规、标准、合格评定程序等壁垒，对我国外贸出口，特别是农产品出口设置了新的"门槛"。发展现代物理农业不仅可以提高农作物的产量，而且能够有效提高农产品品质，从而提升我国农产品的市场竞争力。

其三，装备保有量不断增加，但整体而言我国农机机型落后、技术状态差，装备科技含量有待提高。以农机化为支撑的现代物理农业，已经开发出一系列先进适用的农业装备。这些装备以不同于其他农业装备的作用和形式来提高农业生产水平，从而不断提高农业的生产技术水平和效益水平。现代物理农业装备应用也逐步从种植业扩展到畜禽养殖、水产养殖等产业，而且取得了良好的应用效果，有利于提升我国农业装备水平。随着现代物理农业装备的进一步发展和应用，现代物理农业这一安全、无污染和高效的生产模式，将成为农机化发展的新领域。

● 现代物理农业——值得关注的装备新领域

现代物理农业是什么，其实我们一点都不陌生。

我国从 20 世纪 50 年代起，就开始在植保领域使用的黑光灯诱虫技术就是现代物理农业的一个组成部分，到 80 年代，不少地区试验、示范种子磁化技术、磁化水浇灌技术，也都是现代物理农业范畴。

到了 21 世纪初，人们逐渐把这些技术集成到一起，经过专家的分析定义，将其归纳为一个新型的交叉性学科，现代物理农业，并由此产生了现代物理农业工程技术及其体系。

现代物理农业以电、磁、声、光、热等物理学原理为技术基础，应用特定的物理技术处理农产品或改善农业生产环境，减少化肥、农药等农资的投入，实现农产品增产、优质、抗病和高效生产的一种农业生产模式。从学科性质而言，它是一门涉及物理学、农学、环境学等内容的交叉学科。

经过多年的努力，我国现代物理农业工程技术体系逐步形成。技术开发是现代物理农业工程技术体系发展的核心，没有技术就没有整个体系的建立；而物理农业装备的应用则是整个体系的基础，只有装备得到应用，在农业生产中发挥实效，才能体现出整个体系的功能与价值；而技术应用评价是体系发展的保障，通过评价来展现技术应用效果，也可为技术开发和装备应用提供发展方向。

我国现代物理农业工程技术装备目前由八大类组成，包括种子处理、声频助长、土壤消毒、电子杀虫、温室补光、空间电场、温室灭害、水处理等内容。这些技术装备在开发使用上处在不同的阶段。有的已经大面积应用在农业生产之中，如电子杀虫灯，从 20 世纪 50 年代开始使用，全国使用量已经达到 50 万台；有的则处于示范阶段，如声频助长器、空间电场装备；而水处理装备则还在试验示范之中。

农机行业的同仁所熟悉的农业装备无怪乎是耕、耙、播、种、收方面的机械，这些农业装备过去以单一的机械结构为主，现在也在不断的"充实"，向机、电、仪一体化发展，并不断与信息化相结合，可以说不断地在升级、在智能化。有时候让人觉得不像我们心中传统的农机。

物理农业装备也是这样，他的特征注定其不像传统的机械式的农机，在很多时候表现出是一种仪器设备，但他确实是一种实实在在的农业装备。只不过他的作用不是传统农机对土壤、作物的切削、翻耕等机械动作，以声、光、电、磁等形式表现、作用于受体，往往让我们感到看不见、摸不着，然而他对农业的增长、提高品质、保护环境等的作用又十分明显。装备化是现代物理农业的重要的特征，机、电、仪及其信息化相结合，智能化程度更高。

有关行业人士曾经进行测算，仅从静态预测，2007 年年底全国乡镇数为 40 813 个，如果全国在未来的 8～10 年（设备寿命一般在 8～10 年），假如有一半的乡镇使用种子处理设备，则需要种子处理设备约 2 万台，每年需求量在 2 000～2 500 台。2007 年我国温室面积达 707 000 公顷，其中日光温室面积超过 200 000 公顷，若一个日光温室的面积按 0.067 公顷计算，假如每个日光温室配备 1 台声波助长仪，以全国 10％的日光温室面积测算，则约需要 30 万台声波助长仪。此外，假如每一个畜禽养殖场都安装上空间电场装备，其需求量之大难以计数。对农机行业而言，积极参与现代物理农业装备的研究、开发与生产，无疑是开辟了一个崭新的领域，一个新的发展空间，一个新的经济增长点。

因此，我要说，现代物理农业是农机装备业值得关注的新领域！

● "营销"现代物理农业工程学科

终于按捺不住内心的亢奋，下定决心要利用《农机质量与监督》这个平台，推销自己一把。

当本文呈现给读者的时候，由我领衔主编的《现代物理农业工程技术概论》一书也正好由天津科技出版社正式出版发行。这是目前国内第一本正式出版的现代物理农业工程学科的图书，属于填补空白之举。在出版过程中，得到方方面面的关注与支持，其中，就被列入天津市科学技术协会的天津市科协自然科学学术著作基金。

现代物理农业，既新鲜又常谈。说新鲜是因为叫这样的名字时间不长，区区几年；说常谈，是因为其中的一些技术已经应用了十几年，乃至几十年，已属常态化了。

物理学与农业的交融不是特例，而是两门科学相互延伸、渗透的结果。我们看到由于近代科学技术的快速发展，出现了许多自然科学分支，各个分支之间不断进行相互交叉、渗透，因而诞生了诸多边缘学科、交叉学科，与物理相关的学科就有物理化学、生物物理学、天体物理学、医学物理学、生物物理化学等，现代物理农业工程学科就是其中的一支。它是以现代物理学与农业工程科学相结合而形成的一门交叉学科。

在农业生产实践中，物理学所提供的技术和方法正在不断的广泛应用，并得到不断的更新发展。任何事物的生命过程都与物理过程密切联系的。物理学与农业科学的关系我们可以将其归结到两个方面，一方面，物理学原理是我们解析农业生物现象的重要理论基础；另一方面，现代物理学又提供了重要的技术和方法为我们开展农业生物科学研究开辟了更新的途径。实际上，现代物理学在农业中的应用日益广泛和深入，正在对农业事物生长机理解析、生长活动促进做出新的贡献。

最近几年来，我国农业工程领域的科技工作者在现代物理农业工程技术方面进行了积极的探索和实践，积累了大量理论与实践方面的知识，正是这些工作经历累积，使我们能够在整理、梳理和分析之后，编著了《现代物理农业工程技术概论》一书，一是较为系统的推出了整个学科的技术体系，对常用技术理论问题进行了初步的解析，并对发展方式、发展前景等方面的问题进行了探讨，使这个新兴的交叉学科雏形展现。二是通过对大量实践的总结，推出了一些技术应用的模式、规程，使得图书可以作为技术培训、技术推广、技术应用的依托，同时也为开展进一步深入性研究提供了基本依据。

很有幸，请了名人为图书作序，抬高了图书的价码，也为图书添彩、挂旗。

也很高兴，看到多年的工作由零碎的大量的个案实践上升到系统的理论体系。感谢的话语在书中后记里絮絮叨叨了一番。

最终想到的还是如何将现代物理农业工程技术从实践到理论，最后再回到实践的问题。"古人学问无遗力，少壮功夫老始成，纸上得来终觉浅，绝知此事要躬行。"来自于实践的理论最终还要回归实践，才能取得更大的成效。现代物理农业工程学科刚刚建立，还需要更多的人更多的部门关注、关心和支持，因此，我不惜费笔墨，借用《农机质量与监督》这个平台，推销推销图书，推销自己，也就是营销现代物理农业工程这项事业，期许更多的农机界同仁加入到现代物理农业发展的队伍中来！

● 西瓜爆炸与现代物理农业工程技术之推广

据媒体报道，从 5 月 8 日开始，江苏镇江丹徒区延陵镇大吕村刘明锁承包的 40 多亩西瓜大棚就像布下了"地雷阵"，已结满瓜藤的大小西瓜，还没有成熟就一个个"疯狂"地炸裂开来，有的炸得四分五裂，有的炸得像一朵花，瓜农刘明锁夫妇先是惊得目瞪口呆，后是伤心欲绝。眼看西瓜就要丰收了，却一个个爆炸开裂，什么原因？

跟所有突发事故之后的情景一样，来了有关专家，费劲巴煞的解读蹊跷缘由，其一是说用了膨大剂，使用时间不当，因此造成西瓜爆裂，此乃"化学说"，但专家后来又解说道，此化学药品对人无害！其二是说当地前期大旱，最近突降暴雨，久旱逢甘霖，西瓜吸水过猛，引发爆炸，此谓"喝水说"。

此两说在社会上引起不少议论和质疑。膨大剂对人体是否无害，质疑不少，或许真的无害，但是现今农业生产中大量使用抗生素、激素，对人体的危害不言而喻。笔者不是生物专家，膨大剂是否对人体有害，不敢妄评，但存质疑。

对于"喝水"过猛之说，看似合理，实又难以服众。大旱也好、暴雨也好，其他地块、大棚的西瓜没有爆炸，就这 40 多亩地上的西瓜爆炸？太不能服人啦，犹存质疑当是再合理不过的了。

一片质疑。质疑什么？是事实真相，还是专家？专家是"解读"还是"打圆场"？

无论解读你是否接受，但你不能不把这个问题跟大家日益关注的农产品质量安全问题联系在一起。对于农产品质量问题的产生，原因有三：一是产地环境污染；二是生产过程中投入品的不当使用；三是生产者、加工者、流通者的诚信缺失。我觉得不是生产地域、也不是投入品本身，而都是人的思想理念问题，也就是我们常说的良心问题。食品安全关乎人民群众的身体健康，关乎社会稳定，还关乎国际形象，不得不引起重视。

环境污染是我们造成的，投入品滥用、不当使用是我们造成的，加工中使用违禁物品、生产工艺也是人为之灾。

说西瓜爆炸，并不是就西瓜论西瓜，非要从什么层面、什么技术方面去捯饬一番原理，而是要解决上述问题，仅靠一些急功近利的技术去解决，结果只会是自讨苦吃。

我想，上面说到的问题，正好与我们正在研究的现代物理农业工程技术密切关联。

众所周知，现代物理农业工程是以电、磁、声、光、热等物理学原理为技术基础，应用特定的物理方法处理农作物或改善农业生产环境，减少化肥、农药等农资的投入，实现农产品增产、优质、抗病和高效生产的一种农业生产模式。从学科性质而言，它是一门由物理学、农学、环境学等学科集合的交叉学科，是现代物理技术和农业生产的结合。农药、化肥以及现在多如牛毛的各种添加剂让我们"无处可逃"。现今要完全不用这些让我们生畏的化学投入品是不可能的，因此，我们只得硬着头皮去生产、消费包含这些元素的农产品。用杀虫灯减少农药使用，用声波助长减少化肥，用空间电场除病助长等，现代物理农业工程装备的应用可以有效地减少化学投入品的使用，同时还能为农业减灾促长，何乐而不为呢？因此，我们说现代物理农业工程技术是解决化学农业给我们带来的种种弊端的一把有效钥匙，所以应该努力去推动现代物理农业工程技术的研究与应用！

食品安全不是管出来的，而是生产出来的。推广现代物理农业工程技术，实现无害化、绿色、有机生产，方是正道。但愿西瓜爆炸之类的事例不再重演，但愿专家不再尴尬的打圆场。

● 有意识的植物和懂意思的农机

对世界的认知，我们处在什么状态，现代人谁也说不清，远的不说，只说人体本身，从生理到心理，都有很多不为我们知晓的问题留待科学家们去研究、去诠释。这些问题绝对不是用十万个为什么就能解释清楚，或许要百万个、千万个为什么来解释。

对植物，我们一般以为很了解他们的秉性，我们种植植物，用来满足我们日益增长的需求。培育种子、播种、浇水、施肥、打药、疏花、疏果、授粉、挂袋、采收，享受丰收的喜悦，忙得不亦说乎。可是能说我们就了解这些植物了么？

我们在做这些事情的时候，并没有想到植物是怎么想的。植物有什么想法，有什么感受，有什么顾忌，我们没去想过，其实也无从知晓，所以我们只是把它当做物件而已，可以生长，可以满足我们日益增长的物质需求。

最近，看到一篇报道《植物所知道的东西》。作者是特拉维夫大学植物生物科学中心主任丹尼尔·查莫维茨。讲述的核心观点是：植物能看、闻和感知；它在受到围困时会作出防御，并提醒周围的植物，它们要有麻烦了；甚至可以说植物是有记忆的（源自美国《科学美国人》杂志网站 6 月 6 日文章《植物会思考吗?》，《参考消息》有转载，有兴趣的人士可网络搜索）。

以下是笔者归纳该文章的主要观点：

人们必须意识到植物是复杂的生物体，过着丰富而感性的生活。

①植物有嗅觉。在自然界中，当一枚果实开始成熟时，它散发出被称为乙烯的激素，周围的果实会闻到这种气息，最终整棵树甚至整片树林的果实都差不多同步成熟。

②植物有听觉。植物在实验人员也喜欢的音乐中长势喜人。

③植物之间有互相交流。如果一棵枫树出现了病虫害，它会向空气中释放一种信息素，周围的树木会接收到这一信息。于是它们开始产生化学物质，从而抵御即将到来的害虫。这无疑是一种交流。

④植物有记忆。和人类一样，植物的确存在多种不同形式的记忆。它们有短期记忆、免疫记忆，甚至还有跨代记忆！捕蝇草的触发毛中如果有两根被虫子触动，叶片就会闭合，也就是说它要记住此前有一根被触动过。

⑤植物的做法和人脑的活动有相似之处。虽然植物没有神经细胞，但它既能产生刺激神经的化学物质，又能受其影响！比如，谷氨酸受体是人脑中的神经受体，对于记忆的形成和学习起着必不可少的作用。虽然植物没有神经细胞，但它们的确拥有谷氨酸受体，而且有趣的是，抑制人体谷氨酸受体的药物对植物同样有效。

通过上述观点的学习，就我个人而言，感受良多，过去我们只是将植物作为一种可以提供食物的"机器"在利用，而没有把它当做有血有肉的情感生物来对待，据说现在很多地方在实施动物福利，倒还没有听到植物福利之说，可见，人文关怀没有惠及植物。

搞农机的人成天琢磨着如何排种、如何给植物施肥、如何浇水、如何打药，还有如何收割。从前考虑的多是研究完成这些功能的机器，充其量算做机器系统工程，现在考虑到操作者的情况，变成人机工程了，再进一步考虑土壤状况，叫做土壤生物机器系统，要是再加入植物本身的因素，不就更全面了吗！土壤、机器、植物、人力，一个更加综合的系统，这叫什么系统，俺没想到好的名词，也许专家已经有答案了。

针对有意识，懂感情的植物，我们能做什么？有"意识"的植物应该对应懂它"意思"的农机，是不是就此开辟了一个农业精准装备新的领域，开发出一系列顺应植物意识，可以有效利用植物情感意识的农业装备，精确捕捉植物的真情实感，借重它所拥有的意识，通过采用针对性的工程技术装备及技术措施来促进农业生产。我想到了现代物理农业工程装备及其技术，当然，不局限于此，给植物听音乐、做磁疗、驱蚊虫、净空气、补光照等，在实施植物福利的同时获得更好更高的收益，何乐而不为？

● 现代物理农业工程学科要从娃娃抓起

这两年里，不知是哪位领导还是哪位专家说了句农机化的春天来了！。结果，农机大小报刊相当多的文章都千篇一律的用这句话来做标题，当然冠之以"迎接""欢呼"和"沐浴"等动词做前缀。好像是鲁迅说的，第一个把女人比作花朵的是天才，此后的都是庸才。俺同事中居然有如此多的"庸才"，用网络语言感叹，呵呵！

在动笔写这篇文章之前，我曾长时间构思文章的标题，某日，突然想起"要从娃娃抓起"这句话用作标题再妥帖不过了。进一步思考又觉得不妥，当初邓小平曾说过，计算机要从娃娃抓起，好像还说过足球也要从娃娃抓起，于是，我们各行各业都提"要从娃娃抓起"。道理没错，只是确实使用的有泛滥之嫌，平庸有余，创新不足。然而，舍去这句话，却再难找到更合我意的语句来表达我的真心意图，因此，只好仗着自己肯定是"庸才"的身份，愚者千虑，或有一得，还是坚定的选定这样落俗的标题来表达内心的思想。

这些年，现代物理农业工程学科经过长期的理论研究和实践积累，在我国逐步确立其学科技术体系。相关的研究项目在不断增多，新产品在逐渐呈现，技术应用在陆续展开，取得了相当的阶段性成果，也引起了全社会的关注、关心和支持。比如，2011年12月12日，吉林省农业科学院、大连博事等离子体有限公司的"等离子体种子处理技术与设备"项目获得科研类项目三等奖，见农业部关于2010—2011年度中华农业科技奖的表彰决定（农科教发［2011］15号）。与此同时，一支研究、开发、推广、应用的队伍也在逐步形成，成为学科、技术发展的支撑。但是，我们也注意到，目前这支力量还很弱小，从事研究、推广的人员屈指可数，并缺乏足够的后备人才基础，培养学科新人成为发展的关键。

"要从娃娃抓起"，在我们这里并不是说现代物理农业学科建设真的是从三五岁的小娃娃抓起，而是借指从大学教育抓起。2008年，天津市物理学会、天津市农机与农业工程学会在市科协的资助下，专门编辑录制了一个视频节目《物理与现代农业》，较为详细地介绍了现代物理农业工程技术在农业中的应用原理、应用实践，此片是提供给全国中学教师的教学参考资料。目前使用情况如何，我们不掌握，但是可以预想，中学物理教师肯定可以从中得到一些启发，在教学中讲解给学生，这应当算是现代物理农业工程学科"从娃娃抓起"迈出的第一步了。

让人欣喜的是，2012年3月，山西农业大学在全国率先开设现代物理农业工程技术概论课程，现代物理农业工程技术第一次列入高校课程，有150名来自不同专业的大学生选修这门课程。从6月底在成都召开的第三届全国现代物理农业工程技术发展研讨会得悉，四川农业大学、浙江大学已经决定从2012年夏季学期起开设现代物理农业工程技术概论课程。

2011年9月10日，农业部发布《全国农机化发展第十二个五年规划（2011—2015）》，规划明确"推动现代物理农业工程技术的创新和试验示范"。而《全国农机化技术推广第十二个五年规划》则提出"重点推广设施生产机械、环境调控、物理农业装备与技术"。

规划有了，方向就有了。而要发展，首要的就是要有人才，人才是事业发展的基础，也是事业发展的后劲。

农业部有关领导指出，农业发展靠科技，科技发展靠人才，人才培养靠教育。

高校是我国人才培养的主要渠道，现代物理农业工程学科能从高校实现"要从娃娃抓起"的精髓，实在是件可喜可贺的事情，有这样一批高层次的"娃娃"学习现代物理农业工程科学，还愁学科发展没有人才？还愁事业后继无人？

● 现代物理农业需要真情上演

三国演义再热闹，它不是正史；功夫电影再折腾，它不是真功；武侠小说再精彩，它不是真事。科学再朴素，是事实，是真相，是数据。

前不久，一场热闹的现实情景剧在社会生活中演绎。它就是闹得沸沸扬扬的真气。据新闻报道，2012年5月23日，甘肃卫生厅称，41名甘肃医务人员打通了任督二脉。甘肃省卫生厅厅长刘维忠称打通任督二脉可令身体更健康。此事件随后引起社会热议。学员们普遍感受是打通任督二脉后很兴奋，精力充沛，既往疾患明显减轻或痊愈，饮食、睡眠、二便恢复到正常状态；还称，脑子里浮现水沸腾的感觉。真是奇妙之至！不过社会舆论似乎认为甘肃卫生厅把打通任督二脉"吹得太玄乎了"，目前根本没有足够的依据来证明打通后有什么具体的作用，仅靠"感觉"难以服众。

从气功回到我们的农业。目前我们推动的现代物理农业，以现代物理科学的声、光、电、磁等技术原理为基础，用事实，用数据，展现了新型农业生产模式。声波助长，种子磁化、等离子处理，空间电场，介电处理，色选技术，补光技术等，都有科学理论与实践的基础，最确切的是有大量的试验数据佐证。然而，也存在一些薄弱环节，比如，技术原理验证还有待充实、技术应用的负效应研究还没有开展。最要紧的现代物理农业工程技术的应用效果，往往不是设备使用现场立马就能显现，让人一目了然，一眼看到成效。现代物理农业工程技术的应用，是一个渐进的过程，不到最终结局，看不到它的成绩，因此，也受到一些质疑。

在宣传中，其原理、其成效又被夸大或虚玄化。例如，植物经络说，尚不能有效证明，植物或许存在神经网络，但神经中枢在哪里？我们现在不能回答。不能回答也许不代表不存在，或许是现代技术还不能证明之，但就说存在却难以服人。此外，在宣传中，也存在夸大、浮夸的现象，让人摸不着头脑，于是会出现这样那样的问号，应该说实属正常！

2011年5月，在天津市科学技术协会自然科学著作基金的资助下，我主编了一册《现代物理农业工程技术概论》，提出了现代物理农业工程学科体系，但是也清楚地认识到这门学科在发展过程中还需要很多的机理、实践研究来验证和补充，所以，在《后记》里我写到，现代物理农业工程学科需要在质疑中得到发展。

现代物理农业工程学科发展中，尤其是在宣传中，需要理智和真诚，必须用事实说话，用数据说话，否则，就会陷入真气打通任督二脉靠感觉进行诠释的解说苦局。事实不可展现、事实不可测试、事实没有数据，无法触摸，全凭感觉，自我感觉，最终是说不清道不明，让人怀疑就再正常不过了！

打通任督二脉，我们原本从武侠小说中了解到，苦练十年八年才打通，让人觉得这是很难的事情，而且不是常人可以圆满的，现在演绎出真实的活人版的故事，舆论一片哗然，有专家出来说，任督二脉原本就是通的，还有专家说打通不能说明什么。是闹剧还是喜剧，各人都有见解，笔者没有研究，不敢妄加品评。

联系到争议多多的"真气"热剧，我们真的不希望把现代物理农业事业演成一出闹剧或与现实保持距离的话剧，而是真情上演的现实大剧，是农业发展的一个新实践、新模式！

● 现代物理农业工程技术发展的点滴评述

2014年11月8日，第五届现代物理农业工程技术发展研讨会在美丽的杭州召开，100余专家学者与会，在学科思想充分交融的同时，颁发了第一届现代物理农业工程技术示范创新奖，这些奖项展示了现代物理农业工程技术近几年的创新与发展成就，记录学科技术进步的足迹和产业发展进程。

评审主办方要我在颁奖仪式上对本次评审工作及其项目情况做一个点评，我思考以后觉得对每一个项目进行点评是很有必要的，因为这些项目都从不同的角度、层面推动着现代物理农业工程技术的进步与发展，但是限于时间原因显然不可能逐个评说，说起来就话长，三天三夜比较夸张，说一天一夜怕是可以的。因此，只好来一个总体评述。

我觉得，这次评奖是一个初步的、不完整的，体现的是残缺的美。现代物理农业工程项目全国立项、实施的已经不在少数了，百把十个不在话下，有的做得非常好，不乏获得省部级奖励的项目，比如，丰收奖、中华农业科技奖等。还有一些获得突破性的工作，如空间电场的研发与应用、学科专著的出版、大学专门课程的开设等，都取得了重大的突破。但由于时间关系、信息传递关系，有很多很好的项目没有申报。而申报的一些项目资料又不齐全，严重地影响了项目评审，当然，由于对现代物理农业工程理解的不同，一些不属于本学科的项目也申报了，与此同时，在申报截止后，甚至会议期间还有单位要求参与评审，挂一漏万，因此我说这是一个残缺的美。

我觉得，这次评奖是现代物理农业工程发展一朵值得回味、值得纪念的浪花。现代物理农业工程研讨会从第一届研讨会到本次的第五届，不过短短几年，在农业历史长河中是不足为道的，但就是这短短的几年，我们完成了大量的工作，开发出一系列产品并成功的应用到实践之中，并开花结果，培养了一批标注着物理农业标签的研究生，出版了各种版本的专门书籍、进入《中国农机化科技发展报告》。参加我们活动的人员从最初的天津、大连等少数地区，扩展到全国各地，东到黑龙江，西至新疆，南达江浙，内有云贵川，遍地开花，申请的项目从几千、几万的青年项目，到省部级重点科技项目，再到高水平的各种基金项目。生产企业、科研院所、大专院校、推广宣传、生产应用等很多部门投入其中，应该说发展速度、广度是前所未有的，超出预想。就我个人而言，能在今年中国农机学会八大上获得农机发展突出贡献奖，应该包括了大力倡导现代物理农业工程的元素，得益于这项工作所产生的影响。评奖只是现代物理农业工程发展中很小的一件事，但它表明我们的工作开始进入一个总结阶段性成果的时间节点，值得重视和回味。

絮絮叨叨说了这么多，可能刚刚涉猎这些领域的同行要问，你们忙活半天到底有哪些项目值得借鉴啊！排列如下：温室连作土壤病虫害微波防治技术与设备（农业部南京农机化研究所）、植物病害物理防治技术及装备（西安拓达农业科技有限公司）、真空密闭冷等离子体种子播前处理工艺技术与装备（山东省种子有限责任公司）、气流扰动防霜装备及其智能控制技术（江苏大学、南京风工农业科技有限公司）、家禽规模养殖智能特种 LED 照明系统（杭州朗拓生物科技有限公司、浙江大学生物系统工程与食品科学学院、杭州汉徽光电科技有限公司）、畜禽舍空气电净化防病促生技术（天津市农机推广总站）、农业鸟害数字化声防技术（天津农学院）、可稳定提高植物产量的高电压促进与护卫技术（大连亿佳田园环境科技有限公司）、基于物联网的农林病虫害自动测控系统技术与装备（鹤壁佳多科工贸有限责任公司）和设施农业环境空气净化系统推广（乌鲁木齐牧田园农业科技有限公司）。从这些项目我们可以大致管窥发展之态势，需要技术资料请与获奖单位联系好了。

最后，借用大连刘滨疆研究员的获奖感言做本文的结束语：物理农业工程学科的发展是大家共同的事业，一点一滴的进步和发展最终才能推动整个行业的发展。

● 鸟事不是鸟事

本文标题中第一个"鸟事"，是指关于鸟的事，属于生物学范畴，本文特指鸟害；第二个"鸟事"，属于文学范围。百度百科解释：詈词，犹屁事。指骂人的词语。

鸟类与人类共处一个世界，分别处于生物链不同的位置，平时大家相安无事，和谐共处，所以人们常常用鸟语花香来比喻美好的世界。但是，在具有浓郁小资情调的鸟语花香背后，人鸟之间也是矛盾重重，争斗不已。

"中国空军部队训练猴子掏鸟窝保障飞行员安全""实拍：东海舰队战机起飞中遭飞鸟撞击飞行员冷静处置""马航客机在尼泊尔降落时遭飞鸟撞击无人员伤亡""东航飞机遭多只飞鸟撞击发动机损伤被迫返航""美国航空公司一架客机因撞飞鸟迫降""军机遭鸟撞击座舱盖破大洞90后飞行员成功返航"，看看这些新闻标题就知道飞鸟是影响飞行安全的重要隐患，一只小小的飞鸟随时都可能酿成重大灾祸。为此，机场方面想尽了法子，砍树阻止鸟筑巢、养猴掏鸟巢、放炮仗驱鸟等，无所不用。

再一个典型事例，20 世纪 50 年代的"除四害"，把一个小小的麻雀与老鼠、蚊子、苍蝇并列，除恶务尽，赶尽杀绝，满世界的驱赶麻雀，麻雀累得身心疲惫，人也累得筋疲力尽，此等违背自然规律的事，劳民伤财，自然不会有啥结果。也反映出了鸟与人类相处并非完全和谐，人鸟争食是不争的事实。

飞鸟影响飞行，不在我们行当管辖范围，省去不表。现说说人鸟争食的事情，千百年来人们为了与鸟争食想了很多办法，稻草人、放炮仗、下毒饵就是主要方式，但是效果有限，人工吆喝驱赶更是得不偿失，应该说鸟事让人们伤透了脑筋。可是，近年来鸟害问题愈演愈烈，农民前脚播种，喜鹊后脚点食；成群的鸟冲向丰收的果园，尽情地享受美餐，这些都是现实中司空见惯的情形。笔者从果农那了解到，果园损失一般都在20％，即使覆上防鸟网也挡不住钻进来的偷食者，鸟害严重时，还影响了水果的产量和质量，造成巨大的经济损失。

鸟事真的不是鸟事！

鸟害已经成为一个世界性的难题！

毒鸟、粘鸟等方式以牺牲鸟的性命为目的，自然是不可取的。用人道主义去实施鸟道主义，以驱离为目的成为防治鸟害的原则。为此，采用物理方式驱鸟成为首选，现代物理农业之手便延伸到了这个环节。在保护鸟类的前提下，以物理驱赶设备为代表的无伤害驱鸟技术即将成为农业领域的研究、开发、应用热点。

利用物理的方式，产生特定的声、光，对鸟类的听觉、视觉产生强烈刺激，使鸟类产生不适和恐惧感而迅速离开，这就是声音驱鸟法、视觉驱鸟法。目前已经有液化气炮驱鸟器、语音驱鸟器、超声波驱鸟器、激光驱鸟器、像形物驱鸟器（假人、猛禽）、飞击式驱鸟器、电子炮驱鸟器等设备问世。不过目前应用范围、应用量还相当有限。一方面装备功能的有效性、驱鸟效果有待进一步验证，另一方面设备使用成本还需进行算计。不过正是这些不确定性的存在，为农机企业开发新的产品提供了空间，笔者个人认为市场前景是非常广阔的。

机不可失，不把鸟事当鸟事的农机科研、生产、推广部门，行动起来吧。

论道七　秸秆综合利用

● 秸秆的那些事

秸秆本来不当回事，被称之为农业废弃物，属于不屑一顾的东西，然而这一二十年走过来，却不由自己的越来越被当回事看待。先是被指责焚烧的秸秆影响高速通车，之后是影响机场航班，到如今又被牵扯进雾霾之中，真的成为"十恶不赦"之物。

秸秆身不由己的背上了历史和现实的包袱，处理秸秆让大大小小官员、技术专家以及千千万万农户伤透了脑筋。

关于秸秆各种传说层出不穷，撷取一二则剖析之。

其一，微信小段子一则。小麦秸秆焚烧的十大好处：一是可提升小麦机收速度和质量；二是可提升玉米播种质量和速度；三是可减轻病虫害的发生，减少化学药品投入量；四是可以增施钾肥；五是可以节省用工，省钱，促进农民增收；六是可以大幅节省政府的开支和精力；七是可以让大小官员们少挨些农民骂娘；八是可以促进科技进步，重点要从收获环节解决秸秆问题；九是可以让人少说少听些瞎话；十是可以促进农业重归原生态。基于以上原因农机人以后千万不要再管秸秆禁烧了，让秸秆焚烧来得更加猛烈些吧！这则段子固然有一些可圈可点的成分，但是出发点绝对是错的。处理秸秆确实费劲，官员、专家往往出力不讨好，但一烧了之肯定是谬论，请问富饶的北大荒的黑土地是烧黑了的吗？当然不是，是成百上千年各种秸秆沉积的结果，因此，不能只顾眼前的便利，一烧了之，还得给后人留下可持续生存的空间。烧绝对是弊大于利也！

其二，新闻消息一则。环境保护部副部长吴晓青4月1日在全国环境监测工作现场会上透露，研究表明，机动车、工业生产、燃煤、扬尘等是当前我国大部分城市环境空气中颗粒物的主要污染来源，约占85％～90％。北京PM2.5来源：机动车31.1％，燃煤22.4％，工业生产18.1％，扬尘14.3％；天津PM2.5来源：扬尘30％，燃煤27％，机动车20％，工业生产17％。石家庄PM2.5来源：燃煤28.5％，工业生产25.2％，扬尘22.5％，机动车15.0％。秸秆只是机动车、燃煤、扬尘、工业生产之余的百分之几之中的百分之几，与餐饮、烧烤、焚烧垃圾荒草为伍，但是我们在直观感觉上似乎觉得秸秆占了很大比重，可能缘于每年夏秋之时浓烈的烟雾所造就的形象。我觉得秸秆焚烧之害固然存在，但其危害程度被夸大了。厘清了污染的主要成分，应该对症下药，有的放矢。

其三，关于综合利用。按照大气污染防治法，秸秆应该百分之百禁烧。是不是就都能利用了呢？北京提出利用率100％，河北提出95％，我们天津今年也不得不提出 95％，而去年只是 82％多一点，"亚历山大"啊。所谓综合利用，我们理解为经过处理后利用，譬如粉碎还田、秸秆压块等。农民遗弃在田间、地头的算不算啊？有人说只要不冒烟就都算利用了，姑且吧！

今年，农业部提出了"一控二减三基本"，控制农业用水总量；减少化肥、农药使用量，化肥、农药用量实现零增长；基本实现畜禽养殖排泄物资源化利用，病死畜禽全部实现无害化处理；基本实现农作物秸秆资源化利用，秸秆露天焚烧现象得到有效控制；基本实现农业投入品包装物及废弃农膜有效回收处理。秸秆从废弃物变成资源了，属性实现转变，但要真正有效利用起来，还任重道远。

秸秆的资源化利用对农机人而言既是挑战也是机遇。推广秸秆还田技术、秸秆打捆技术、秸秆青贮技术及其与之配套的装备等，有很多相关的领域都与我们有密切关联，我们可以发挥的空间甚大。秸秆烧与不烧，在很大程度上是我们说了算！

● 秸秆不是问题

四川人的幽默是出了名的，比如，说到酒，四川人说：酒没有问题，放在瓶子里啥事都不会发生，放到胃里才发生会问题。借用这段幽默，俺今天来说说农作物秸秆，命题就是，秸秆不是问题。

秸秆是什么，过去我们说是废弃物，现在不叫废弃物，叫副产品，是工农业生产的重要资源，验证了一句老话，世界上没有废弃物，只有放错地方的资源。

之前，阅读到一篇文章《紧急刹住秸秆还田风》（来源：科技日报，发布日期：2013 年 09 月 30 日）。看完的第一反应就是：反动，太反动了！俺们这些年一直在极力推广的保护性耕作之秸秆粉碎还田技术，在这里居然被喝止，不但喝止，还要求"紧急"，还要求"刹住"，还被说成是"风"，我看距离"疯"也就不远了，咱农机忙活这些年的工作、这些年取得的成绩，要被"紧急刹住"，小伙伴都咋想？

为此，我将此文转给有关领导、专家们，以期引起关注，不能让此等"反动"言论、"反动"思维传播蔓延，嘿嘿，这会给俺们工作造成多大的负面作用啊。

摘要其观点如下：

①凡是秸秆还田的地方，病虫害特别高发，导致农作物减产三成左右，农业新技术、新品种带来的增产效益几乎被抵消殆尽。

②这几年，我国借鉴欧美国家经验，强力推行秸秆还田。但让农民接受起

来困难的是每亩地秸秆还田需投入 40 元机械粉碎费用，夏秋两季就是 80 元。更重要的，还有还田后缺乏熟化、沤制发酵导致的病虫害，每亩地又增加直接投入 40 元左右。仅此两项 120 元，就把中央每亩地 100 元左右的惠农投入抵消殆尽。

③更加可悲的是，连农民都意识到了秸秆还田的危害了，一些地方政府依旧在竭力推行。管它病虫害不病虫害哩，那是另一个问题，只要不烧不污染环境，上级政府不追查就行。又是强制，又是政策引导，大力推行秸秆还田。

④所以说，在中国推行秸秆还田是一个误区！是一个不符合中国国情的做法！

⑤秸秆压块利用"这是一项利国利民的循环农业工程，应该引起各级政府的高度重视并大力推广，从根本上解决由于秸秆焚烧、秸秆还田带来的环境污染、食品安全、土壤安全等一系列严重问题！"

这些言论，一是以偏概全，二是逻辑凌乱。对农机人而言，端的是"反动"之至吧。

秸秆捡拾打捆之后用于发电、造纸、养蘑菇，甚至制作工艺品，确实是好事，但现实是利用量当下还很有限，否则老百姓还烧个啥劲。最直接最有效的方法还当是粉碎还田。粉碎还田是最有效的利用方式吗？也不是的，秸秆利用产业链条越长效益越高，比如秸秆作饲料，粪便制沼气，沼渣沼液还田；再比如秸秆进行皮穰分离，叶、穰做饲料，皮用于造纸，或制作工艺品，价值更高。还比如秸秆粉碎之后做基料，生产食用菌，废菌棒再粉碎沤肥，或压制燃料块。这些个利用途径都比直接粉碎还田更有价值。然而，现实是这些利用方式一方面成本相对较高，另一方面也对地域应用条件有要求。说到底，目前最直接最有效的利用方式还是秸秆粉碎还田，这个你懂的！

据统计，我国每年产生的秸秆量达 6～7 亿吨。农作物秸秆中含有丰富的有机质，每千克含量高达 150 克，其中还不乏含有大量的氮、磷、钾、硫等多种元素。秸秆还田能够很好地保持土壤肥力，改善土壤理化性状，促进土壤养分的生物有效性。毋庸讳言，粉碎还田虽说不是一个不二的选择，但确实是一个很好的选择！既不需要"刹住"，更不应该"紧急"，当然也不是"风"！

秸秆不是问题，问题是处置不当。至于粉碎还田中出现的问题，你知道的，我们早就知道了，而且知道的还很多，想了解如何化解么？专题咨询吧！

● **精打细算之玉米秸秆皮穰分离利用技术**

玉米秸秆是重要的秸秆资源，在我国北方拥有巨大的资源量。过去玉米秸秆多用作薪柴，一烧了之，现在有效利用的模式多起来，利用量也增加不少。

但是，主要的利用方式还是直接粉碎还田和用于加工秸秆饲料。除此之外，玉米秸秆还用于造纸、制造建材等用途。加工制作秸秆饲料，又称过腹还田，是一种较好的资源循环利用方式，因此逐渐成为一种重要的使用模式。玉米秸由秸皮、秸穰和叶构成。秸穰和叶含有丰富的粗蛋白、粗脂肪、半纤维素和糖等，是养畜的优良饲料。而秸秆皮的主要成分是纤维素和木质素，它强度高、韧性好，是造纸、人造板等行业的好材料。将未分离前的秸秆用作饲料，适口性差，采食率低，咀嚼困难，采食的时候消耗较多的体能，饲喂过程中还浪费部分精料；而将未分离的秸秆用于造纸时，由于糖和蛋白质含量高，致使浆液粘度大，生产效率低，成本增加；用于人造板时，由于秸穰的存在，板的吸水性大，质量难过关。因此，将玉米秸的皮、穰和叶进行分离，精打细算，物尽其用，成为研究与开发的一个方向。所以，人们称玉米秸秆皮穰分离分别利用是一种理想的精细化的资源节约型技术。从下表我们可以清晰地看到玉米秸秆分离前后各种成分的变化。

玉米秸秆分离前后营养成分对比表

名称	干物质（%）	粗蛋白（%）	粗脂肪（%）	多缩戊糖（%）	可消化粗蛋白（克/千克）
稻草	89	2.9	1.3		2
麦秸	91	3.5	0.8		8
玉米秸	91	7.8	1.9	16	20
玉米秸穰	90	10.9	2.41	17.7	29.4

秸皮与秸穰组成成分不同，物理、化学使用性质也不相同，其使用价值也各有千秋，在不同的使用场所，相互干涉，适得其反，"志不同，道不合"，当然是"不相谋"。所以，应该分离使用，这样才能做到各施其长，物尽其用。玉米秸穰根据测定，玉米秸穰中蛋白质、淀粉和糖类的含量之高是稻草、麦秸等无法相比的。在秸秆饲料加工中，玉米秸的皮穰分离是秸秆饲料质量提高的一项重要措施。分离后的玉米秸穰和叶可成为良好的饲料。分离后的秸穰和叶适口性极好，由于剔出了秸秆皮的纤维及木质素，总体营养成分增加了30%以上，其中粗蛋白相对提高了40.5%、粗纤维下降了25%，提高了牲畜食用时的采食率和消化率，成为高蛋白的优良饲草。同时，玉米秸穰透气性好，营养成分高，还可作为酿酒的辅料，与现行采用的稻壳比较，不仅酒的风味纯正，还能提高酒的产量，而且，酿酒后的副产品酒糟也比稻壳的质量好，用作饲料，猪、牛更喜食。分离后的玉米秸皮分离后，秸秆的外皮呈筒片状，外皮纤维被较完整地保存下来，秸穰呈小颗粒状。皮、穰、叶三者分离后的状态，为秸皮的下步应用及深加工奠定了有利的基础。玉米秸在纤维强度、韧性、资

源等方面要优于其他秸秆，所以为造纸行业所青睐。但是在应用的过程中遇到了一定的难度：一是制成的浆液粘度较大，技术上增加了难度；二是出浆率较低，一般出浆率只有 25% 左右。同时，生产中投入的辅助原料量增多，成本增加，造成效益下降。将玉米的皮、穰、叶分离后，可极大地改善它的应用性。秸秆的纤维成分主要存在于秸秆的外皮中，分离后的玉米秸皮强度高、韧性好，纤维素含量为 44.6%，出浆率可达 41.1%~51.7%，性能相当于芦苇，是造纸、人造板等行业的优质原料。制作纸张可采用与苇子加工制纸一样的工艺和原辅材料配方。目前应用玉米秸皮生产出的 35 克、50 克有光纸的各项质量指标基本上与苇浆纸相同。玉米秸皮人造板与刨花板相比，具有表面光洁度好、美观大方、静曲强度和平面抗拉强度较高等优点，可在很多领域里广泛应用。可作建筑用地板、天花板、隔音墙及家具等，从小批量生产的玉米秸皮人造板的主要性能指标看，抗压强度、抗拉强度及抗弯强度都优于木屑制得的人造板。以前市场上出现的玉米秸秆粉碎后制得的人造板，由于其中玉米秸穰的存在，致使板的吸水性强，遇潮湿易变形，产品质量难以提高。现在由于除去了含纤维较少的秸穰及叶，使原料质量有了根本的提高，所以玉米秸人造板的产品质量有了较大提升。此外，分离后的玉米皮还可以用于制作贴画等工艺美术品。

玉米秸秆分离利用技术已经引起关注，相关设备的开发和加工技术的研究已经取得阶段性的成果。皮穰分离机及秸穰饲料加工已经开始得到应用。现开发的玉米秸皮穰分离机，能将直径 15~40 毫米的农作物秸秆的皮、穰及叶分离开，分离率可达到 95%，分净度达 99%；生产效率分别可达 0.3 吨/小时、0.6 吨/小时和 2 吨/小时。玉米秸皮穰分离技术及设备的开发，使木质素纤维主要存在的秸秆外皮和营养成分主要存在的秸秆内穰分开，拓宽了应用领域，改善了应用性能，提高了应用价值。

如果说秸秆直接还田是粗粮初级开发，秸秆过腹还田是粗粮细作，那么秸秆皮穰分离利用则是粗粮提纯使用，一步一步上升，从粗放利用走向了玉米秸秆的精细化综合开发利用，实现了玉米秸秆的高效优质利用，体现了资源的物尽所能。

● "三夏"农机杂记：秸秆利用工作的五个三

今年"三夏"天津农机化生产大面积作业从 6 月 12 日开始，6 月 24 日在最北部的蓟县收官，用时 12 天，完成了 168 万亩小麦的机收，160 余万亩夏玉米的机播，处理秸秆 168 万亩，其中粉碎还田 162 万亩，打捆外运 6 万余亩。随着"三夏"农机化生产作业任务的完成，胜利的实现了夏粮颗粒归仓，秋粮播种完毕，秸秆全量化利用，大获全胜。

由于秸秆综合利用所占权重的增大，因此，我们说 2016 年天津"三夏"农机化生产是从忐忑开始，喜悦收官。关于"三夏"整个工作，官方的总结很长，从组织领导、机具调度、监督检查、宣传报道等全方面多层次的展开，洋洋洒洒、面面俱到，好几千字呢，没错，忙碌了一通，辛苦了一通，真是应该好好地进行全面总结，有什么成绩、经验、不足和改进措施。不过咱这杂记就没有必要面面俱到记叙了，只是用几个"三"的数字来形象描述这其中关于秸秆的这些和那些事，因为这是整个麦收期间最让人忐忑的事。

还是先通透一下什么是"五个三"。

①三个同步。今年"三夏"阵雨频频，客观上促使农民抢收抢种，因此，机收、机播和秸秆利用作业在时间上基本实现三个同步，即机收小麦的同时秸秆粉碎还田，秸秆还田之后进行免耕播种，一条龙作业，酣畅淋漓。达到了成熟一亩，收获一亩，处理一亩，播种一亩，从而没给秸秆焚烧留下时间和空间。机收机播的同步，甚至造成"三夏"变"两夏"的错觉。

②三个百分之百。机收、机播和秸秆利用基本实现百分百，即小麦机收率 100%，玉米机播率 100%，小麦秸秆综合利用基本全量化利用（但有一个被监测到的火点，过火面积约 5 亩，与全市 168 万亩相比，要说全量化利用也算说得过去，因此也就大胆以百分百表述了）。

③三个想不到。想不到着火点找也找不到；想不到秸秆粉碎效果这样好，玉米全部免耕播种了；想不到秸秆身价变俏，买也买不到。过去是狼烟四起、烽火遍地，现在真是找不到了。使劲推了几十年的免耕播种技术这一夏就全实现了。"三夏"变"两夏"，秸秆打捆来不及，供给不足，因此造成买也买不到。

④三个结合。技术手段、经济手段和行政手段三个结合。充足的带粉碎装置的联合收割机、秸秆打捆机是基础，市区县和乡镇给予一定的作业补贴是激励，行政强制、严格执法是保证。

⑤三个紧盯。盯人、盯机、盯麦田。盯点火的人，盯收割机是否粉碎秸秆，盯还没有收割的麦田，直到下茬播种完毕。除了我们农机部门 30 多个督导巡查组外，环保、综合执法也在行动，而乡镇村领导干部每天在路边、地头一线，戴着红袖章，有麦田的地方就有干部、网格巡查员，有不少午餐都在路边地边"享用"了。到晚上 9 点多麦秸返潮才撤离，那叫一个真心的辛苦，要知道我们是 168 万亩啊，全国都如此那会咋样！

过去我们说"三夏"生产是机械化的"三夏"，而现如今则大大的不同了，是装备化的"三夏"、信息化的"三夏"，也是绿色的"三夏"、法治的"三夏"。抢收抢播很重要，不可懈怠，但在基本机械化生产的条件下，"三夏"的聚焦点更多给了秸秆，秸秆处理是热点，天上有环保卫星、气象卫星监测，地面有巡视员穿梭，着眼点就是不给焚烧秸秆的时间和空间。

秸秆问题，焚烧、禁烧是主题词。而还田、打捆，发电、造纸，饲料、基料等，则是众多的选项，每个选项的采用，受时间、空间、技术等因素的制约，但前提都只有一个，那就是禁烧。

本文道出了这几多的"三"，外人可能只是觉得热闹，但这其中所包含的艰辛、苦衷、无奈和喜悦，只有我们这些"三夏"期间在田地间往来奔走的农机人才能理解。

● 把根留住——谈秸秆综合利用

秸秆是一个巨大的资源，而秸秆利用则是一个巨大的问题。之所以"大"，一则是秸秆数量巨大；二则是秸秆处理的后果影响大，处理不当，机场、高速封闭，影响社会生活，甚至影响奥运会的正常举行；三则影响农业的可持续发展；细说起来应该还有四则、五则，更六则……

2002年，我去山西忻州参加山西省农机学会组织的秸秆利用研讨会，途中，河北省农科院籍俊杰研究员对我说，他很不赞成秸秆用于燃料的利用方式，弊端甚多。当时，我是很不理解，因为当时我们正在大力推进秸秆气化炉的建设。到2005年，我去吉林调研，与一位企业老总座谈，老总豪情的说，计划着要把东北的玉米秸秆都收集起来，压成块，然后出口，可以挣很多的外汇。听完，我很吃惊，也顿然回忆起籍专家的话语，感觉确实不妙。

秸秆都出口了，我们的农田有机质只出不进，还能留下什么，我们赖以生存的土地资源将何以持续！

我们从小就听过一句经典的话：万物生长靠太阳。实际上应该更靠土壤。沙漠地区固然都是阳光充足之地，然而，就是不长生物，一片不毛之地。

众所周知，土壤是农业赖以立根的基础。土壤无非是以矿物质、水分、有机质和空气等组成。矿物质与生俱来。土中的空气相连大气，也是与生俱有；水分来自自然降雨和人工滴、渗、喷、浇；生物质来自腐化的植物、动物，在植物生长中是不断消耗的，如果没有持续的生物质补充，将愈来愈少。所以说，秸秆都出口了，老外们存着自己的生物质，消耗着我们把命的生物质，其最终的境况会怎样，应该让人不寒而栗！

秸秆综合利用是我国政府长期以来关注的重大问题。对于秸秆利用国家出台了不少的政策，投了不少的资金，采取了不少的措施，但是，还远没有达到预计的目的。

在我国，秸秆不能有效处理，不仅是资源不能有效的利用，而且，对新农村建设是一个致命的顽疾。试想，楼房鳞次栉比，道路宽阔的新农村到处都摆放着散落的秸秆，一地垃圾，村容村貌是何等难堪。

难怪人们都说，世界上没有废物，只有放错地方的资源。

秸秆是巨大的资源，用好了利国利民，用不好害国害民。秸秆利用上，各地总结出不少的办法，到目前运用较多的还是粉碎还田。当然，焚烧也是一种方式，一种令人头疼的方式。据了解，在美国，秸秆处理目前仍然也是还田和焚烧两种方式，焚烧也是一个大问题。

生物质来自土地，如果能"来于斯，还与斯"当是最好的结局。因此，我个人认为，既不应该任由农民一把火在田间焚烧之，也不宜大量的当做燃料直接用于发电而燃烧之，燃烧的结果使秸秆蕴含的生物质化为乌有，使土壤有机质只减少而不能再生，这样的算术题怕是人人都算得过来的。

我国的农作物生物质利用应该从强调资源利用，转到强调环境、生态保护，生物质资源保留以及公共卫生、可持续发展上来。减少秸秆的气化、发电、垃圾燃烧等直燃式利用，总之，尽量减少直燃式的利用，提倡生物燃料利用，加长秸秆利用的循环链，提高利用率，提高利用价值，有利于资源的更合理利用。

由是，我国的秸秆最佳的利用途径应该是多采用生物处理方式。或粉碎还田，或沼气化处理，然后再用于燃耗——民用、发电。

至于大规模的将秸秆压块出口，实属断后之举，当慎之又慎，需要把有利于我国土地资源之根留住。

论道八 新技术新产品新市场

国Ⅱ升国Ⅲ，问题不简单

关于农机"奥斯卡"奖的随想

农机化热点热议之导言

我眼里的农机热点

闲话高端农业装备

略议拖拉机市场若干趋向

谁来开发农机科技成果交流交易资源？

旱作移栽大有作为

别忘了保护性耕作

天津，将保护性耕作进行到底

小麦"后机收时代"之痒

机械化残膜回收，急需作业补贴！

残膜回收利用，农机应有担当

设施农业提升工程农机化之担当

农机网店，第一个螃蟹谁来吃！

农机有形与无形市场

小露台大市场

农机零配件，小商品大市场

从菜篮子看农机推广的成就

农机推广点线面

农机化推广的供给侧改革刍议

拖拉机教练机

农用无人机看起来有点美

农用无人机的三担忧

影响玉米收获机械化的非主流影响因素

玉米籽粒收获机，农机农艺融合的新范例？

机械化要从种子抓起

对玉米收获机械化3次浪潮的思考

● 国Ⅱ升国Ⅲ，问题不简单

国Ⅱ是什么？国Ⅲ是什么？对知之者解释多此一举，对不知者解释毫无意义。

我们做农机化工作的人，平常是不太关注发动机、排放等具体指标的，更多的关注点在机械化水平、装备结构等指标上，这次一番了解之后，发现这里面的问题真的不简单，牵涉面非常广泛。

其一，关于实施时间节点延后。有人说，是不是应该给农机化司建议一下，将于明年4月1日国Ⅱ升国Ⅲ实施的时间点往后延，延后到明年年底。刚开始我觉得很有道理，但仔细一琢磨，毫无理由。一方面，今年10月停止生产国Ⅱ发动机、明年4月1日停止销售国Ⅱ发动机产品，这是早就公布了的，不是最近才确定的，生产、销售等各方面早就应该有所准备了。另一方面，即使是实施时间延后，农机化司也不是主管部门，应该是环保部门的事，农机化司爱莫能助。此外，实施时间再延后也有一个节点，这个门槛早晚要跨越，说现在还有不少国Ⅱ产品积压，到明年底要是还有没有销售出去的是不是还需要继续延后，何时是个尽头？因此，我个人是不主张延后的，当然，事实上也不可能延后。不过，明年农机购机补贴如果能提前到一二月份启动，对消化一些积存的国Ⅱ产品还是有利的。

其二，关于油品质量的匹配。听了业内一些行家的介绍，我觉得这倒是个大问题。一个生动的比方：早前国Ⅱ的发动机胃口好，吃粗粮就行，而现在升国Ⅲ了，胃口变得娇气了，应该吃细粮了。如果柴油不升级，粗粮不变成细粮，国Ⅲ发动机可能就消化不好，就容易出故障，使用成本会大大增加。我以为此比喻极其恰当。

其三，关于购机补贴的额度调整。在我们组织的座谈会上，经销商算了一笔账，以90马力柴油机为例，国Ⅱ升国Ⅲ，大约需要提价5 000～7 000元，而从整机厂出来，整机价格大约要涨1万元。发动机结构有变化，底盘也要相应地变，线束对防震的要求提高等，不是简单的换一个发动机的问题。价格涨了，增加的成本谁来承担？主机的购机补贴额度是不是也应该相应调整？我觉得应该已经纳入管理部门的决策盘子里了吧，只要是在销售的农机产品都绕不开购机补贴这个圈。

其四，关于维修体系。国Ⅱ升国Ⅲ将带来农机维修业体系的变革。过去国Ⅱ发动机，一般机手、小维修店可以修，升国Ⅲ之后，则提出新的高要求，维修需要专用仪器检测，需要生产企业提供的解码器等，机手和一般维修点不能修理了。维修成本会提高，维修方便性降低，就此可能带来维修体系的重新洗牌。农机维修应该向汽车 4S 店模式转型升级，这不是个小问题，维修企业、生产企业和销售企业都应该及早安排相应的应对措施。

其五，关于燃油补贴。其实这不是国Ⅱ升国Ⅲ直接的问题，只能算关联问题，没有国Ⅱ升国Ⅲ的由头这个问题也早该提出来了。渔船有专门的燃油补贴，而农机的燃油补贴是归入到农综补贴之中的，用油的和不用油的都享受了，没有起到定向补贴的作用，估计很多享受补贴的农户未必知道农综补贴包含了农用柴油补贴。最要命的是，严格意义上讲，目前的燃油补贴方式是违法的，《农机化促进法》明确规定农用燃油补贴要补给农机作业者，这个问题如何化解，真需要我们的智慧。

据了解，目前生产、销售企业都十分关注国Ⅱ升国Ⅲ问题，但对策却不明晰。被动不如主动，这个门槛必须跨过去。

● 关于农机"奥斯卡"奖的随想

长长的红地毯，咔擦咔擦的闪光灯，衣着光鲜的明星大腕，潇洒的亲笔签字，豪华的影视大厅，载歌载舞的晚会。你以为这是纽约曼哈顿或星光大道，或奥斯卡的颁奖晚会？错，这是传说中的中国农机界的年终盛宴——精耕杯颁奖典礼。

一个安徽人，聪明绝顶，能"忽悠"这一出农机的奥斯卡大戏，真不一般。

与此同时，《农民日报》在外地，北京之外的地方，也搞了一个什么晚会，也颁发了若干农机类的奖项，据说也是载歌载舞，一片热闹景象。

如今，官方的评选活动少了，民间的活动就凸显了。中央电视台《焦点访谈》栏目曾曝光中华医院管理学会违反规定颁奖的乱象：2014 年 1 月 11 日，一个名叫"医院管理学会"的组织在北京召开了名为 2013 中国医院管理学术年会暨颁奖典礼，颁出的奖项全是明码标价，很多与会者就是为了一块牌子，愿意花高价前来"购买"。评选活动所颁发的奖项听上去不仅权威，而且也都高端大气上档次，有"全国十大百姓满意放心医院""十大百姓用药放心药企""百姓放心示范药店"等几十种专业领域的奖项。在颁奖仪式上，来自全国各地的近 300 获奖机构和个人，只要来了，奖项就有份。与会的机构和个人少的拿了一个奖，多的拿了好几个。据说后来查实，这个学会是非法机构，未曾正式登记注册。真是应了当年的一句老话：无产阶级的奖（讲）台，我们不去占领，资产阶级就会去占领。

评奖是一种社会现象，政府奖也好，民间奖也好，不过是一种激励手段而已。现如今，政府奖精简，但社会对这些个奖项的需求却还存在，合理不合理暂且不说，用存在主义大师萨特的话说：存在的就是合理的。

　　既然政府奖退出，民间奖肯定就会来填补需求的余缺，这不，好多社团、公司热火朝天地张罗起来，奖项五花八门，逻辑通不通也少有人去较真，有个五彩的奖牌总比白板好啊。

　　是奖项，不一定政府奖就比民间奖管用，或曰含金量高。当今世界上有影响的奖项大多是民间的，譬如，诺贝尔奖、奥斯卡奖等，民间奖也风光无限。

　　现今，农机行业有好几个面向企业的民间奖项，工业协会的、《农民日报》的，还有 360 网的。

　　不过这些个奖项笔者觉得都不响亮，一是名目不清晰；二是奖项分散，零碎得很；三是评奖标准、指标体系不模糊；四是评选程序不透明。

　　有关的评选笔者也参加过，总觉得有些茫然。评选之后很难记住那些曾经被评审过的奖项，对评审的标准也迷迷糊糊的，总觉得是在评审科技进步奖，所以，需要进行澄清。我想同时参加评审的其他评委会后也可能不记得评选奖项的名目。一则是奖项确实多；二则有些奖项都好像差不多，甚至似是而非，评审完也没有完全弄明白是啥含义。

　　奥斯卡奖有影响，笔者认为肯定有其道理，除了声势浩大极度夸张的颁奖典礼外，其奖项的含义可能是再明确不过的了。我们农机要打造属于自己的奥斯卡奖，真的要认真研究一下人家的规则。

　　笔者的想法是，首先正名，名正言顺，把名称整清晰、弄响亮；然后，把评审标准制定好，尤其是评审指标，有根有据，最好可以量化，这样方有权威性；第三，评审程序公开透明，投票也好、网评也好、专家评审也好，让社会监督评审过程；最后，一个光鲜的颁奖典礼，这个是必需的、重要的，既然是宣传，就要大张旗鼓地进行，弄得唯恐天下不知。

　　一个热闹非凡的农机"奥斯卡奖"何乐不为？

● 农机化热点热议之导言

　　农机新闻出版业某大腕牵头要出一本聚焦农机化发展热点问题的书籍，有幸参与其中，就此探寻发展的聚焦点。

　　既然要讨论热点，就得先找出热点，才有讨论的话题。不过这找热点是苦活累活更是难活。

　　行业内有苑姓大侠整理出目前广受关注的农机话题清单，在此基础之上，俺分类、补充了一下，姑且把自以为是热点的题目罗列出来，三言两语注解其需要解答的内涵，抛砖引玉，以期导出行业热议。

　　1. 宏观战略篇

　　新型农业经营主体培育，农机怎么办？（农机合作社如何发展、发展趋势）

新型职业农民培育，农机怎么办？（培训什么人、什么内容、用什么教材）

农业规模经营，农机怎么办？（土地流转及生产经营适度规模、家庭农场及其机械化解决方案）

粮食生产遭遇"天花板、地板"，农机怎么办？（如何降成本、提效率、增效益）

种业发展，农机怎么办？（育种机械如何适应需求）

设施农业发展，农机怎么办？（包含了菜篮子工程的命题）

2. 区域发展篇

丘陵山区农业发展，农机怎么办？（如何走出一条与当今"流行"的平原地区农机化不同的路子）

黄淮海区域发展，农机怎么办？（如何由碎片化农业向组织化规模化标准化演进）

东北西北大农业，农机怎么办？（大农场机械化的走向）

3. 产业升级篇

农业结构调整，农机怎么办？

一控二减三基本，农机怎么办？（资源节约与环境保护的机械化之路如何走）

秸秆禁烧与综合利用，农机怎么办？（与上一条问题交叉，但是当前热点中的热点，故拎出来加重热议）

集约化规模化养殖业，农机怎么办？（工厂化趋势下，我们怎么介入?）

"互联网＋"农机怎么办？（或者叫智能化信息化，话题很大，内容无边）

4. 技术创新篇

土地质量提升，农机怎么办？（深松、深翻、平地、秸秆还田，残膜回收、土壤重金属、土壤消毒等）

农机农艺融合，农机怎么办？（从种子到农艺，再到作业机具及其作业模式）

水稻生产新需求，农机怎么办？（水稻机插秧与直播的选择、全喂入半喂入的走向抉择）

主机带动，农机具怎么办？（好马配好鞍）

农用无人机需求，农机怎么办？（标准、检测鉴定、可靠性、高价格及其推广应用）

玉米籽粒直收，农机怎么办？（这个问题似乎不算战略性，但依然抢眼。低含水率的品种、收获时期、收获机械、烘干、秸秆处理）

5. 政策创新篇

购机补贴，创新怎么办？（投入产出、绩效考核，有限补贴与无限补贴，

补贴程序与监督管理，课题无限）

报废更新，优化结构怎么办？（为何叫好不叫座？）

6. 发展环境篇

外压内挤，农机工业怎么办？（国际化竞争，外资企业的"入侵"，国内汽车工程机械的跨区作业）

另有其他热点，如，拖拉机技术升级（动力变速；国Ⅱ升国Ⅲ，进或国Ⅲ升国Ⅳ），零部件行业的升级（农机产品质量的基础），等等。

常言道，一百个人心目中有一百个哈姆雷特，一百个人心目中有一百个林黛玉，自然一百个人心目中也会有一百个农机化热点，差异化正是我们这个世界美妙之所在。还请农机同人见仁见智，热议热议，共促进行业发展。

● 我眼里的农机热点

上期专栏说到青岛农机展的事，留下了"预知后事如何，且听下回分解"的尾巴，这不，俺还得继续就有关展会的事说道说道。

去农机展会看什么，热闹是要看的，门道也必须要看。

一曰，看高端大气上档次。无论是青岛展、郑州展，还是北大荒展，大马力拖拉机无疑都是惹人眼球的展品，国外、国内企业都不吝惜展位，隆重推出大型拖拉机，同时，也有不少与之配套的大型机具。好像有点误导，让人以为马力大的拖拉机就高端高档，俺对这些具体技术含量的事不是很在行，或许真是这样，要不各制造商都扎堆开发生产大马力拖拉机。是不是动力大就高精尖，我看倒是未必，小小微耕机做精了同样也高端大气上档次。另外，听专家谈论起拖拉机换挡技术的升级问题，此前我国拖拉机市场上的大多数产品均为啮合套换挡，同步器换挡和动力换挡技术基本为国外企业所垄断，只有在高端进口产品上才能看到，而在这些，展会上国产拖拉机也有了，虽然还比不上国外大企业的技术，毕竟在进步，假以时日，成功有望。另外，电动拖拉机也引起了俺的兴趣，现今电动汽车开始步入社会，电动拖拉机或其他以动力为能源的农业装备，诸如设施农业环境中的作业机械，也当引起重视，节能环保。看看这些最前沿的技术、产品，能感知我国农机发展的脉搏，对于我们这些做管理、推广工作的还是有益的。

二曰，看难点热点焦点。这些是大家普遍关心的问题，比如，青岛展会，农用无人遥控航空植保机几乎自成一体了，参展厂商数量不少，样机也有十数种之多，还搞了一个现场演示，一个报告会，也该说很吸眼球的，也是需求使然，这些年高秆作物后期植保成为难题，与此相关的高地隙植保机械也成为关注点，展出样机也很多。另外，秸秆处理机械也是关注点，在解决了机收之后，秸秆处理成为难题，秸秆不处理，势必酿成火烧连营的焚烧现象，除了秸秆还田机之外，俺对配置秸秆打捆机的稻麦联合收获机感兴趣，有两三家企业推出了产品，不过不知实际使用效果如何，看好这一产品，拭目以待。

三曰，看个性化新产品。近几年，随着三大作物机械化水平的不断提高，我国农机市场的重点开始由粮食作物向经济作物转移。总体而言，关注点从"大众"作物向"小众"作物转移，当然，不同区域的关注点有所差异，就俺而言，去展会重点找寻的"三辣"（大葱、大蒜、辣椒）机械、中药材机械等个性化的产品。找了一大圈，辣椒收获机有、大蒜栽植机有，不过都不太适合我们的种植要求，颇有些失落，期望今后能有企业重视。我以为，农机产品由"大众"向个性突出的"小众"转移对于农机企业无疑是一个很好的机遇，但是挑战同样巨大，这些机具需求量相对较小，而且种植模式差异很大，开发难度不小。俗话说好戏在后头，我们搞农机的却是难题在后头，不过再难，也必须翻越过去，农民眼巴巴看着我们呢。

除此之外，俺上心的物理农业装备就看到了电子杀虫灯，下次展会倒是建议弄一个专区展出。玉米收获机也是热点，大小企业一齐上阵，满场都是，说实在有些眼花缭乱，不小心还会走眼。移栽机、水田运输机、水田旋耕机，俺也感兴趣，怎奈时间有限，只得下回再重点关注了。

观展如淘宝，认真挑选，好东西还真不少！

● 闲话高端农业装备

关于高端农业装备的话题，我一直没有找到切入点，何谓高端？先进设计、先进制造技术、高性能产品、高端运用人员……真的没有搞明白，谁来给一个定义！

这些年，农业部一直在致力于推进农机农艺融合、农机化与信息化融合，我就想在整个现代农业生产体系中，这几个方面都是什么样一种关系。农机农艺从诞生时候起就是融合在一起的，从来未曾分离过，只不过在社会经济发展的不同阶段，他们各自在系统中所占分量不同，所起到的主导地位不同而已。

在过往以手工劳动为主的历史阶段，人力资源丰富，且劳动力成本较低，机械化的优势难以显现。而现今经济高度发展，在劳动力大量转移、人力成本不断提高的条件下，机械化生产成为引领农业发展的主要形式，并日益彰显出它的重要性。

农机化与智能化的融合也一直在进行中，我觉得从两个方面进行，一个是农机本身的智能化操作系统，另一个是农业生产过程中的信息传导、指挥系统。

如果从整个农业生产体系来看待农机、农艺与信息化，我个人认为他们之间犹如人体的若干组成部分，分别发挥着不同的功能作用。信息化犹如神经系统，把各种生产要素，如生产中的水、肥、光、温度、病虫害等检测并进行实时传递；农艺部分更像是神经中枢，人的大脑，神经系统所传递的要素信息，通过这个中枢进行分析，根据所谓的农业技术专家系统进行判断，然后向执行机构发出指令，所谓执行机构，犹如人体的肌肉和骨骼，就是我们通常所说的农业装备，农业装备按照指令进行智能化的作业，从而完成农业生产过程。这样一个过程是不是就是现代化农业，或者叫高端农业？

关于高端农业装备，我想应该是承载诸多新技术的农业装备，既包括先进的工业生产制造技术，也包括融入其中的现代信息化技术。这方面的构架我也一直在寻找一种信息化条件下的农业装备运行状态。最近偶然在网络上发现一个段子，原本是说在信息化社会人们已经没有隐私可言了，有讽喻之意，算是"贬义"的趋向，然而，我从中却领悟出现代高端农业装备的影子。

网络江湖的段子是这样的：

客服：×××比萨店。您好，请问有什么需要我为您服务？

顾客：你好，我想要……

客服：先生，请把您的会员卡号告诉我。

顾客：16846146＊＊＊

客服：陈先生，您好，您是住在泉州路一号 12 楼 1205 室，您家电话是 2646＊＊＊＊，您公司电话是 4666＊＊＊＊，您的手机是 1391234＊＊＊＊．请问您想用哪一个电话付费？

顾客：你为什么知道我所有的电话号码？

客服：陈先生，因为我们联机到 CRM 系统。

顾客：我想要一个海鲜比萨……

客服：陈先生，海鲜比萨不适合您。

顾客：为什么？

客服：根据您的医疗记录，你的血压和胆固醇都偏高。

顾客：那……你们有什么可以推荐的？

客服：您可以试试我们的低脂健康比萨。

顾客：你怎么知道我会喜欢吃这种的？

客服：您上星期一在中央图书馆借了一本《低脂健康食谱》。

顾客：好……那我要一个家庭特大号比萨，要付多少钱？

客服：99 元，这个足够您一家 6 口吃了，您母亲应该少吃，因为她上个月刚刚做了心脏搭桥手术，处在恢复期。

顾客：可以刷卡吗？

客服：陈先生，对不起。请您付现款，因为您的信用卡已经刷爆了，您现在还欠银行 4807 元，而且还不包括房贷利息。

顾客：那我先去附近的提款机提款。

客服：陈先生，根据您的记录，您已经超过今日提款限额。

顾客：算了，你们直接把比萨送我家吧，家里有现金。你们多久会送到？

客服：大约 30 分钟。如果您不想等，可以自己骑车来。

顾客：为什么？

客服：根据 CRM 系统的全球定位系统车辆行驶自动跟踪系统记录，您有一辆车号为 NB—74748 的摩托车，目前您正骑着这辆摩托车，位置在解放路东段华联商场右侧。

晕倒……

晕不？不晕！

看完段子，我就想，这不就是一个活脱脱的信息化农业装备的写照吗？比如，一台拖拉机，从零部件开始组装，所有的信息都被记录在案。部件生产单位、材质、强度，组装工位、员工、班次，排放、刹车、功率、动平衡、转速；进入流通领域，运输过程、库存、销售单位、销售人员、价格、技术文件；生产领域，操作人、作业面积、地点、加油、维修记录，包括油耗、生产效率的反馈；管理领域，牌照、办理时间、经办人、违章记录等。可能在一次保养过程，也可能是加油过程，或许任何一个我们想查询的时间点，我们都能精确地掌握这台拖拉机的全部信息，除了机器信息，还记载了制造、营销、管理、操作人员的一揽子信息，再加上其他辅助装置，我们还能了解作业对象的所有参数，一览无余，毫无隐私可言。

这是信息化功能的一部分，同时，在信息技术高度植入的情况下，机器实现智能化操作，精准定位、精准作业，这是不是高端农业装备？

● 略议拖拉机市场若干趋向

拖拉机是农机的中流砥柱，拖拉机的市场动向可谓牵一发动全身，因此，要想知晓农机市场的晴雨冷热，就不得不先去了解拖拉机市场。

平日里，虽说从事农机化工作，但一向关注点都在机械化水平、新技术等上面，极少直接关注拖拉机的销售动向，印象中，拖拉机就是不断加大动力、不断增加数量，如此而已。不久前因要参加中国农机流通协会拖拉机发展研讨会，才猛然觉得应该关注一下拖拉机这个主角了。于是查询数据、组织座谈会，这才知晓拖拉机市场还有这么多的新"蹊跷"。

拖拉机销售量，按照动力分呈现"两头大中间小"趋向。我们将拖拉机分

作 60 马力以下、60～100 马力、100 马力以上三个区间，统计 2012—2015 年
8 月数据发现，60 马力以下和 100 马力以上两个区间销量在逐年增长，而中间
段则逐步萎缩。大功率拖拉机销量不断上升，跟近年深松作业补贴、激光平地
作业补贴有关。有关销售人员指出，这里面也包含了购机户、用机户追风、攀
比的心理因素。小功率功能性拖拉机，如大棚王拖拉机，有需求，但量不大，
原因是天津市日光温室本身就基于人工作业设计的，其结构和种植模式限制了
机械的应用。履带拖拉机销量很小，逐年递减，今年居然是"0"。据某品牌销
售中主力机型的变化情况为：2002—2004：60；2008—2009：802、804；
2010：902；2011—2012：904、854；现今：1204、1304。在动力不断攀升的
同时，也从两驱转型为四驱型。原因一是应对不同作业项目的动力储备需要，
二是农机户之间的比拼因素。与此同时，也产生了动力浪费问题（消费市场的
竞争造就动力的过度消费）。按照使用属性出现动力分化取向，自用型（散
户），30～70 马力；服务型（合作社）：120～140 马力。

　　用户的品牌忠诚度呈现集中趋向。统计数据显示，用户对品牌的忠诚度不
断加强。天津拖拉机市场聚焦拖拉机三大品牌：福田雷沃、约翰迪尔、东方
红，购机补贴统计显示其所占份额分别约是 30%、25% 和 20%，合计达到
75%，其他则有黄海金马、中联重科。

　　拖拉机购买者年龄分层明显。区县管理部门反映，约翰迪尔、福田雷沃、
东方红各有其相应特质年龄段的用户。销售部门反映，购机户年龄分布中，
30～39 岁是主力，40～49 岁次之，50 岁以上再次之。30 岁以下多在外打工，
因此少有购机者。就文化程度而言，目前仍然较低，初中及以下占 7 成，但有
上升趋势。而对购置机型、品牌的认知还处于口口相传模式。

　　购机资金的筹集，仍然以自有资金为主（75.6%）。金融机构融资、贷款
还是试点（不足 10%）。资金的筹措中，合作社成员、村民集资的民间方式是
主要模式。

　　购机者呈现提高舒适性趋向。用户购机对舒适度要求不断提高，很多购机
户先问有没有空调。有的两驱机型没有驾驶室、空调，销售因而受到影响。

　　动力换挡处于示范阶段。近年天津全市共销售 5 台，东方红 3 台、福田雷
沃重工 1 台、约翰迪尔 1 台。用户反映，舒适性、操作性好、智能化程度高。
但价格贵、维修保养不方便、动力段偏低。用户对使用质量担心，怕坏，总体
认可度不高。经销商认为这是将来的发展趋势，随着土地流转加快、集中度加
大，复式作业增加，农机合作社、种植大户将成为购买主体。

　　关于柴油机国Ⅱ升国Ⅲ，既是生产企业关注的问题，也是销售部门关心的
焦点，本人已有相关文章分析，在此不再啰嗦了。

　　本文只是罗列了天津农机市场关于拖拉机销售量、购机户情况若干现象，

没有做深层次的分析研究，假若能作为拖拉机行业相关单位进行产品开发、市场营销等业务参考，幸哉！

● 谁来开发农机科技成果交流交易资源？

1978 年，在中国首都北京，举办了一个被农机界称为十二国农机展的会展。这次展览使刚刚历经"文化大革命"劫难的中国农机工作者第一次触摸到了世界农机化发展的大脉搏。

笔者综合各方面信息，展现当时的情景：1978 年 10 月，中国国际贸易促进会在北京农展馆举办外国农机展览会。应邀参加展览的国家有日本、英国、法国、西德、加拿大、意大利、瑞世、瑞典、罗马尼亚、丹麦、澳大利亚、荷兰等十二国。时任国家副总理余秋里为开幕式剪彩。此次展会展出面积 3 万平方米，参展厂商达 320 多家，展品 725 件，观众达 30 多万人次，其中有 8 万多人次观看农机表演，进行了 200 多个项目技术座谈，1 000 多人次参加技术座谈会。

业界前辈对十二国农机展给中国农机开发所带来的深远影响有非常高的评价。

2010 年，中国农机化协会主办的廊坊农机化新技术新装备展览便试图再度重演当年十二国农机展的一幕，而筹备期间人们所期待的效果也是这样。不幸的是，这次展会在成功举办的同时，一不小心也使自己办成了与流通协会、工业协会举办的全国展同质化的展览了。

三大协会同时推出自己的展会产品，中国农机展会蛋糕无疑增加了新的分享者。今年年初，农机化司出手协调，算是化解一场可能的资源大战。甚幸！

农机工业的兴旺发达、农机化事业的兴旺发达，才有农机展会的兴旺发达。

在人们都去开发、争夺农机产品展示资源的同时，却忘却了我们实际上还有一个有待开发的巨大资源，那就是农机技术成果转让交易资源，按时尚术语讲就是成果交流交易平台的建设。

10 余年前，笔者曾尝试涉足这个领域，在北戴河组织过一次农机科技成果交流转让活动。天津兴盛机械公司从市农机试验鉴定推广站受让了微耕机技术成果，从生产背负式"小联合"转向生产微耕机，目前年产量达到万余台。此后，在我们组织的其他一些学术活动中，也频频增加技术成果交流交易的内容，也小有斩获，为大专院校、科研院所与生产企业之间搭连了一个平台。但是，毕竟非专业平台，属于捎带脚的性质，民间讲是搂草打兔子的活。就这点成果也使人颇有成就感。

这些年，因为工作关系，跟农机院校、科研院所以及生产企业有着广泛的联系，深感缺少一个畅通的交流渠道，大量的研究成果束之高阁，同时又有很多企业找米下锅，互有需求，硬是没有扯到一起。原因很多，说道也很多，我认为终究还是缺少一个强力的部门来搭建这样的平台。

不能幻想研究人员的一项成果拿到生产企业马上就能变成成熟产品，马上就给企业带来滚滚红利。科研人员的成果，尤其是大学，更多是一种构想，一种理念，需要在试制开发中不断完善。十二国农机展带给我们的一是惊喜，二是方向，随之展开的是我国农机科技工作者的引进、消化、吸收，不断的推进我们的进步，在今天，我国很多农机产品中还留有十二国农机展的印记，因此，业内人士称当年的展览功不可没。

现今的社会更加开放，与国际的交流日益增强，因此，不可能再复制一次十二国农机展给我们农机界带来的冲击。但是我们可以延续这种平台的功能，把农机科技成果交流交易平台建设起来，开发这个领域的资源，也可以避免几大协会同质化的会展撞车，通过区别功能发挥各自的优势，开辟新的会展资源，从不同的领域共同推进我国农机化事业发展。

● 旱作移栽大有作为

说到移栽，大家立马想到就是水稻的插秧，这是再典型不过的作物移栽了。然而，我今天要讨论的话题却不在"水"，而在于"旱"，数一数旱地移栽的事体。

2009年12月，第一届全国旱地栽植机械化技术研讨会在江苏南通举行；2010年12月，第二届全国旱地栽植机械化技术研讨会在浙江杭州举行。这两次研讨会均由中国农机学会组办，农机学会青委会、农机化分会、耕作机械分会及南通富来威公司承办。

水稻是我国粮食作物之首，面积、产量都稳居第一。粮食生产关乎国家安全战略，这些年备受重视，因此，水稻的育秧及机插秧都被列为重要的支持环节，享受了极高的礼遇。水稻插秧机是很多地方购机补贴的重点，补贴比例从30%起步，层层加码补贴，甚至高达70%～80%。育苗生产线、秧盘也享受补贴。还有些地方对机插秧实行作业补贴。

在水稻育秧及机插秧享受高级待遇的同时，机械化旱地移栽则鲜有人知，或还没有被列入重要的议事日程。

旱地移栽在我国早已有之，而且量大面广。旱地移栽的作物品种包括属于粮食作物的玉米，属于经济作物的油菜、棉花、烟草、甜菜以及大量的蔬菜作物。应该说覆盖我国大江南北，种植面积、产量及其经济价值一点也不亚于水稻。

旱地移栽从农时上讲，可以集约利用光热资源，相对延长作物的生长期；可以建立作物对杂草的早期优势，减少草害；可以降低缺苗率、增加壮苗率，提高产量，提升品质。对于作物产量、品质以及对于农业生产的影响巨大。

现如今，由于旱地移栽作业机械化程度极低，我国旱地移栽作业现状仍然以人工为主，需要大量的劳动力，并且，人工移栽还存在劳动强度大、效率低的缺陷。因为缺少成熟适用的移栽机械，既影响了移栽作物的大面积生产，也影响了农业现代化进程，还影响了人民的生活——蔬菜价格居高不下。我国现代农业的发展已经对旱作移栽机械化提出了迫切的要求。

我国旱地移栽机械的研发工作始于 20 世纪 50 年代，代表作是 1956 年李瀚如主编的《播种施肥及栽植机械》。产品有仿造苏联的 CP－6 链夹式和 CPH－4 型吊杯式移栽机。1990—2007 年有一大批的科研院所加入到研究移栽机械行列，在玉米、油菜、烟草、棉花、甜菜、大葱等多种作物的移栽领域取得一定进展。2008 年以后，旱地移栽机械研究的开始进入生产使用阶段。国内的许多高校开展了移栽机技术的深入研究，国外的移栽机械开始进行试验、推广。同年南通富来威农业装备有限公司商品化的 2ZQ 油菜移栽机在湖北得到推广，标志着国内旱地移栽机械进入生产实用的阶段。

据有心人观察，2007 年郑州全国农机会上，参加展览的移栽机仅有南通富来威公司生产的链夹式 4 行移栽机及日本井关的一款自驱式单行吊杯式移栽机。研发单位也就 7 家，产品是链夹式、吊杯式及导苗管式，应用于油菜、烟草的栽植。2010 年郑州全国农机会上，参展的移栽机有链夹式、吊杯式、导管苗式和挠性圆盘式，有半自动还有全自动的，研发单位达到 20 多家，应用于玉米、油菜、烟草、棉花、甜菜、大葱、蔬菜等多种作物。我国移栽技术发展虽然取得一定的成绩，但与国外发达国家相比还有相当的差距，原创的不多，同时，机械化移栽与人工移栽的经济效益还没有充分体现出来。

旱作移栽品种范围甚广，单说棉花，移栽可以增产、提高品质，省去铺膜环节，减少白色污染。另据专家分析，若以机械化移栽水平 20％ 计算，仅棉花移栽一项作业就需 4 行移栽机约 3 万台，由此可见，移栽机市场前景甚大。旱作移栽大有文章可做！

● 别忘了保护性耕作

新闻报道：2014 年 1 月 10 日，2013 年度国家科学技术奖励大会在人民大会堂举行，由科学普及出版社出版的《保护性耕作技术》科普图书荣获国家科技进步奖二等奖。

据悉，《保护性耕作技术》自 2006 年 9 月出版后，很快就成为我国农业部和多个省市县农业部门的培训教材，已 18 次印刷，累计印数 42.2 万册。众所周知，保护性耕作技术是由中国农业大学李洪文教授团队经过 10 多年的科研攻关取得的成果。这项技术对促进我国农业可持续发展，有效解决我国农业生产面临的水资源短缺、生产成本高、农民增产增收难、秸秆焚烧、水土流失、农田扬尘等问题有重大意义。国家对保护性耕作技术高度重视，自 2005 年始，中央 1 号文件连续 8 年要求推广保护性耕作技术，国务院将此项技术列为我国防沙治沙的五大技术之一，农业部将此项技术列为十大主推农机技术。

属于农机行业的保护性耕作技术，尤其是作为科普项目，获得国家科技进步奖，实属不易，可喜可贺！

然而，相对于早几年红红火火、热热闹闹、大张旗鼓的保护性耕作技术推动阵势，这些年有些冷寂，至少感官感觉上有些清凉。

前些年的推动工作是全面开花，农机系统，尤其是推广、科研部门全民上阵，科技立项、培训班、现场会，多种形式的推动，形形色色的新闻宣传报道更是此起彼伏。全国的不说，单说天津。除承担农业部推广任务外，保护性耕作技术示范推广还被列为天津市重大农业科技推广项目，市农机局集合推广站、研究所及区县农机局联合承担；天津市农机研究所研发了秸秆还田免耕播种机、蓟县振兴公司生产全方位深松机，当然，也掺和了《保护性耕作技术》图书的传播应用。大强度、大规模的推广，保护性耕作技术得到了较大规模的应用，全市保护性耕作技术推广面积超过 120 万亩，占可推广面积的 70% 以上，成绩不可谓不大也。获得了农业部丰收奖二等奖，现今正在申报天津市科技进步奖过程之中。秸秆覆盖还田、少免耕播种、土地深松、化学除草技术可以说已经深入普通老百姓之中，成效显著，对推动农业发展功不可没。

现如今，保护性耕作由示范推广项目转入工程建设项目，相对而言推动力度在衰减，处于一种默默发展的状态，渐有被遗忘之意，真值得关注与反思了。

坦率地说，保护性耕作技术的四大核心技术在应用中是不平衡性的，免耕播种受机具、整地等条件限制，免耕的不多（至少天津如此），复式作业的浅旋播种倒是主流，对传统的翻耕、旋耕，旋播方式也是一个重大进步。深松开始若干年进展不顺利，但这几年却得到长足发展，天津从 2010 年起，由财政出资，补贴深松作业，2013 年深松作业补贴更是列入了市政府 20 项民心工程之中。

秸秆覆盖还田作为核心技术之一，也是我们推广的重点，推广面积一再增长，但是，秸秆焚烧之风也一直缠绕着我们。每到夏收、秋收之际，人们在享受丰收带来喜悦的同时，四处狼烟的景象比比皆是，弄得俺们大伤脑筋。全量还田、部分还田、粉碎还田、整株还田，还有秸秆气化、秸秆压块、秸秆生物反应堆等技术一并上阵，也没有完全有效解决秸秆问题。颠来倒去，目前秸秆粉碎还田还是最主要的方式，技术上联合收获机配套抛洒型还田机，可以有效解决下茬播种问题，宣传上还应该不断强化保护性耕作推动的声音。此外，推动形式上还应该有所创新，把工程建设变成全面推进，把推广技术变成推广机械化生态农业生产模式，从实处继续推动保护性耕作。

保护性耕作，农业生产方式的一次革命，规模尚未成功，同志仍需努力，农机人，别忘了！

希望借助《保护性耕作技术》获得国家科技奖的东风，再掀起一股推广保护性耕作模式的热潮！

● 天津，把保护性耕作进行到底

保护性耕作在天津推广应用已经有多年了，先后实施的项目有农业部的示范工程、天津市的示范推广项目，在涉农的 12 个区县里，除农业面积很小的汉沽、塘沽之外，其余区县都得到较大面积的实施。

保护性耕作在天津的发展历程也不是一帆风顺的，从宣传、试验、示范，到现在的大面积推广，农机部门广大职工做了大量的工作，付出了辛勤的劳动。市政府、部分区县政府都下发文件，从政府层面推动此项工作；有关人大代表、政协委员也在市两会上提交提案；农机部门更是忙得不亦说乎，组织了无数的培训班、现场会；编印培训教材、开设网络（北方网）讲座；报纸杂志、广播电视（电视专访、电台走进直播间）进行了全方位宣传普及；购机补贴也将保护性耕作相关机具作为补贴重点给以倾斜扶持。

功夫不负有心人，工作到家，成果自然显效。保护性耕作被列入天津市重大农业技术推广项目，获得全国农牧渔业丰收奖。经过几年的推广实施，无论是"量"还是"质"都取得了可喜变化，保护性耕作已经深深地融入到天津"三农"发展之中。

一喜，实现量的重大突破。到 2008 年，全市保护性耕作实施面积达到 104 万亩。天津常年小麦播种面积 160 万亩左右，夏玉米约 190 万亩，因此，保护性耕作的项目区面积超过可实施面积的 50%，半壁河山有其一，实现量的重大突破。如果计算辐射面积或单项技术实施面积，则更多。另外，天津还有近百万亩棉花也逐步采用保护性耕作种植方式，棉秆粉碎还田、棉秆直立过冬等生产模式已经成型，逐步推而广之，这也是非常可喜之势。

二喜，实现质的飞跃。眼下的保护性耕作不但量的变化可喜，质的变化更可喜。由于宣传到位，区县领导、乡镇村干部对此也能知其一二，谈论起来也是头头是道。在蓟县召开的保护性耕作现场会上，主管县长拿着扩音器有声有色的向参加会议人员讲解保护性耕作的好处、技术要领。农民之于保护性耕作也从被推动进化到一种自觉的行为，成为主动的行为。2008 年，全市购机补贴投入到保护性耕作上的达到 800 万元，新增具有还田功能的玉米收获机 231 台，秸秆粉碎还田机 36 台，免耕播种机 76 台；2009 年，再新增玉米收获机 273 台，秸秆还田机 391 台，免耕播种机 79 台，深松机 27 台。农机大户、农机合作社几乎都装备了这些设备。农业生产方式发生了大面积的革命性的变化，而机器数量的增加有效保障了项目实施质的飞跃。

三喜，效果越发显效。保护性耕作省工省时、节约成本以及保水、保肥、保土的作用早已有明了，抗旱功能尤其明显。几年坚持下来，增产效果也显现出来，平均增产 4.7%～5.1%，其中，很大程度得益于土质改良的效果。据天津农机推广总站专项调查，在静海县长张屯村，一平方米面积挖出蚯蚓多达 80 多条。另据武清反映，实施保护性耕作技术多年之后，以前坚实的犁底层消失了。此外，环境保护效果更是有目共睹，秸秆综合利用的多了，焚烧的少了。结果是地肥了，天蓝了，北京奥运期间的蓝天白云也有我们的一份功劳！

从 2010 年，国家开始实施对深松作业的补贴，必将极大推进保护性耕作更上一个台阶。不过，客观地说，这对华北一年两熟地区而言，采用什么机具、采用何种深松方式、深松时机等还需要进一步试验示范，稳步而行方是。

那么，保护性耕作就一切都 OK 了！肯定不是，至于问题，当然还有，比如机器质量不稳定、单项技术应用存在不平衡等等。另外，持续发展还需要更多的宣传、更大的投入。这些问题存在是必然的，但绝不是有些同仁所叹——保护性耕作越推越难推！实则是看问题的角度有问题，看主流，发展是主流、进步是主流，因此，还必须乘胜前进，把保护性耕作进行到底！

● 小麦"后机收时代"之痒

多年来，我们都在集中力量主攻主要农作物的机械化收获问题，到 2012 年年末，我国小麦、玉米、水稻三大作物机收水平分别达到 92.32%、42.47%、73.35%；其中，尤以小麦机收水平最高，在小麦主产区，机收水平基本在 90% 以上。以俺们天津为例，这些年基本就是 100%，但为了表示谦虚，不愿把弓弦拉得太满，一直以 99% 上报。由此可见，小麦机收已经达到相当的水平，似乎大可以安详的享受胜利的成果了。

还是让我们先回顾一下我国小麦机收发展的历程。查了一下有关资料，20 世纪 80 年代，我国开启了小麦分段机收的历程，小麦割晒机替代了镰刀，初步解决了弯腰收割的问题，但是还需要人工将割倒的小麦打捆、搬运到场院，再用脱粒机脱粒，人工扬场清选。90 年代初期，与小四轮拖拉机配套的背负式小麦联合收割机问世，尽管机器质量不稳定、作业效率尚低，但是，毕竟成功的撬开了小麦联合收获的大门，实现了收割、脱粒联合作业，唤起农民新的渴望。到了 90 年代中期，以新疆－2 型为代表的小麦自走式联合收割机横空出世，顺应了跨区作业这种新生产方式的需求，短短几年风靡全国，很快小麦收割实现了机械化，从此我们骄傲的宣布，小麦生产实现了从种到收的全程机械化。这段发展历程，笔者写来行云流水，看似简单，其实也是磕磕碰碰，几经周折。从分段收获到联合收割，从割晒机到背负式收割机，再到自走式联合收割机，技术开发、制造水平、生产需求、生产开发，过程都不简单，写一部长篇小说足矣。

小麦机械化问题就此告一段落了，农机人长长地吁了一口气，俺们也该松快松快啦！且慢，后机收时代问题其实已经接踵而至。

表象一，麦收时节，狼烟四起，焦火遍地，污染空气，今年还闹得江苏安徽两省打起了口水仗，哈哈。虽然我们努力了好多年，禁烧、综合利用，但秸秆焚烧依然故我。表象二，马路晒场，闭路挡道，比比皆是。虽然都知道马路晒粮危害交通、污染粮食、浪费粮食，但没有晒场的农民还依然把马路当做自家场院来用。表象三，烧完秸秆，旋耕后才播种。推广了多年的免耕播种，但还有一些老把式种地，非得把地整的干干净净，费时费力，耽误工夫。

或许还有表象四五六七八九，俺没想全，就是想到了也因篇幅之限，恕不一一枚举。

按现时潮话说，还有事，还有大事呢。小麦机械化问题远没有结束，后续留给我们的还都是些难啃的硬骨头。

秸秆处理是个老大难问题，一味靠"禁"，治标不治本，不能根本解决问题，按下葫芦浮起瓢，虽然有先进的遥感技术可以检测到东经多少度、北纬多少度精确的着火点，但是星星之火依然难以扑灭。"用"，怎么用，麦秸切碎还田的好处老百姓都懂，可是大量的秸秆粉不碎，弄回家又没什么用，挑到地头、路边，仍然会一烧了之。今年"三夏"看到农民将秸秆集堆，以为要运回家去，近前一问，方知是堆起来好烧，弄得俺是哭笑不得。如何解决秸秆问题，招数不少。其一，联合收割机加装秸秆粉碎器，机手嫌消耗动力不愿用，遇秸秆量大或潮湿，粉碎效果不佳；其二，收割加秸秆打捆联合作业机，如果没有去处，打完的捆也是付之一炬；其三，联合收割机加装开沟机，将秸秆就地掩埋，不过埋草沟或许影响播种。俺倒是想过一辙，搞个联合收割机免耕播种机，复式作业，一气呵成，播种在秸秆粉碎之前，这样秸秆即使长度略长也无影响，覆盖还田，两全其美。能否实现？从纯技术角度，我看行！前面几个"其"说的都是机器技术问题，若从政策层面，也可以引入作业补贴来推动，不过实施面积核查起来真的有点费劲!

若说马路晒粮,也是老大难问题一个。这不是简单的技术问题,涉及农业经营体制、规模等问题,单靠农机一己之力,难有所为,罢了,以后再来分解。

其他问题,诸如免耕播种,现有播种机应该不成问题,只是还需加大宣传、推广力度,假以时日,农民是会接受的,其实,现时已经有超过半数的农民已经在这样做了,后景看好。

小麦后机收时代之痒,带给我们的难题真的很难,这个"痒"恐怕还要得我们难受不少年份,唉,继续努力吧,谁让俺们是农机人呢!

● 机械化残膜回收,急需作业补贴!

农用地膜,曾几何时掀起一场农业生产的"白色革命",为农业增产立下了汗马功劳。

农用地膜,现如今又陷入了"白色污染"的灾难之中。

农用地膜,福耶祸耶?

翻开历史的文卷,我们看到农用地膜覆盖技术自 20 世纪 80 年代引入我国以来,以其保温、保墒、保土、增产等显著特点,给农业生产带来巨大经济效益,被称作为农业中的"白色革命"。但是,正如一般人常说的那样,科学技术都是一把双刃剑,在造福人类的同时,也在伤害着我们。在农用地膜覆盖技术为我们带来显著经济效益的同时,我们也发现大量残存在土壤中的地膜也使土地遭到严重的白色污染,并且已成为当前维护农业生态环境,保持农业可持续发展所亟待解决的问题。

需要说明的是,农用地膜自身并不是问题的根源,根源是我们使用的方式方法。在实践中,我们往往重视了农用地膜的使用,而忽视了残膜的回收,任其遗落田间,在旷野飘逸,任其混拌在土里,阻滞作物生长。

我们对农用地膜的使用,用老辈的话来讲,就是有前手无后手。

据有关资料显示,农用地膜材料的主要成分是高分子化合物,在自然条件下,这些高聚物几十年都难以分解,如果不进行残膜回收,土壤中的残膜会逐年积累,若长期滞留地里,会影响土壤的透气性,阻碍土壤水肥的输送,影响农作物根系的生长发育,导致作物减产。据新疆调查测算,连续三年覆膜的棉田,地表每平方米有大小碎片 47.3 块,折算每亩有残膜 3.47 千克;耕层 30 厘米内每平方米有残膜 56.6 块,折算每亩有残膜 3.86 千克,两者合计每亩有残膜 7.33 千克。连续覆膜 3～5 年的土壤,种小麦,产量下降 2%～3%,种玉米,产量下降 10% 左右,种棉花,产量则下降 10%～23%。据黑龙江农垦部门测定，土壤中残膜含量为 3.9 千克/亩时，可使玉米减产 11％～23％，小麦减产 9％～16％，大豆减产 5.5％～9％，蔬菜减产 14.6％～59.2％。残膜对土壤物理性质有极显著的影响，如土壤容重和比重随土壤中残膜量增加而增加，而孔隙度和土壤中含水量则随残膜量增加而减少。

归纳上述数据，我们可以总结出残膜不清理，一是严重破坏土壤的理化性质，影响农田的可持续发展；二是严重阻碍作物生长，影响农业增产。同时，在我国，农用地膜大量的应用在农业生产之中，涉及覆膜生产的农作物有棉花、玉米、大豆、小麦及蔬菜等，应用范围相当广泛。当然，带来的污染也相当的严重。只要到农村田间地头一走，便可以看到满地白花花的残膜如同飘絮般迎风招展。

对农民而言，清理残膜费工费时，还增加开支，此外，在现有短期承包土地方式下，残膜的危害短时内往往难以显现，再则，清理回收的残膜的再利用目前还难以实现，难以形成直接的经济效益，因此，农民主动回收残膜的积极性不高。

然而，残膜贻害问题已经到了不得不认真对待的状况，其严峻的现实也引起我国各界有识之士的高度重视。农机部门也开发出一些实用的残膜回收机械，据实用情况看，回收率超过 85％，可以大大减轻农用残膜对土壤的危害。为开展残膜回收奠定了可靠的技术保障。

残膜回收不仅有利于环境保护，促进农业的可持续发展，促进农业增产，有利于农民增收，一举多得，何乐而不为？

在当下农民认识不足、回收直接效益不明显的境况下，实施机械化残膜作业补贴不失为上乘之策，利国利民，理当成为继深松作业补贴之后的又一项农机作业补贴！

● 残膜回收利用，农机应有担当

我国农用薄膜的使用兴起于 20 世纪 80 年代，也算是一场农业领域的革命性措施，增温、保墒，促增产，功劳不小，号称"白色革命"。从半膜覆盖到全膜覆盖，尤其是在广大的旱作农业区，全膜覆盖的农业技术得到了大面积推广，而且涉及的作物种类越来越多，地膜覆盖栽培技术已推广应用到 40 多种农作物的种植上。可增加作物产量 20％～50％，增收 30％～60％，带动了农业生产力的显著提高和生产方式的不断改进，对保障我国粮食安全，实现农业增产增收起到了重要的支撑作用。

但是，曾几何时，"白色革命"演绎成了"白色污染"，滞留田间的残膜成为治理的顽疾，污染环境，降低地力，成为阻碍农业发展重要因素。为此，引起上上下下的高度关注。笔者以为，在治理农用残膜中农机人于情于理都应该有所担当，理由如下。

政策层面。2014、2015连续两年中央1号文件都涉及残膜问题。2014年中央1号文件"加大农业面源污染防治力度，推广高标准农膜和残膜回收等试点"。2015年中央1号文件："加强农业生态治理，开展农田残膜回收区域性示范"。另外，2014年12月农业部提出"力争到2020年，残膜回收率基本达到80％以上"的目标。2015年农业部再提出"一控二减三基本"，三基本之一就是农用残膜的资源化利用。2015年年末，中央关于农业的政策提出"藏粮于地、藏粮于技"，我理解，提高土地生产力，残膜回收必不可少。由此可见，清理农用残膜已经到了不可延迟的时候了。

装备支撑。目前的残膜回收利用包括三个环节，一是改薄膜为厚膜，便于回收；二是将田间残膜回收；三是打捆、储运和加工。就农机行业而言，我们在田间残膜收集上具有优势，这些年陆续开发生产了一些残膜回收机具，并通过使用，取得较好的效果。据俺在网络里了解，目前有滚筒筛式表土筛分式残膜回收机、抖土辊式表土筛分式残膜回收机、指盘式搂草机残膜回收机和农民自制的各种形式的钉齿耙、齿板耙。其中，表土筛分式残膜回收机主要针对覆膜玉米大根茬作物的残膜回收，同时对捡拾破损严重的地表残膜也有良好的表现，地膜捡拾率85％～95％。滚筒筛式残膜回收机，则是地膜捡拾率要求高的用户首选机型。而搂耙类残膜回收机具有制造成本低、结构简单、故障率低等特点，农民自己就可以自制，因此应用比较广泛，地表捡膜率在50％～80％，多层组合弹齿耙和指盘式搂草机地膜捡拾率能达到85％。据悉，农机购置补贴品目中也有残膜回收机。这些是农机行业参与残膜回收的得天独厚的支撑。

组织保障。残膜回收，需要有人去具体实施，而农机合作社则是不二人选。有机具、有机手、有技术，有利于组织化、规模化的生产作业，另外，还有收集后残膜整理、打捆的场地。打捆、储运不在话下，是手到擒来之事。

管理模式。农机部门更是轻车熟路，因为我们具有组织机械化深松作业的成熟经验，无论是机具调配、作业数量、质量监管都有一套现成的管理模式。

补贴方式。农用残膜再生利用价值低，农民环保意识差，长期积存在耕地中的残膜得不到及时清理，因而造成了农田"白色污染"。治理残膜必须在政府主导下，采用农户参与，农机作业，集中连片，综合利用的模式进行。在其中，政府引导尤为重要，可以参照深松作业方式给予相应的作业补贴，促进散落田间的残膜回收。再支持作业组织进行相应的加工利用，从而实现变废为宝，资源化利用。

综上所述，在政府的指导下，就残膜回收利用工作而言，在组织、管理、机具等各个方面农机行业都具有其他行业不可比拟的优势，应该义不容辞的担当起这个重任。

● 设施农业提升工程农机化之担当

2008年，天津市委、市政府确定了全市设施农业发展目标，批准实施"4412"工程，即从当年启动，用4年时间建设40万亩高标准的设施农业，发展12个具有相当规模和辐射带动作用的设施园区。因此，这些年天津的设施农业建设搞的是风生水起，轰轰烈烈。

在有关农机推动设施农业建设的会议上，我做过一次发言，直截了当地说，设施大棚建起来，就相当于盖起毛坯房，要过上好日子，需要进行装修，配置各种家用电器，才算得上一个功能齐全的舒适之家。设施农业中的各种设施设备就堪比是各种装修、家用电器。没有这些设施装备只能说家徒四壁了。

各式温室大棚建成了。然而，技术、装备、人员素质远不能与之匹配，效益没有充分发挥出来。种什么？怎么种？这是一个严峻问题！

如何发挥设施农业的功能，取得更高的效益，有关部门提出设施农业提升工程，其内涵包括五个方面。首先是技术装备水平提升，其二是设施种植农产品结构水平提升，其三是农产品质量安全水平提升，其四是设施生产组织化水平提升，其五是设施农业休闲观光水平提升。

笔者思考万千，觉得这几项里起码四项跟俺们农机有关联，而且有重大关联，甚至举足轻重的关联。农机不仅要介入，而且可以大有作为。

技术装备水平提升。农机是该项内容的主要成分。①建立设施农业农机化生产示范推广基地。示范、推广机械化、信息化、自动化融合的生产技术及其装备；示范推广机械化、标准化的工厂化生产模式。②购机补贴向设施农业装备倾斜。增加购机补贴资金，扩大补贴范围，提高补贴额度。③加强对设施农业装备安全生产监督管理。确保大量增加的设施装备安全运行，为设施生产保驾护航。④设立设施农业新装备开发、引进技术专项。研究开发急需的装备、引进试验外地新型装备。⑤开展设施建设标准化改造提升工作。通过调查和检测，对在用设施进行技术评价，选定适于天津市的主要型式及其主要技术参数，指导全市在用设施进行改造升级。

农产品质量安全水平提升。农机同样大有作为：①推广现代物理农业工程装备，采用现代物理农业生产模式，减少化肥农药使用。②实施高效植保机械的报废更新制度，鼓励应用先进植保机械，淘汰落后的手工机具，提高农药使用水平，减少残留量。

设施生产组织化水平提升。农机化本身就应该是组织化规模化生产方式的主要支撑：①培育机械化的工厂化育苗生产基地，推进工厂化育苗、自动化嫁接等先进生产方式的应用。②扶持建立服务于设施农业的农机社会化服务组织。开展植保、耕整地、土壤消毒等机械化作业。③加快设施农机化生产标准制定，提高设施农业装备的标准化管理水平和技术装备科学使用水平。

生态观光水平提升。现代农业以机械设备为标志的工厂化、标准化生产方式，现代化农机装备，甚至古老的农业生产工具都可以作为观光农业的一部分，生动地展现给休闲的民众，增加观光农业的知识性、科学性，让民众在参观之余，增长历史人文及科学知识，涵养科学精神。

至于设施农业产品结构调整水平提升，倒是暂时没有想到我们又和直接的关联。

设施农业建设，农业部将其职能划归到农机化司名下，但我们多年都难以有效介入，地方上关于设施的建设多半都给了农业部门，农机部门不过是利用购机补贴、技术推广项目等部分配合参与，而进入提升工程阶段，我以为农机部门应该担当起唱大戏、挑主角的重任。

拉杂之话，虽说的是天津设施农业建设的事，对全国同行不无借鉴之用，姑且言之。

● 农机网店，第一个螃蟹谁来吃！

继提出农机农艺融合的理念之后，农业部农机化司近期又提出了农机化与信息化融合的命题。

农机化与信息化，两化融合确实大有文章可做。实际我们已经做了不少工作，大约有三个方面：一是农机的信息网站，全国已经建立起几十个省级以上的官方网站，进行信息传播、电子行政管理等，而企业网站那就更是不计其数了；二是农机化生产领域的信息化技术应用，设施农业的参数监测、智能化管理等，算是进入试验、示范阶段；三是智能化的农机装备开发应用，如嫁接、采摘机器人，智能化控制拖拉机等，也在抓紧研究开发之中。

随着信息技术日渐渗入我们的工作、学习、生活中，其方便、快捷、低碳等优势越发显现。单说目前红红火火发展的网络销售，足不出户，鼠标一点，就可以网购来自天南海北、形形色色的商品。

但是，在农机流通领域，除了应用信息化技术进行日常办公之外，还有一个有待探索的领域——网络销售，目前还是空白。农机化与信息化的融合肯定不能少了农机流通领域。农机流通的信息化如何实现，实在是一个需要好好研究的课题。

就此问题，笔者跟研究农机领域无店铺销售专题的四川商务职业学院李晋教授等有关方面的专家进行过多次探讨，感觉还是众说纷纭，理念有了，如何实施，还一时还难有很好的切入点，或曰结合点、融合点，更难找到可操作的方案，毕竟类似汽车这样的消费品还没有网购的，拖拉机要网购更有一段长长的探索之路。

现今的网络销售，大多涉及日用消费品，而用作生产工具的装备还极少。网络销售，是实体和虚拟的结合，只有把这个结合点找准，才可以把这项工作开展起来。

农机，像拖拉机这些大件，农民绝不会"隔山买老牛"，那是"不见鬼子不挂玄"，看不到真家伙谁也不会掏腰包付钱的。就像我们买冰箱彩电等大电器，不到商场看过几回，再货比三家，是不会下手的。

农机商品跟一般日用消费品在其属性上是有差异的，消费对象也有些差异。所以，网络销售中，确定销售方式、选择销售对象应该另有思量。

综合与专家们的交流情况，农机网店的开设及其营运，有如下一些可能的模式。

其一是农机网店从配件做起。开个类似淘宝网上的小店，卖卖农机配件，卖卖设施农业中高科技的控制件等，由此培养一批农机的网络消费者，再逐步走向大型农机。

其二是建个网站，搭建营销支持平台。通过招商，形成一个涵盖全国的大型农机网络营销博览网，把尽可能多的东西都放到网络营销平台上去。一个合理的投入能把这个平台建设起来、运行下去，发展下去。收益方式或许是订单提成，先期不求挣大钱，能维持网络运转，就可以了。之后，加强网站的宣传，搞他个家喻户晓，再弄个便捷的联系方式，比如拨一个8000、123456什么的号码，用平台去推广农机产品。当普通农民都知道拨打专有电话或轻点鼠标时，就全盘皆活了。

其三是建一个涵盖农业投入品的网络平台，整合资源，使不同种类的农用投入品相互支持，最终形成全方位的网络销售体系，农机算其组成部分之一。

网店、网络销售，熟悉；但农机网店、网络销售，陌生。涉及传统销售模式的改变，涉及传统销售思维的变革，路怎样走？现在没有答案。本文不是扛鼎之作，只是引玉之石。

农机网店及其销售模式实践起来肯定会很艰难很复杂，但是，我相信这一步总是要迈出去的，那么农机网店，第一个螃蟹谁来吃？

● 农机有形与无形市场

有的念头（诗人说是灵感）在大脑里是出现时转瞬即逝的，需要半夜起来将其记录在纸条上的。"在有形中提炼灵魂,于无形中建立骨架",不晓得,也记不住,这是哪位哲人说过的话,也许就是自己冥思苦想的警句。但把这句话引到农机营销之中,做本文的引言还是相当不错的。

关于农机营销方式,有形市场的构架和无形的无店铺的时空覆盖营销的结合,此等问题,四川的李晋先生正在做深度思考状。常常用椒盐的川味普通话,把农机有形与无形市场研究的成果娓娓道来。

李晋者,四川商务职业学院教授(按当下世俗,讳其"副"),从事物流教学与研究,从来未把自己当做专家,但却做了些专家般的勾当,研究了物流中农机无店铺营销的有关理念、环境、条件等问题,就有形与无形农机营销的时空发展提出了一些有益的看法。

李晋教授出道于农业经济,自言大学时代在农经专业里农机学得好。之后,在政府机关、商圈、企业、院校历练,目前,又把触角的一支伸向农机营销圈子。通过物流的研究逐步涉足农机,对无形市场的研究,尤其是无店铺营销方式的研究,应该说略有建树,相关理念汇集成若干文献,散见于农机期刊之中。

在拜读其学说之后,我以为对不断拓展的我国农机营销事业具有相当的前瞻性。又与其进行了很多深度的接触,深感应当引起业界的高度关注。当下一个新的概念又在我国兴起,这就是"物联网",查了一下学术定义:物联网是指通过信息传感设备,按照约定的协议,把任何物品与互联网连接起来,进行信息交换和通讯,以实现智能化识别、定位、跟踪、监控和管理。按照这个定义有点云山雾海,让人摸不准边际,其实说直白一点,就是利用互联网进行物流。目前来看,物联网带来的效益还是以间接的为主,直接的比较少。间接的效益来自于对资源的整合和合理利用,这是物联网带给我们的最大福音。

在农机领域,有形的农机物流大家不足为奇,但是以互联网为媒的农机物流则算新鲜。因此,在与李教授对话之后,笔者试以笔谈方式将此推向业内朋友,以博起纵议和关注。

当下的营销方式中,实力雄厚者,如吉峰,仰仗强大的实力,可以全国布点,到省、到县,甚或到乡镇,在全国范围可以做到产品品种花色齐全,应有尽有,面面俱到。然而,具体到每一个点上,却不尽然,不但时有缺货,也难以备足用户所需之货品。营销方式是真实、有形的,也被称为体验式的营销,再雄厚,所能覆盖的品种也只能是有限的,很有限的。能为用户体验,陈列出来的品种只可能是当地一些主流品牌,而已而已。

其实,就其见解,完全可以让许多人申请立课题,进行一番深入浅出的研究,一年半载,或几数年,写上若干文章,取得若干成果,再获取一两个奖项。

无形市场借助强大的互联网，把有形市场的点并联起来，实现所有点的集合，不但可以实现品种的全覆盖，还可以实现时空的调配，做到有形市场的不断延伸，无形市场的全面覆盖。

有形的资源，永远是有限的，尤其是越往基层的农机营销店铺，面积、资金、人员、货品，都受到极大的限制。单说某一种产品，不可能全国所有的店铺都有样品，用于用户的体验。这一点上农机比日用品还要难做到。当下的生活用品超市，如百货，如家电，很多商品都是供应商出资供货，营销商出场地、货架。

相对而言，无形店，网络店，可以有很强的"无限"性，至少可以做到把销售商全国点，或者全行业店的完全陈列，为用户提供更广泛的选择空间。实现有形体验，无形展示，相互补充，为货源的全国、全区域调配流动实现补充，也实现了销售商在全集团内的资源最大整合，从而延伸、拓展了营销的空间，

物联网在中国已经开始进入产业化发展阶段，但现在不乏虚热，农机行业要上马物联网项目尚需仔细推敲、评审，还得进行一番实验性的探索，而不是一蹴而就的。

● 小露台大市场

今年以来，尤其是下半年以来关于农机工业转型升级的论点不断推出，一时间舆论蜂拥而至。大多数是就农机产品的设计、农机产品的质量等方面进行论述。

今天我要述及的看似与农机无关，但又严重关联。8月份，天津搞了一个中日设施农业研讨会，除了我们熟悉的内容外，还有一个新的天地———阳台农业。日本教授介绍了当前日本阳台农业，即屋顶菜园的发展情况。日本有一些个人和公司在从事这方面的研究和应用，还开发出种菜的围栏、肥水施灌系统，另外还有一些公司开展了设施设备的租赁、露台菜园的出租工作，不过目前发展的规模还不大，还存在成本高等瓶颈问题。

阳台种花养草早就不是新鲜事了，但那是小打小闹，假如弄成设施农业的话事情就不小了，如果再搞成一个产业，那就更大了。

这些年总听人念叨都市农业，其实俺一直就没有弄懂其内涵。有"都市农业"这一称呼，那就有与之对应的"乡村农业"，说"乡村农业"，好像又出了逻辑混乱问题，千百年来，乡村跟农业几乎是画了等号的。

回头想想，都市利用露台（含屋顶、阳台等无顶盖的区域）种植倒是正儿八经的正宗"都市农业"。

发展露台农业，有两个亮点，一是设施农业进城市；二是植物工厂进家庭，意义何其大也。

设施农业进城市。露台虽小，但是几乎家家都有，集小成多，串起来面积也不小，弄成一个产业也未必不可能。这里面有我们农机的市场，参照乡村的设施农业种植模式及其装备配套，露台种植所需的基础设施、耕种、灌溉、植保，甚至包括收获等环节都需要装备，研究、开发、生产都是市场，何乐不为？

植物工厂进家庭。植物工厂目前已经有了，而且装备水平、种植技术都很高，假如简化、缩微之后进入家庭未必不可以。过去我们搞农户笼养鸡就是将工厂化养鸡设备的一些环节简化之后用于农户家庭使用，最主要的就是鸡笼子，这种分解拆除后使用，获得了极大的成功，此项技术的应用甚至还获得了国家科技进步奖。此外，家庭早有的养鱼水族箱，细细考证，似乎有点像现在的家庭植物工厂，要论起产品研究、开发、生产、销售，市场容量也不得了。

露台农业技术及其装备都有那些，结合日本专家的报告，我拟出一份清单：温室补光装置、地源热泵、灌溉设备、水肥一体化装备、湿度管理装置、升降作业机（作业平台）、雨水收集装备，还涉及物联网、温室技术等。

露台农业，也有称阳台农业，算不算是一个新的农业领域，有待大专家的论证，但是发展前景是有目共睹的。除了生产一定的洁净植物产品外，还有若干的效果：一是让许多在职或退休的人选择农业，发展地道的都市农业。二是让更多的人去体验农业、了解农业和享受农业，相信很多人体验种植后会大大提高对农业的认识，对于全社会关注农业是大有裨益的。三是绿化美化城市，屋顶绿化从花花草草变成菜园，老少皆宜，休闲功能、生产功能，或许对治理雾霾也有贡献，一举多得。

露台农业既可以是千家万户的行为，也可以成为公司化的行为，虽然目前发展时间不长，但可能衍生出不可考量的产业效益，这个产业或许是个不小的蛋糕。

● **农机零配件，小商品大市场**

8月中旬，召集一些农机合作社理事长们开会，原想讨论成立一个合作社联合中心，共同租一块地，存放农机农具，建立联合的维修车间，共同的培训场地，结果原始想法被理事长们否定了，原因如何，不是本文分解重点，不多赘述。谈论之中，理事长们另外提出了农机零配件问题，购买不方便、质量出差太大等，都建议在天津搞一个农机零配件集散销售中心。随着一些农机主机企业陆续落户天津和天津农机配件生产企业的兴起，这未必不是一个极佳的主意!

据了解，当下农机生产企业、农机销售企业，由于税费等因素，在经销中，普遍存在重主机，轻配件的思想，农机零配件被当做鸡肋，弃之可惜，食之无味。

不几日，入京参加一个论证会，又据行家述说，某大型农机生产企业，年主机年产值过百亿，而零配件销售却只有区区4千余万元；与此案例相近的一家农机外企，年主机销售30余亿，零配件销售4亿多。两相对比，不说让人感慨，也得唏嘘一番。

照上述言语描述，似乎农机零配件是可有可无之物，其实当为彻底的谬矣。

农机零配件相对于主机分量小、价值低，但绝不是可有可无之物。实话实说，对配件市场情况笔者本不是很熟悉，只是因为前者所说会议原因才激起进行探究的思想。从网上查询得知，距离俺们不远处即有一个硕大的农机零配件市场，畏避广告之嫌，姑且不提名称，网上介绍得知，市场占地40万平方米，1993年以来，市场建设累计投资6亿多元，建筑面积21万平方米。现有固定门店1 800个，主营整机和汽车、农用车、机动三轮车、拖拉机、农机具、农用排灌、收割机、农副产品加工机械八大类配件，2万余品种。国内600多家大中型企业在市场从事直销或代销，名优产品占市场配件总量的60%以上，已形成辐射全国各地并出口印度尼西亚、巴基斯坦、俄罗斯、尼日利亚等亚、非、欧20多个国家和地区的销售网络，2011年市场交易额达到160亿元人民币。

大约在10几年前我去过一次，时至深夜，店铺已经闭门谢客，知道店铺很多，此外就没有留下什么印象。此经网上查询方知还有这番宏大的景观，这番巨量的交易。着实坚定了俺们也要搞一个农机零配件集散中心的决心。

平心而论，经销农机零配件利润肯定不如主机，但是也绝不可以就此小觑。前者所举案例中，百亿产值企业老总说，正常情况零配件生产营销当在三四十亿，言之凿凿。

再观现实中的农机零配件市场，经销单位多是小门小脸店铺，不少还是夫妻店，或者农机维修点捎带经销。主机企业多半没有重视起来，正规渠道不畅，因此，各种仿冒产品行走市场。同样的配件，可以做到100~1 000元都可以买到，质量千秋就可见一斑。

这些年，在农机购机补贴的促动下，我国农机化发展迅猛，机械化水平提升之快有目共睹，而支撑农机化水平提升的正是大量的农业装备投入使用，据统计，2012年全国农机总动力达到102 558.91万千瓦；拖拉机保有量达到2 282.45万台，拖拉机配套农具3 845.09万部，联合收获机保有量达到

127.88 万台。除此之外还有大量的植保机械、排灌机械、农用运输机械等。如此巨大的数量，所需零配件之多也不言而喻。另外，这些年农机的大量增加，不少地区农机拥有量应该处于一种近饱和状态，维修服务成为很大的需求。

这样巨大的市场，主机企业不作为，主渠道不畅通，质量监管不到位，难怪乎假冒伪劣充斥，坑农害农现象时有发生。

在农机流通领域，农机零配件算是小商品，但小商品也有大市场，未来农机营销市场，无论是连锁销售也好、品牌直销也好，甚或电商捷销也好，千万别忘了也是大问题的农机零配件的规范化销售。

● 从菜篮子看农机推广的成就

我国是一个人口大国，也是一个农业大国，粮食生产一直是农业生产的主角。改革开放以前，"以粮为纲"喊得震天响，可是老百姓依然饥肠辘辘。改革开放之后短短几年，农业生产发生了翻天覆地的变化，粮食生产迅猛发展，在很短时间里解决了撑饱肚皮的问题，13 亿人吃饭问题的解决无疑是一项了不起的成就。

在初步温饱解决之后，人们发现，菜篮子仍然空空，如何丰富我们的餐桌成为新的课题。抓副食品生产提上议事日程。还记得 20 世纪 80 年代，哈尔滨出了一位抓豆腐的副市长，一时声闻天下。此豆腐在现在算不上什么问题，甚至想不出还能成为问题。而当时的确吃不上。由此可见当时当地副食品的匮乏。

20 世纪 80 年代初的天津，打酱油需要用老瓶子换，买火柴要用副食本，买大白菜要凭副食本，家家都有一个副食本，不少零七八碎的副食、调料什么的都要用上这个要命的"本"，说到底还是物资稀少，供应匮乏。

农机推广在天津与农机事业发展同步，然而真正兴旺发展，还得从丰富市民的菜篮子开始。1979 年，天津农机科技工作者从一个简单的养鸡笼开始了新的农机推广振兴之旅。1979 年率先在天津市开始研究的农户笼养鸡技术被农业部列为重点推广课题，从 1982 年起在全国进行推广，并在天津设立了全国农户笼养鸡机械化技术联络中心。到 1984 年，这项技术推广到全国 28 个省、自治区、直辖市，共推广各种笼养设备及机械 18 万台套，笼养蛋鸡 1 600 万只，取得经济效益 7.3 亿元。简单的养鸡笼开始了农户机械化养鸡的进程，颠覆了农户千百年来散养的习俗，时蛋鸡饲养量、产蛋率骤然提升。使鸡蛋从寻常百姓家的稀罕之物变成了寻常菜肴，功不可没。为此，农户笼养鸡技术推广荣获国家科技进步三等奖，开农机推广获国家科技进步奖之先河。

农户笼养鸡技术推广取得斐然成绩之后，在市民菜篮子不断丰富的进程中，农机推广的元素就与日俱增。得到越来越多的体现。

天津号称九河下梢，河网交错，但是市民就是吃不上鲜美的鱼。为解决这个问题，当时的市长李瑞环提出，苦干三年吃鱼不难。1983 年为响应市政府提出的"苦干三年吃鱼不难"的号召，天津市农机部门开始进行淡水养鱼机械化技术试验，1985 年被列入农业部重点推广项目，到 1987 年，平均每亩产量达 422.5 千克，比推广机械化养殖技术之前的 1981 年提高近 8 倍，有力地促进了市政府提出的目标的顺利实现，1989 年该技术获得天津市科技进步二等奖。机械增氧、机械投饵、机械化饲料加工，彻底改变了人放天养传统养殖方式，产量倍增，效益倍增，并从养鱼扩展到养虾、养蟹，市民餐桌再次充盈了鲜美的鱼、虾、蟹，天津再次成为人们品尝海鲜之处。

从此，农机推广为丰富市民菜篮子的贡献一再彰显。农机推广的元素更多出现在副食品生产之中。90 年代底以来，天津农机部门先后组织实施了"日光温室优化设计及环境控制技术研发""天津市新型日光温室及机械化综合配套技术推广""新型节能日光温室综合配套技术示范推广""蔬菜工厂化生产设施设备及技术示范""LPG 温室增温及二氧化碳发生兼用设备的研制与开发""天津市蔬菜保护地机械化技术推广""绿色无害化蔬菜生产综合技术示范推广""设施蔬菜生产规范化技术推广""新型日光温室复合材料开发研究"等农机科技项目，先后获得部、市级科技进步奖 5 次，取得了较显著的经济和社会效益。

如，2000 年 7 月至 2003 年 12 月，实施的天津市农委"绿色无害化蔬菜生产综合技术示范推广项目"，示范推广了日光温室绿色无害化蔬菜栽培技术、蔬菜基质栽培技术、植物及生物农药使用技术、日光温室高效种植模式以及绿色无害化蔬菜生产机械化技术等 7 项主体技术，并引进了应用抗逆性强、质优的蔬菜新品种。项目实施过程中还制定出绿色食品蔬菜生产操作规程通则 1 项，绿色食品蔬菜黄瓜、番茄、辣椒、菜豆、芹菜、韭菜等主要品种的生产技术操作规程 6 项，新型节能日光温室建造技术规范天津市地方标准 1 项，以及温室微耕机、卷帘机、热风炉等设备的操作规程。推广面积累计 970 公顷，实施区种植蔬菜全部达到了绿色食品 A 级标准，累计增加经济效益 1759.5 万元。

2001 年 7 月至 2003 年 12 月，实施的天津市农委农业重点技术推广项目"设施蔬菜生产规范化技术推广项目"，引进推广了黄瓜，番茄及稀特菜等温室专用国内外蔬菜新品种 22 个；引进、推广微耕机、热风炉、卷帘机、二氧化碳增施设备等 1600 台套。通过对设施设备和生产技术的规范，将设施结构的更新、品种更新及无害化生产技术有机结合起来进行推广和普及，示范推广面积 2 610 公顷。该项目获天津市科学技术进步奖三等奖。

1994 年 1 月至 1995 年 12 月，实施的天津市农委"肉牛饲养配套农机化综合技术推广项目"，采用氨化技术、棉籽饼脱毒技术和工业废气物养殖肉牛，使肉牛育肥期缩短到 100～120 天，日均增重 1.5 千克，每千克增重精料消耗在 2～3 千克以内。完成肉牛养殖配套农机化综合技术规范，形成年出栏肉牛 1 000 头的生产开发示范基地，年创利润 60 万元。

1995 年 1 月至 1996 年 12 月，实施的农业部丰收计划项目"肉用北京鸭旱养机械化综合技术推广项目"，在本市推广了肉用北京鸭旱养机械化综合技术，包括网上养鸭技术、塑料暖棚机械化养鸭技术、配合饲料育肥技术、疫病综合防治技术等，适合天津市各养鸭饲养场使用，与传统的地面饲养相比，具有鸭子增重快、减少污染、降低鸭子死亡率、改善鸭舍环境等突出优点。通过项目实施，肉鸭在饲养 49 天后，平均体重即可达 3 千克以上，且网上养鸭死亡率仅为 2%。

进入 21 世纪，自动嫁接技术、现代物理农业工程技术、高效植保技术等农机化新技术不断应用到农业生产之中，更成为无公害、绿色农产品生产不可或缺的保障手段。农机推广在副食品生产中发挥了越来越大的作用，也取得了非凡的成效。

鱼、蛋、奶、肉、菜等副食品是我们日常生活不可或缺的物质，是人民群众菜篮子的主要内容，从少到多，从多到丰，从紧缺到保障供给，是国家政策的使然，是科技进步的贡献，更包含我们农机人不懈努力的奉献，随着经济、社会的越加发展，人民生活中农机推广元素的表现就更加突出。我们不但见证人民生活富裕的进程，更为我们在这个进程中的作用而自豪。

● 农机推广点线面

按说，从事农机推广工作研究的人多了去了，我还研究个啥呢？仔细再分析，这些年研究农机推广的人确实不少，不过，研究推广技术及装备的居多，比如，某项技术应用应该注意什么问题、技术操作要点、机具特点等等，大多数研究是冲着技术本身下手的，而研究推广方法的倒是鲜见。

做任何工作，都得采用一定的方式方法，方法不对，工作容易走弯路，耗时耗财。在科学研究上，好的方法是成功的重要基础。农机推广我们干了几十年了，可谓轻车熟路，把项目拿下来，照着套路走，一年两年，圆满结束，最终是按照常规的说辞"顺利通过验收"，主管单位、实施单位皆大欢喜。

啥是传统的套路？依照笔者几十年农机推广历练的理解，大概是这样的，申请立项—批准立项—组织实施—项目结题。这是一个大的框架，具体还是有很多工作要做，比如申请立项，需要收集大量的资料，编写课题申报书，有时还需要参加答辩；又比如项目实施，项目完成立项之后，要建立示范基地、组织技术培训班、召开现场演示会，有的还要进行现场验收。当然，大结局是项目验收，准备好项目实施中的素材，撰写验收报告（技术报告、工作报告和效益分析报告）、开项目实施证明，一般而言，做完这些必备的功课，验收自当顺利通过了。

上述剖析的项目完成过程，由若干重要环节组成，笔者看来就是项目的每个点，把这些点串起来就成了一条线，通常的工作就是做好这每一个关节点，点做好了就可以交差了。

笔者看来，农机推广工作离不开"点"的工作，但这些"点"都是孤立的，并不是做好"点"的工作就行了。农机推广工作应该是一个"面"的工作，进而是"立体"的工作。所谓面与立体，就是说推广工作应该在时间、空间全面推进。一个项目，不是组织一次培训班、召开两次现场会就万事大吉的，应该在整个项目实施时间段不间断地推进工作，除了根据农时季节安排上面说到的几项活动外，还应该时时进行项目工作，重要的就是不断采用各种方式宣传普及新技术新机具，从时间上而言就是全程进行宣传，从空间上而言就是除了应用媒体进行宣传之外，还应该利用每一个可能的场合进行宣传，从而使项目所要推广的技术信息全方位多层次的传播，用不懈地传播，把各个"点"勾串起来，就此构筑了一个点线面的农机推广工作框架。

由点到面，由面到立体，整个推广工作算是有血有肉、生动活泼，不再是分散的、单调的工作过程。如此表述，并不是说"点"不重要，所谓"点"被称为关节点，都是精华所在，但是，只做好点的工作还远远不够，"点"是有一定局限性的，规模、影响力受到限制，推广工作本身不是局限于一时一地的，必须全程推进，因此，就需要有机地将这些点连贯起来，从而形成时间、空间结合的全面推广格局。

农机推广点线面的贯通，用什么方式方法值得思考，本文算是抛砖引玉，以期引起同仁们的关注，应该重视研究农机推广的方法。

● 农机化推广的供给侧改革刍议

4月21日，天津市农机局在滨海新区大港世纪田园农机合作社组织召开了天津市科技下乡活动暨主要粮经作物生产全程机械化技术展示演示活动。本次活动分技术研讨和展示演示两个环节，其中，有50余家农机生产企业的100余台套新型农机化技术装备在现场展示、演示，相关技术专家还在现场开展了技术咨询服务。官方新闻稿宣称：活动目的是满足农业结构调整对农机技术装备的需求，优化农机化供给侧改革，搭建农机科研、推广、管理、生产企业及农机使用者之间的交流平台，促进都市型现代农业发展。

我觉得这次活动深层次上有两点意义值得关注，一是拉开了农机化新技术供给侧改革的序曲。二是推广活动与购机补贴保持了距离，不再像过去一样只是围绕是否有补贴而动了。

先前，关于"供给侧"改革，我还有些不以为然，觉得供给与需求是始终存在的，而且一直在相互牵制、相互适应过程中，不需要特意去强调要改革哪个方面，甚至认为在学术上是个伪命题。这些日子以来，在不断调研中越发理解这个问题的重要性，不重视这个改革，已经影响事业发展。

以天津为例，主要粮食作物耕种收机械化率已经达到 86% 以上，进入了所谓的高级阶段。但是随着农业结构调整的深化，许多新的需求诞生了。按照市委市政府农业结构调整"一减三增"的要求，计划从 2015 年到 2017 年，全市共调减 100 万亩粮食种植面积，增加蔬菜、花卉、食用菌、中草药、林果等高效经济作物，促进结构调整，带动农民增收。而这些作物的机械化则绝对是短板。有专家分析后指出，经济作物，尤其是蔬菜等作物，品种多、面积小、种植分散、农艺复杂，尤其是华北地区的日光温室，室内空间狭小，我认为这基本是建立在人工作业为基础的农业设施，搞机械化先天不足。这些特征都为机械化发展带来极大的障碍。而从我国农机工业供给来看，也大多数是适用于大田作物、大面积生产的机械，小品种、小面积或设施内的机械极少，应用当然也就少了。

而当前我国粮食生产在"十二年增"、国外低价"倾销"的双重压迫下，正面临结构调整的重大转折关头。一部分区域开始发展马铃薯产业，做起了马铃薯主粮化的文章；还有的发展中草药种植；而城市郊区发展都市型农业，则走发展蔬菜种植、休闲农业等产业之路，这些无疑都给我们农机工作者提出了新要求，需要新的机具，需要新的机械化生产技术，这是不是就是所谓的需要"供给侧"进行改革，提供新的需求所需要的新产品、新技术。对于这样的"供给侧"改革，我觉得确实是不改不行了。其一，随着农村经济的发展，大量的劳动力转移到二三产业，留下来的应该算作是职业农民了，而这些人已经不适应或者说无法忍受人工劳动的模式了；其二，农业结构调整也遇到相当大的阻力，比如，玉米不让种了，那么种什么、怎么种？就变成了摆在新农民面前的问题，没有机械化的农业怎么发展？不仅仅是我们不适应，农民同样不适应；其三，人工成本不断攀升，也亟须用机械化生产来代替人工生产，否则新领域经济效益难以为继。

说了这许多貌似理论的话语，我们再回到文章开头的新闻报道上来。原来的类似活动，一般叫春季机械化现场会、全程机械化现场会，而这次特地命名为"粮经"作物，一字之变，内涵相差万千。另外，从参加展示演示的机具也能看出这种"供给侧"改革的取向，相对于耕播收等传统作业机具，饲料收获机械、秸秆加工机械、土壤消毒机械、园田机械等唱起来主角，而深松机、高效植保机（包括无人植保飞机）也颇受关注，这正所谓"供给侧"改革已经在路上了。不难看出，农机化技术发展已经自觉不自觉的开始走上"供给侧"改革之路，农机企业、农机经销商以及农机推广、管理部门都当各就各位，在这个"供给侧"改革中找到自己新的定位，扮演新的角色。

● 拖拉机教练机

看标题有点绕哈，其实一点都不绕，再说清楚一点，或是写一个词条解释，就是拖拉机的教练机。

话说我们的农机安全监理体系从 20 世纪 80 年代兴起，基本规制是依照汽车管理模式来的，按现在的词汇说就是克隆。人领证、机挂牌，每年年检，违章罚款。曾经，我们的农机监理员也着制服上道路拦机检车、纠正违章、开具罚款单子，这些说起来都是过去时态了。《道路交通安全法》出台以后，农机、公安交管在拖拉机等农机管理方面职责进行了重新的界定，现今是各司其职，齐抓共管，都为农机安全生产保驾护航。

拖拉机的安全监管有部门分工，但拖拉机驾驶员的考核、颁证都是我们农机管理部门的事。考核发证之前需要进行培训，这培训大致分为理论培训和驾驶培训。理论培训不说了，单说这驾驶培训，需要机手上机操作，启动、挂挡、前进、倒车、上坡、下坡、弯道、直道、入库，等等，都需要教练员言传身教。学过汽车驾驶的人都知道，汽车有专门的教练车，学员在主驾座位，教练员在副驾座位，教练员在指导时可以通过联动的副刹车装置保障车辆安全行驶。然而，我们的拖拉机却没有专门的教练机。一般农机培训学校只是购置普通的拖拉机来做教练机之用，存在安全上的隐患，也存在法规违禁。

现在充作教练机的拖拉机一是没有可供教练员操控的副刹车，不能有效地掌控拖拉机的行驶状态，存在重大的安全隐患；二是没有教练员的副驾驶座，现有拖拉机驾驶室一般都比较狭小，没有专用的副驾驶座位，教练员要么坐在盖板上，或自己加装一个可以翻折的小板，极不方便，也不安全。另外，按照目前农机安全法规规定，拖拉机在行驶中，盖板上是不能坐人的，坐人属于违章之列。

上面说道，教练员在现有普通拖拉机上执教，机上设备不能保障安全，同时又有违法规规定。而在拖拉机驾驶员考试中，这个问题同样存在。路考中，考试员不上车考试违规，上车考试同样违规，典型的两难问题。

分析存在的问题，不难得出结论，很有必要开发生产专门用于拖拉机驾驶员培训、考核的拖拉机教练机，这样才合规合法。

要说开发制造这样的专用机，从技术而言应该不难，加大驾驶室、增加副驾驶位、配置联动刹车系统。我们已经着手改装了样机并投入考核使用。透露一下，我国已经有这方面的专利了，不瞒大家，其中就有俺领衔申请的。

当然，要做的工作不单单是改装现有的拖拉机就行了，硬件方面要解决，软件方面的问题也是需要解决的。拖拉机教练机名称好起，也可以成为一个新的拖拉机机型，而且是一系列的，对企业而言是一个新的市场。前一年，俺们曾经跟某拖拉机企业一起磋商过，还做过技术经济分析、市场预测什么的，自我感觉是相当的诱人。不过现在当务之急需要制定相关的行业标准，标准先行，从技术法规层面给这样一个新的拖拉机机型定出技术规范，产品标准、检验标准，是不是还得弄个鉴定大纲啊，这是俺想到的，还有没有，鉴定专家、开发制造专家比我明白，我就不瞎说八道了，不过搞标准的时候别忘了叫上俺哈。

现在我国农机中实行牌证管理的产品，除了拖拉机，还有联合收获机，所以联合收获机同样存在这样的问题，性质相同、技术要求相同、法规要求相同，为编辑部省些稿费，俺就不再赘述一遍了。开发联合收获机教练机、制定技术标准，一样都不能少。

安全重于泰山。企业也好、培训学校也好、农机安全管理部门也好，都必须把农机驾驶人员、教练员人员的生命财产安全放在首位，也都有责任去保护他们的安全，同时，我们也必须严格遵守法律法规的要求来开展工作，因此，开发生产、使用农机的教练机势在必行，制定标准势在必行！

● 农用无人机看起来有点美

农用无人飞机前景广阔。这是业内不少人的看法，我也赞同这样的看法。

本文标题用了"看起来有点美"的表述，实在是发自内心的感叹，不是平常间我们说什么"看起来有点美"，实则是含蓄的反向表达一般，确确实实、真真正正是正面的表述。

我很佩服今年将农用无人机纳入农机购机补贴目录的省份，在这个领域敢于吃第一个螃蟹。你不吃我不吃，怎么能知道农用无人机的"味道"，正应了毛泽东说的，要知道梨子的滋味就需要亲自咬一口。

当然，我们没做成吃第一个螃蟹的人，并不说明我们就不想吃螃蟹，海鲜的美味也时刻在诱惑着我们，这不两年前我们也开始尝试进行试验示范，趟着水摸石头过河。

时间倒回：公历 2014 年 9 月 2 日，上午 10 时；地点：天津市农机化示范推广中心（天津市宁河县东棘坨镇政府北 2 公里处，小芦庄村南侧）；人员：？天津各区县农机局领导、推广人员及农机合作社人员；承办：天津市农机鉴定站、宝坻区农机中心；内容：遥控直升机工作原理、性能、操作方法讲解，遥控直升机植保作业演示；机型：FWH－80 型无人直升机、神龙 SLA－111 猎鹰（油）航空植保无人机；会议名称：农用遥控飞机植保作业现场会。反映：一众人等兴趣盎然，热情高涨。

看看，我们也没闲着啊！

有业内同仁看了我在微信里发的图片后，还直埋怨咋不通知一声，好介绍有关公司带无人机来演示；同时也另有人要求下回再有活动也来瞅一瞅，你说是不是前景可观？要不大家咋都高度关切。

关于农用无人机，在很多地方看过表演，感觉是个好东西，但心里也有些打鼓，表演归表演，真刀真枪抢起来用到底如何啊？

说农用无人机"看起来有点美"，有两层意思。

所谓"美"者，据有关资料介绍，一曰高效安全。无人机每分钟可以喷药 2 亩，1 小时可以喷药 40～60 亩，一台飞机一天可以飞施 400～600 亩地，相当于人工喷药的一百多倍；远距离遥控操作，使人与药隔离，喷洒作业人员避免了暴露于农药的危险，提高了喷洒作业安全性。二曰操作方便，飞机可空中悬停，无需专用起降机场，随起随降，操作方便。三曰防治效果好，与地面机械田间作业相比，不会留下辙印和损坏农作物，并且作业高度低，飘移少，旋翼产生的向下气流有助于增加雾流对作物的穿透性，防治效果好；四曰作业成本低，采用喷雾喷洒方式至少可以节约 50％的农药使用量，节约 90％的用水量，降低了资源成本；另一方面一台飞机喷洒农药每天可作业 400 多亩，节约 10 个劳动力成本，与人工喷洒农药相比，采用无人机作业每亩田至少要节约成本 20 元以上。五曰可完成地面机械所无法完成的作业，不受地理因素的制约．无论山区或平原、水田还是旱田．以及不同的作物生长期，农药的喷洒不受太多因素的影响，特别是对于滩涂、沼泽等地面机械难以进入的、或是蝗虫和其他害虫的滋生地域，都可顺利高效地完成作业任务。在当今农村劳动力普遍紧缺的情况下，采用农用遥控植保飞机进行农作物施药防病治虫，具有明显的省工省时、降低劳动强度的优势，极具推广价值。特别是针对种粮面积成百上千亩、需要大量使用劳动力进行田间管理的家庭农场、种粮大户，这更是一场技术革命。

所谓"有点"者，实则是有点担心，会不会是企业把新产品测试、产品中试超前让用户来体验了。据说目前还没有统一的产品标准、试验标准，好像有个别省制定了地方标准，但我深刻怀疑目下哪家机构能胜任这种飞翔的农机产品的检测。看了各地的表演，总感觉有些欠缺，动力小，药箱小，巡航作业时间短，辅助作业时间占比高，另外喷药质量是否说的那么好，对操作人员要求高，售后服务能否跟上，呵呵，好像问题也不少，至少我存有疑议。并且，由于目前各企业产量很小，产品价位虚高，高高飘扬，也给用户极大的负担。据说在 2012 年时在用农用无人机也就 100 多台，这两年进项也不会太多，估计也是因应上述种种问题所困扰，算不算叫好不叫座？

是金子，早晚会发光，我相信假以时日，农用无人机会将不仅仅是看起来有一点美，而是实打实的美不胜收。

● 农用无人机的三担忧

要我说啊，农用无人机，真是个好东西；但是现在要猛推，真不是好东西！

说农用无人机好，有资料证明。据测算，无人机喷洒，至少可以节约 50％的农药使用量；防效好，作业高度 2～4 米，漂移少，旋翼产生的向下气流有助于提高雾流对作物的穿透性；效益高，每小时可防治 40～60 亩；方便安全，垂直起降，无需专用起降机场，可空中悬停，远距离遥控操作，确保喷洒作业人员安全。无人机农药喷洒效率可以达到每天 400～600 亩，比人工作业是嗨上了天。据说未来会有千亿市场空间。

要说现在不猛推，也有一大堆理由。相关资料显示，我国农用无人机仅占植保作业总量的 1.67％，远低于美国、日本等发达国家的水平。美国的生产模式咱就不说了，日本生产规模、方式跟俺们多多少少有些相似之处，这无人机咋就没有在日本火起来呢？真的耐人寻味！我没去过日本，估计也不咋的有机会去日本，因此烦劳有机会去日本的农机界朋友好好研究一下，给俺们开开脑洞。

说这么好的东西，你咋还担忧，担忧啥呢？

一是担忧企业白忙活。全国到底有多少农用无人机生产商？有报道说 100 多家，也有说达到 300 多家，还有说 500 家的，总之是很多。这样的场面让人想起过去小麦收获机、玉米收获机发展的情况，十年之后还能有几家留下？当初火遍全国的新疆－2 厂现在在哪里？最终肯定是一哄而上，泛滥生长，最后一哄而散，要么当了回过路客，看了场热闹，要么赔了夫人又折兵，劳民伤财啥也没捞着。

二是担忧鉴定部门瞎忙活。这话我早说过，无人机产品现在没有标准，就是有了标准，还不知道谁来做鉴定。单说这鉴定能力管理部门咋去授权？现下我们农机管理部门估摸着没有谁可以给予授权，如果强制要求鉴定部门去做，无异乎将鉴定部门推向危险之地。这可不是胆大胆小的问题。不做鉴定意味着纳入不了农机购机补贴范围。按照现行体制，想推广，得补贴，哪就得鉴定，定型鉴定谁能做？推广鉴定谁能做？需不需要做风洞试验，这个不太懂，我想是不是应该这样做。假如做选型试验，全国几百号生产企业，事更大了！

三是担忧用户利益受损。前面说了，日本那么有钱的地界都没有火起来，咋着还比较穷的地界咋就能火得不行？有报道，目前我国农用无人机多数是由航模飞机制造商生产的，其配备的电池平均续航能力为 8～15 分钟，在飞防过程中需要准备多组电池更换，而平均每组电池价格在 2 000 元左右，成本较高，导致机器性能不够稳定，这让很多农户对无人机产生畏难情绪。有报道，一名合格的航飞操作机手培训费用大约需要 1.5 万元，培训时间需要 2～3 个月。还有报道：植保无人机作业效率高，作业面广，但农药若使用不当，则会造成严重后果；应建立喷药及施药行业规范，防止药物胡乱使用。不成熟的产品，稀里糊涂地买回家，用不了多长时间，电池不行了，作业效果不好判定，损失谁来负责，要真是掉下来一架来，几万、十几万或者几十万没了，统计数据说国外某款植保无人机坠毁率是 3％～8％，对全国而言是小数据，对购机户可就是大数据，可能还没有这方面的保险，三思而后行吧。

某行业人士一篇无人植保机的文章中提出三个选项供读者投票，现把投票情况充做本文的结束语，请大家自个咂摸。

①现阶段卖无人植保机给农户有戏吗？（三选一）

○没戏：51 票，85％。

②现阶段无人植保机产品是否成熟？（三选一）○不成熟，还需认真打磨产品：52 票，86％。

③将不成熟的无人植保机产品卖给农民道德吗？（三选一）○不道德，把农户当小白鼠坑：42 票，70％。

● 影响玉米收获机械化的非主流影响因素

玉米是我国第二大农作物。玉米具有粮食、饲料和工业原料的属性，在国民经济中的基础地位不言而喻。20 世纪 90 年代后期，我国小麦完成了机收的重大突破，实现了耕播收主要环节的全程机械化。人们不约而同地将目光集中到玉米的全程机械化上，而要实现玉米生产的全程机械化，机收成为发展的瓶颈。

1998 年，我等在河南许昌组织了一次民间的全国玉米机械化收获现场会，并想以此为契机组织由南向北的玉米机械化收获跨区作业，虽然有 10 几个机型的玉米收获机参加了现场会，但是，跨区作业却没有企业敢于参与。到

2007年，农业部在山东举办第一次部级的官方现场会，10年过去了，玉米机械化收获并没有达到我们预期的目的。2008年，全国玉米机械化收获水平只达到10.6%，而同期小麦机收水平已经达到82%，相比之下，玉米机收水平还处于很低的阶段。

玉米机械化收获与小麦机械化收获，两相比较，在政策扶持、行政推动及技术开发等方面，玉米收获显然得到了各级政府的更多的支持。比如政策扶持，玉米收获机纳入国家及很多省份购机补贴目录之中，享受着30%~50%的购机补贴；再如行政推动，针对玉米机收的现场会更是年年搞，省省搞，其次数、规模都远远超过小麦机收；再如技术开发支持，玉米收获机先后在北方各省都有立项，同期列入跨越计划、十五攻关计划、十一五支撑计划、农转基金项目及国家经贸委计划等，支持力度可以用空前来形容，而小麦机收相关项目则难以望其项背。

从动态来看，我们可以看到玉米收获机械化的发展速度远低于小麦的发展速度。我们常说，目前玉米机械化的发展与20世纪90年代小麦机械化发展情形很相似，小麦收获机的年增量一般都在4万~5万台，而同期，玉米前期只有几千台，近两年才达到万台以上，两者相较甚远。

从多方比较而言，我们可以认为小麦、玉米收获机械化发展中，玉米的政策、资金及行政力度要远高于小麦，而实际上，小麦收获机械化更呈现一种市场需求的真实拉动，市场化拉动的动因更足，市场化的印记更明显。

分析农机化发展的影响因素，我们一般都从政策、经济、自然等几个主流的因素进行分析研究，但在玉米机械化收获发展的过程中，除了这些我们称之为主流的影响因素之外，我觉得与小麦机械化收获发展比较，还存在一些非主流的影响因子，一直困扰着玉米机械化收获的发展。

本文试图浅显的进行一些分析，并以此引起大家的关注以至于共同解决之。有关非主流影响的现象及其剖析如下。

①推广机型选型不当，过泛过滥。在玉米收获机推广过程中，有的省区一下子涌入几十种产品，据说有的超过50种。这些机具推向市场，机型杂乱，良莠不齐，农民无所适从。这些机型几乎都互不能更换零部件，使用培训很难开展。一个省区不能选出适宜的主导机型，很难不说我们农机主管部门的失误，未能主动为农民把好选型关。

②在推广过程中搞雁过拔毛，层层扒皮，扒皮之甚，企业苦不堪言。不少地方从省级到县级都搞选型；鉴定部门搞完，推广部门也搞，形式多样，现场会、性能检测等，搞选型就要收费，收费过滥，且收费不菲，企业谁也得罪不起。还有的层层要服务费、推广费。本来应该"谁主张谁埋单"的事，结果都由企业兜了起来，最终企业将这些费用都添加到价格之中。比如前期一般一行

大约 1 万元价格的背负式机型，目前早就实现了价格的大跨越，企业的营销成本激增，补贴资金很大一部分"消化"在涨价之中，而最终买单的只能是玉米收获机的购买者农民了。

③销售过程中的"拈肥拣瘦"。一些经销部门受自身利益的驱使，不考虑农民利益，只考虑自身的利益，以实现利润和收费最大化，在推广过程中，极力向用户推荐大型、顶配的机型，这些机型一般都是价格高昂，经销商的利润相对较高。由于农民在玉米收获机购买中处于信息不对称的地位，以及主管部门往往站在经销部门利益一边，因此农民常常难以选择到性价比合理的机型，从而自身利益受到一定的损害。

④技术、贸易壁垒设置，阻碍先进适用机型的推广。一些地区在玉米收获机推广过程中，地方保护主义盛行，采取一些技术、贸易方面的限制政策，保护本地企业、本地产品，比如要求产品地产化、对不同地区产品采用不同的补贴标准等措施，这样做的结果往往实则上保护了落后，最后"倒霉"的还是农民，他们只能在一些农机部门划定的圈圈了选择产品。

⑤没有充分发挥补贴工作的导向性，使补贴工作没有实现解难解急的目的。一些地区在使用农机补贴资金中，补贴没有重点主次，缺少计划性、目的性和导向性，没有重点，花完为止。不是根据本地区薄弱的环节来重点推进，把好钢用在刀刃上，而是力争花完资金为目的。不能把玉米收获机发展作为重点，预留相关的资金、提高补贴额度，向玉米收获机倾斜等，使资金的导向性大大减弱，也影响了玉米收获机械化的发展。

综上，种种非主流的影响因素在实际中在不同地区都有不同的存在，它们虽然不是直接造成国家对玉米收获机械化扶持政策的实效，但也在很大程度上阻滞了玉米收获机械化的发展，应该引起相当的重视，亟待正本归原，使之回复到健康的发展轨道上来，我们相信，解决这些非主流因素，从而可以推动玉米收获机械化的又好又快发展。

● 玉米籽粒收获机，农机农艺融合的新范例？

玉米籽粒收获机，民间简称籽粒机，算起来应该是这二年刚刚兴起的一个产品，也成为近期收获机行业一个热门话题。说到这，或许有同行要说，收获玉米籽粒的收获机不是早就有了吗？确实如此，很早之前就有收获玉米籽粒的机器了，而且在东北地区得到一定程度的应用，比如，石家庄天人的机器。而本文要说的不是在东北行之有效的玉米籽粒收获机，而是应用在华北地区的玉米籽粒收获机，此机非彼机也。

我最早接触玉米籽粒机是在去年秋季，天津市玉米机收启动仪式上。现场，有几台玉米收获机一字排开，循序启动收获，为电视台拍摄大画面烘托场景。乍眼一看与往年并无二致，玉米机收是现在秋季农机化生产常态之事了，还能有啥新花样。不过细致观察，咋混进了一台小麦联合收获机？凑近一看，与常规小麦机大有差异，换上了玉米割台，出发后，没有见到玉米棒子，倒是见到籽粒满仓。一问，原来是改装的玉米籽粒收获机。待停机后我特意爬上粮仓观察一番，果然籽粒也，抓了一把，湿漉漉的，含水率应该相当的高。机手用湿度仪当场测试，含水率竟达到38％。讯问随行的农户这样的籽粒如何处理，回答说有人收购，怎样处理他们也不清楚。数天之后，在武清等地的玉米收获现场也见到了同样款式的籽粒收获机。仔细观察发现有这么几个问题，一是收获后的籽粒含水率高，均在30％以上；二是损失率较高，其中在武清收获现场有十几个人在机器后面捡拾遗漏的玉米棒子，场面相当搞笑；三是秸秆没有粉碎，扑倒在地，留下了焚烧秸秆的隐患；四是这些机器都是河南有关企业在小麦收割机基础上改装的，其中武清所见机器是河南农民在当地承包土地后带过来的。这些问题中，我觉得损失率、秸秆粉碎等问题都应该比较好解决，唯有含水率高是致命的难题。

今年以来，在与有关收获机生产企业接触中，都不约而同的提到玉米籽粒收获机话题，似乎都把开发这种机型列为一个重要的选题。3月21日参加山东省农机装备研发创新计划项目评审，我所在的优化提升、验证示范项目组有3家企业申报了玉米籽粒收获机项目，我相信在另外一个创新研发项目组里肯定也不少。种种迹象表明，直收籽粒已经成为玉米收获机发展一个焦点问题，尤其是在过去被认为没有发展前景的华北玉米种植区。

后来了解，这两年在河南、山东已经有若干企业在生产这样的华北型玉米籽粒机了，看来我这几年没有认真关注玉米收获机发展，已经严重的孤陋寡闻了。

过去一般都认为，华北地区玉米收获时籽粒含水率都在20％～30％，而玉米籽粒安全存储的含水率应该在14％左右，所以华北地区不适合籽粒直收，稍有破损，很快就会霉烂。另外，没有及时的烘干设备也不利于玉米籽粒直收，因此，籽粒直收机只在东北地区得到应用。这一年多冷不丁的就出现了华北型的玉米籽粒机，并且大大方方在生产使用了，确实让人大吃一惊。

不是我不明白，只是这世界变化太快。歌词是这样说的，现实也是这样变幻着的。玉米籽粒机，华北型，作为一个产品出现在视野应该不是偶然的，东北行，华北为什么就不可以行？从机器本身而言，应该不存在什么问题，需要攻坚克难的是收获时的籽粒含水率问题。怎么解决？我想不外乎两个条件，一是籽粒直收，配套机械化烘干设备；二是培育收获时含水率低的玉米品种。或许将两者结合起来。查了一下有关资料，据说收获时籽粒含水率在30％左右就适合直收，还有说25％可以作为一个适宜品种标准，而且这样的品种已经培育出来。

玉米籽粒机的发展不单单是机器的问题，涉及收获机、品种、烘干机等等，算是一个系统工程，因此，我们推广的就不只是收获机，而是一种新的玉米生产模式，如果成功，可能就是农机农艺融合的一个新范例。

● 机械化要从种子抓起

自从邓小平说足球要从娃娃抓起后，各行各业关于从娃娃抓起的说法就层出不穷，不过迄今为止我们还没有听到农机化也要从娃娃抓起的表述，当然，谁要第一个这样表述肯定不会被农机同仁夸为天才，或许还会被认为是蠢材，增添笑料一柄。

农机化从何抓起？估计很难有一个标准的答案，也不可能有标准答案，正所谓仁者见仁智者见智。近一段时期以来我们关于机械化如何提升话题每每都提到农机农艺融合，这是不是现阶段农机化发展一个新的出发点，或者说是新的切入点。

从农机农艺融合的话题出发，我倒是有点个人见解，农机农艺融合应该从种子抓起。各位同仁看看，这是不是有点像从娃娃抓起的意思，至少也有异曲同工之意。

这个看法我是久已有之，而且思考良久。一直关注这方面的研究情况，其中，2014年12月15日《农民日报》第5版的现代种业周刊引起我的兴趣。这一期周刊集中论述育种的目标话题，鲜明地提出：高产不是育种唯一的目标。高产、高抗、优质和机械适应性四个评判特性被提了出来。周刊还连线三位小麦、水稻、马铃薯育种专家分别就这几个评判特性进行了分析，虽权重不尽相近，但其重要性都必须重视。

中国农业科学院作物科学研究所博士、水稻育种专家赵志超：在实际生产中高产和优质是很难兼顾的，培育出十全十美品种更是非常困难的。对品种而言，各个特性的重要性应该是：高产性＞高抗性＞优质性＞机械适应性。

中国农业科学院作物科学研究所研究员、矮败小麦育种专家刘秉华：一个品种，无论是水稻、小麦，还是玉米，很难同时具备高产、多抗、优质和适宜机械化作业等性状。在诸多性状中，产量还是第一位的，高抗是对高产起保障作用，优质和适宜机械化也必须在一定产量水平下实现才有意义。我们可以通过遗传改良和栽培管理，协调各性状之间的关系，达到效益最大化。现在农机化水平不断提高，农作物品种要适宜机械化作业。在育种中，高产、多抗和适宜机械化作业三者可以得到同步改良，培育出具有相应性状的新品种。

华中农业大学教授、马铃薯育种专家谢从华：产量、品质、抗性是作物丰产、稳产、效益等相关的主要性状，适宜机械化栽培是集约化生产所必需的。总体上讲，这些性状都十分重要，一个品种最好能兼顾所有，但这往往很难做到。因此，要根据不同的作物，确定需要改良的重点性状。

周刊在综述（王澎、李国龙）中还专门举了一个当前农机界也十分关注的玉米籽粒直收案例：适合机械化收获也是随着种粮大户兴起、机械化水平提升而产生的新的品种特性需求，在今年的玉米收获期，"京科968"等适宜玉米籽粒直收的品种受到各方面的关注，被认为是玉米生产上的一场重大变革。变"收玉米棒"为"收玉米粒"，对很多种粮大户，特别是东北地区动辄几垧地的农民来说，所省的工、省的钱足以弥补与那些只强调高产品种之间的效益差距。另外还指出：特别是小麦，一味追求高产品种，忽视抗倒伏能力，不仅会造成产量损失，倒伏的小麦还不便于用机械收割，从而增加人工收割成本，这种情况下抗倒伏性是大户选种的第一指标，之后才是产量效益。

在这些论述中，已经不再是单纯的考虑产量极限问题，而是结合实际情况把高产、高抗、优质和机械化问题一同提出，对不同品种、不同种植模式、不同种植规模对这四个特性有差异化要求，因此，在不同状况下这四个特性的排序是不同的，对于经济效益最优化这个目标而言，这四个特性是可以协调和颠倒位序的，不一定非要说谁是最重要的，谁要去争排序第一，都具有无可替代、不可忽视的重要作用。

种子是农业生产的起点，对发展机械化而言，种子问题已经到了一个不可小觑的时候了，说机械化要从种子抓起真的很重要！

● 对玉米收获机械化3次浪潮的思考

改革开放以来的30年，全国有几种类型农机得到较大发展。一是20世纪80年代初期的小四轮拖拉机。二是进入90年代以后的农用运输车。三是90年代中期兴起的小麦联合收获机及其后的水稻联合收获机。四是20世纪90年代中期开始至今掀起的玉米收获机开发第三次浪潮。

随着小麦收获机械化的快速发展，人们自然也将目光聚集到玉米上来，因此，再次拉开了玉米收获机械化发展的新旅程。笔者也有幸投身到这次新的发展之旅，见证了它的发展历程。

三次发展高潮：

我国玉米收获机开始研制的时间，其实与小麦收获机的研制基本同步。

在研究我国玉米收获机械化发展历史时，有三次发展高潮的说法。第一次是1960—1967年。我国玉米收获机械的研制起始于1960年，先后持续了6

年，"文革"期间被迫中断。第二次是 1971—1978 年。1971 年第二次全国农机化会议以后，玉米收获机械化再次掀起高潮，经历了从引进、使用、仿制、改进国外样机，到基础理论研究和进行设计的过程。第三次即是 20 世纪 90 年代中期开始至今。

严格地讲，前两次其实称不上是玉米收获机械化发展的高潮，而是两次攻关高潮。主要是引进、试验、研究、试制。

第一次以引进前苏联的技术为主，硕果是定型了一个机型，即黑龙江赵光机械厂生产的牵引式玉米收获机。

第二次由于我国实行了农村承包经营，玉米收获机在当时失去发展可依托的需求市场，结果是无功而终，没有创下新的机型。20 世纪 80 年代开始的农村承包经营和国有农场兴办家庭农场，因玉米生产规模过小，一度使玉米生产机械化进入低潮。当时，全国只有 1 家企业能批量生产 1 种型号的玉米收获机。

第三次从 1995 年始，受小麦联合收获机发展的影响，全国各地再次开始掀起玉米收获机开发的热潮。从引进前苏联 6 行玉米收获机到自主开发，先后开发出了自走式、悬挂式和玉米割台等形式的一批机型，取得了一定的积极的成果。

这三次高潮，经历了从引进、试用、仿制、改进国外样机到自己从事基础理论研究、自行设计的过程，为我国玉米收获机的发展奠定了技术和制造的基础。其中，前两次高潮中，中国农机化科学研究院等单位进行了一些基础研究，而第三次高潮则以实用机型的开发为主，基础研究基本停顿。

从 20 世纪 60 年代起，到 1983 年，通过省级鉴定的玉米收获机械有 14 种，地市级鉴定的有 5 种，其中仅有一种进行了小批量生产。从 1961 年开始研制，到 1988 年的 28 年中，累计生产的各种类型的玉米收获机 1143 台，其中只有两种机型生产量超过了 100 台。中国农机化科学研究院与佳木斯农机厂研制的牵引式 3 行立辊玉米摘穗机，累计生产 178 台。1975 年，中国农机化科学研究院与赵光机械厂研制成功的 4YW－2 型牵引式卧式辊双行玉米摘穗机，是中国自行研制的首台玉米收获机械，填补了我国的空白，是当时生产批量最大的玉米收获机。我国各地虽然通过鉴定的机型不少，然而比较成熟的却只有黑龙江省赵光机械厂生产的 4YW－2 型牵引式玉米收获机。该机可一次完成玉米摘穗、剥皮、秸秆粉碎还田等项作业，生产率为 0.53～0.8 公顷/小时，每次收获 2 行，作业质量及可靠性均较好，基本能满足农业要求。每台售价 2.4 万～2.8 万元。不过该机作业时需要配备 1 台拖拉机（东方红-75 型、铁牛-55 型或上海-50 型）及拖车，用于集穗。机组全长 13 米，在收获作业时，转弯半径大且需要人工开道，不适合小地块作业。因而，这一机型主要是在东北和西北国营农场应用，华北地区有少量应用。

我国玉米收获机的产品质量和技术含量都存在不同程度的问题。从技术角度考虑，关键是要解决总体设计问题，然后才是制造工艺、原材料和产品的推广。

现有的玉米收获机械籽粒破损率、损失率、果穗损失率距现行标准还存在一定的差距。作业故障率均较高。其中有制造和使用上的原因，但在很大程度上是设计水平不高造成的。目前大部分产品还处于小批量生产的多点试验、示范阶段，边设计、边制造，边销售、边"救火"。生产厂家技术力量多显薄弱，缺乏技术积淀。产品存在破碎率高、可靠性差、平均无故障时间短等问题，且大部分机型作业效率不高，均未达到设计效率要求，个别机型还存在收获物杂质多、秸秆粉碎效果差等缺点。

第三次浪潮的主体与前两次大有不同，前两次以科研单位为主体，生产企业附之。科研转化并不成功。而本次发展高潮，起于生产企业，兴于生产企业。从90年代初期，就有天津津武玉米收获机厂、山东玉丰、大丰等企业开始投身玉米收获机的开发，先后开发出单行、两行玉米收获机。之后，河南、河北多家企业也投入开发。期间，国家也投入了较大的资金资助研发，但却没有收到应有的成效。

这个阶段的开发，企业的表现可以用"前赴后继"来描述，先后有不少企业铩羽而归。天津津武玉米收获机厂、张家口探矿机械厂、辽宁彰武农机厂、郑州农具厂、石家庄农机制造股份有限公司、北京市机械设备厂、黑龙江赵光机械厂、河北邱县机械厂、天津江都机械公司、山西信联集团等，他们失败了，但玉米收获机开发没有失败。在他们失败的基础上不少新的单位介入，从他们的失败中汲取了成功的元素。如天津市，最多的时候有7家企业参与开发，而坚持下来的只有富康公司和天津拖拉机公司（也曾经两度上马）。历史会铭记那些推出玉米收获机发展行业的企业，记住他们为玉米收获机发展所作的点滴铺垫。

笔者从90年代初期开始参与组织联合收获机方面的研讨会，起初主要以小麦收获机发展研讨为主，之后逐步加入了玉米收获机开发、应用的元素。1997年，我们在河南许昌组织了全国性的玉米收获机现场会，本计划将参加现场会的玉米收获机组织起来进行跨区作业，无奈这些机具厂家哪家企业也不敢参与。之后，1998年在河北农大组织过玉米收获机技术讲习班，在沈阳、天津举行过玉米收获机现场会、发展论坛，也算为玉米收获机的发展做了一番推波助澜的工作。

经过农机企业以及之后积极介入的科研部门等的共同努力，我国玉米收获机械化发展已经看到的发展的曙光，进入一个蓬勃发展的新阶段。产量由2000年时的1 000余台增加到现在的10 000余台。近年玉米机收水平几以每年 2 个百分点在增长。2007 年全国玉米机收水平达到 7.2%，其中，山东超过20%，天津、北京、河北等省市超过或接近 10%。

玉米收获机械化发展的前两次浪潮，更多的表现是为"化"而"化"。而第三次浪潮则凭借改革开放的东风，由农民做主，由企业做主，由市场做主，由市场需求为主导引发，开发的主体也由科研院所转为企业，发生了根本性的变化。同时，政府的扶持和引导也起到了积极的助推作用。改革开放从发展环境、发展机制、物质条件等方面为玉米收获机械化发展提供了强有力的支撑。

最重要的一点是市场认可了企业开发的玉米收获机，玉米收获机为农户带来了收益。日渐富裕起来的农民也日渐接受玉米的机械收获，正像 90 年代初期接受小麦机收一样。分析发展的轨迹，可以认为，玉米收获机械化发展与小麦收获机械化发展基本同轨。随着机具技术的不断成熟，市场需求的不断高涨，政策支持力度的不断加强，玉米收获机械化实现指日可待。

玉米收获机械化发展第三次浪潮得到农民、企业及政府的共同呵护、共同关注，天时地利人和，各种要素具备。正是：潮平两岸阔，风正一帆悬，玉米收获机械化必将取得决定性胜利。

论道九　工作方略

● 且谈工作思维与工作方式

局里启动了一个知识提升活动，安排有关人士做一系列讲座，向 2002 年以后进入农机系统的年轻人讲课，其中就安排我讲一次，在我之前已经有两位领导分别从政治思想和农机化"十二五"规划进行了授课，关于业务问题今后也将有其他同志涉及，我只好琢磨新的题目。思来想去，觉得还是离开农机化业务来讲一些思维方式和工作方法方面的，也算是对自己多年工作在这些方面的一些总结，以此作为传授的内容，将这些工作经验与年轻同志一起分享，以助他们成长一臂之力。

其实，这个问题我已经思虑若干年了，前年略作归纳总结，形成了一些粗线条的要点，原本想给学校的研究生座谈时聊一聊，但始终没有寻觅到机会，只好就此沉淀下来。这次算是逮着了机会，可以在更多的同仁们面前秀一秀、展示一番。本文公之于众，请大家品头评足。

要点兜售如下：

一是胡思乱想。即要求在工作中涉猎范围要广阔，兴奋点要多；看到什么往宽处联系，举一反三。也就是通过海阔天高的涉猎，再纵横交错的进行思考，以达到触类旁通之功效。

二是积少成多。这是工作态度。工作中要有稳健的心态，不能急于求成，一口吃一个大胖子。杜绝浮夸之心态，要甘于寂寞、甘于吃亏；工作不挑轻重、大小，一律大小通吃，从细微之处做起。只要有机可乘，就要不遗余力的争取，谨记机不可失的心态。通过日积月累之功夫，最终实现聚少成多的功效。

三是起早摸黑。这属工作作风。工作中要扎实勤奋，但要有心计，工作上处心积虑，踏实、用心做事；想到做到，眼到手到，展现不辞辛劳之工作作风。

四是歪门邪道。这算一种工作方式。其实体现的是创新，创新方法，不因循守旧；工作需要标新立异，另辟蹊径，达成与众不同的效果。

五是不务正业。展现的是开放的思维。不是让人瞎来乱来，不去完成自己的本职工作。在工作中，不把自己圈在一个小圈子里，开放思维，干一些现在看来与本职无关之事，在正业之外不断拓宽工作领域，以达"歪打正着"之奇效。

六是倒行逆施。这是看问题不要顺着一条道走到黑，要学会反向思维。在研究问题时注意用常规方法的对立面来思考，就是传说中的逆向思维。恰如科学都是双刃剑，要认识每一项科学技术的正面和它的背面；向权威学习的同时，要注重挑战权威，从挑战中寻觅事物的真谛。工作中不要从众，要保持自我、找到自我。比如，一些成熟的课题，怎么做？不要循规蹈矩，反其道而工作，效果可能大不相同。

上面说了一堆话，好像不着边际，用了一些反话说着正事，有点不太着调，然而，用心人或许能领悟笔者的思想轨迹和工作风度。看似不实，却蕴含经年含辛茹苦之思想积淀，未必所有人都能悟出。

快人快语，狂人狂语，但搏农机同仁一笑！

● 略谈农机实践中的科学方法

为了解决现今新参加工作的大学生缺乏农业生产实践环节的问题，天津市农机局今年启动了青年实践学习计划。2011 年 4 月，天津农机系统 4 名近年新毕业的大学生赴位于宁河县境内的天津市农机化技术推广示范中心参加为期 8 个月的实践学习活动，在实践培训期间，这些新员工将全程参与小麦、玉米、水稻及设施农业种植、果树栽培、水产养殖等机械化生产活动。这项实践学习计划将成为一种制度固定下来。这一切将对他们今后从事农机化科学研究、技术推广等奠定扎实的基础。

学生临行前，组织了一次动员会。会上，我安排了一项任务，即在实践学习地搞一次棉田残膜量调查。很快，同学们提交了残膜调查的报告，报告有调查方法、调查记录、调查结果分析，读完以后颇让人欣慰。欣慰的不仅是他们完成了工作任务，更重要的是他们设计了一个科学的调查方法，因此所得结果让人信服。其实，在此之前我曾经也安排过一次同样的调查，然而，测量之后的残膜量远远高于农膜实际投入数量，结果令人匪夷所思。仔细分析才发现，调查测量时，没有将回收的残膜清洗干净就进行称重，薄薄的残膜所黏附的泥土重量高出了薄膜自身的"体重"，测量结果出现较大的差池就不足为怪了。好在很快发现了问题，测试数据没有被引用，否则真是贻笑大方了。

我们在工作中，很在意向新员工教授本学科新的知识，要他们尽快掌握学科的技术内涵和技术要领，迫切地希望他们能很快进入角色，担当起工作重任。然而往往忽视了教授他们科学的工作方法。犹如重"授之以鱼"，而轻视了"授之以渔"。

我认为，掌握工作所需要的知识内容固然重要，但学会工作方法更加重要。有些同志工作了数年、十数年、数十年，依然不会科学的工作方法，懵懵懂懂的做工作，成功了不去总结经验，失败了，找不出缘由，一切跟着感觉走。成功不知何所为，失败不晓啥症结。

在一些正式或非正式场合，我都直白地说，现如今我国农机行业具有推广研究员职称的人多了，但是"量胡子"，也就是论资排辈获取的也多了。很多研究员既不研究所要推广的农机化技术，也不研究开展农机化技术推广的方法，被称为推广研究员其实难副。农业推广研究员，作为一个特定的职称序列，我以为研究推广方法尤为重要。

所谓事倍功半者，往往就是方法不得当所致，而事半功倍者则往往是方法正确的结局。在实践中，掌握正确的工作方法是非常必要的。方法错误，结果可想而知。农机研究如此，鉴定如此，推广也当如此。

在农机工作实践中，我想应该有一个三分之一法则。

三分之一时间研究已有的知识，一般说就是研究文献，思考需要研究的问题，有智者曾说过：提出问题比回答问题更重要。

三分之一时间研究工作方法，就是如何有效的去完成工作任务，科学的方法可以让我们少走弯路，节省时间、经费，获得良好的绩效，取得最佳的投入产出比值。有人说工作中要细思量，慢动手，不是说要慢慢吞吞去做工作，而是想好了工作方式方法再下手，与磨刀不误砍柴工有曲艺同工之妙，大干还得加巧干，少走弯路就是科技工作中的"节能减排"。

三分之一时间去研究自己工作中所获得的结果，包括试验数据、工作经验、失败教训。工作结束了，把所获成果抽屉一锁、墙上一挂，仅此而已，不知道对材料、数据进行仔细的分析，总结不出成果之经验、失败之教训，下一次工作可能是再一次的简单劳动的重复，自己能力不能得到提升不言，与工作也无益处。浪费时间、浪费金钱。

最后我想说：无论是新员工，还是老员工，学会科学方法和掌握专业知识同等重要！

● 会议，从程式化中收获感悟

开会，是我们惯常的工作方式，也是最程式化的工作。会议，对一般人而言，大多觉得十分枯燥、乏味，也难怪，很多会议确实如此，主持人或主讲人在台上长篇大论、侃侃而谈、夸夸其谈，座下之人昏昏欲睡，也算相辅相成。

而我对会议之感却非如是。会议枯燥，既可能是内容，也可能是形式。不过有心之人常常可以从会议中悟出万千真谛、道理，或收获大量的信息，或结交众多的朋友，总之，只要有心就可以从枯燥乏味的会议形式中挖掘出数不胜数的"珍宝"，可以说会议是信息之源，也是聚宝之盆。

11月初，参加了在福建厦门召开的2009年全国省级农机推广站站长会，会议交流时间不长，也就两天，但是感觉收获颇丰。

举出若干实例来说明之。

其一，收获若干立项题目。整天待在一个地方，不仅信息来源有限，而且长此以往还会形成思维定势。我们在工作中确定了项目带动战略的思路，但经常苦于没有好的题目创意。听介绍、看《汇编》，茅塞大开，采撷不少外地的点子，诸如北京的节能减排农机化生产示范推广、机械化农田培肥工程（秸秆还田和土壤深松技术结合，实现土壤蓄水、抗旱保墒，增加有机质，改善土壤团粒结构，提升耕地质量）；吉林的等离子体种子技术示范推广；还有青海的农机节油技术（优化调整节油技术、限油器、滤芯改装、陶瓷修复剂、柴油添加剂、金属清洗剂等组合）推广；湖北的山地果园运输，双轨软索道、单轨运输机高空索道方式则完全可借鉴用于天津的设施农业运输；还可以将设施农业深耕机具、结蔓器、静电喷雾器、设施轨道输送系统、设施作业平台等装备组配形成一整套设施农机化生产成套作业机组进行示范推广，还可以进一步申请设施农业装备标准化作业示范课题。再如，宁夏开展的玉米收获机械中试选型与农艺技术配套组合研发项目，则可以为我所用，或举一反三，结合天津之实际，开展棉花种植、收获农艺与机械化组配结合项目，或科研立项，或试验示范。而农作物藤蔓处理机械化技术，则可以广泛应用到林果、蔬菜及大田的粮食、经济作物生产中，实现农作物的清洁生产和资源综合利用，或在施设农业中开展清洁生产综合技术示范推广。上述技术无论是天津，还是别的省份都可以先"拿来"，再"改造"，组织新的研究与示范推广项目。

其二，收获若干工作方式创意。去年、今年全国会都组织了有关企业参加会议，专门组织新产品推介会，此方式各省市自治区大可借鉴，在召开各自的会议时邀请相关企业参与，一则介绍新产品新技术，相当于一次培训；二则增加企业与推广部门的联系，增进交流；不过要注意不得以此增加企业负担。山西农机推广部门开展了旗帜县建设，也可学习，不过不一定也叫这个名称，或也搞成一个县的规模，可以是一个村，也可以是一个点，创建农机新技术的标杆，这是树立典型的方式。一个响亮的称谓，一个可以让人复制的榜样，在技术推广中是必不可少的；还可以进一步强化，即在每个推广项目示范点都统一制作、悬挂建设标志，内容包括，主持人、参加人、年限、内容、指标等。另外，我觉得还可以再扩展一下，各地推广部门每年面向社会推荐一批成熟的农机化新技术，并公布新技术应用要点、应用广泛，以此指导农民，同时也面向社会，扩大影响，提高地位。此外，会议期间很多代表都提到，在购机补贴日益扩大、机具日益增加的态势下，如何应用好这些机具的问题就日渐突出了，以此，农机推广部门应该着力抓好机具应用的培训指导工作，用好这些机具，发挥良好的效益才是我们补贴购机的目的，这是今后推广部门应该重视的工作重点。此外，通过会议交流得知，四川、山东、河南、山西、北京、浙江等省每年都有农机新技术推广财政专项，而不是混搭于其他农业项目共同进行申报的方式，就是农机专项，启发我们也去争取财政部门的制度化的专项。

其三，收获若干新的提法。在这之中，其实有的是新的提法，也有的是需要重温新的提法，都算是新的思维点，如，"科技人员到户，农机技术到田""强化公益性职能，放活经营性职能"。设施农业工程农机要抓的重点是"新技术研发、新技术推广、新标准制定、产业发展研究"，从这些新观点中，可以理顺自己的思路，明确工作的重点。这方面可以借鉴的点很多，难以全面叙述。

其四，收获若干新信息。闭门造车没有出路，关门找路也看不到前程。信息化及信息服务已经成为农机行业开展工作的重要内容。通过会议了解到信息工作各地已经取得一些很好的经验，非常值得学习之。北京的农机信息服务直通车，农机服务热线；内蒙古的购机补贴信息管理系统和农机 ADC 一点通信息需求沟通网络平台；重庆的农机购置补贴管理信息系统，今年将投入使用。江苏提出了农机信息化课题设想：农机推广服务网络视讯支持系统建设项目。这些已经建成或在建项目对我们尚未开展这方面工作的省市区有极大的参考意义。

以上还可以有其五、其六，其若干，其实，在会议之中还有很多具有价值的信息可供发掘，可供学习，如重庆 20 辆农机推广专用车将投放区县使用的信息，再有，过去在我们意识中只生产收获机得久保田公司也出拖拉机产品了，意味着我国拖拉机行业又多了一个竞争者。凡此种种。有价值的信息不胜枚举。

总结上面的杂述，不难看出，只要有心，会议是信息之源，信息之宝，从中我们可以悟出无尽的道理、思路、点子，可以学习别人的工作方式、工作内容、工作创意。我们完全可以从程式化会议的枯燥乏味之中寻找到蕴含着的丰富而生动的珍宝，收获几多的感悟。

● 闭门造车与开门造机

古人云：书中自有黄金屋，书中自有颜如玉。毛泽东说：要知道梨子的滋味，就需要亲口尝一尝。

矛盾么，不矛盾。

书本是前人智慧的结晶，得来也是不易的。实践又是书本知识的基础，没有实践当然没有书本。二者本无孰优孰劣之分。

现实社会，发达的互联网为我们获得知识创造了便捷之路。小到查一个单词，大到查一篇论文，手指一轻轻点，跃然你的眼前，于是，给人一种感觉，网络可以为我们解决所有的问题，实践已经成为可以忽略的事情了，闭门造车也成为一种选项了。

然而，事实告诉我们，没有网络是万万不能的，但网络也不是万能的。网络不能代替所有，更不能代替实践。拖拉机不是从互联网下载的，联合收获机也不能从互联网下载，它们只能从工厂的生产线造出来。闭门是造不出农机来的。

俗话说，故事是人编出来的；项目也是人编出来。但是，没有生活的故事显然难言精彩；没有实践基础的项目也难免异想天开。撰写项目申报书、计划规划、总结，人们一般不说"写"，而说"编"，编报告、编材料、编总结，总之，一个"编"也。反正是"编"，有些人就忘乎所以，真的凭空"编"了。殊不知，这所谓的"编"不过是一个多义的动词而已，并非就是无根据的胡编乱造一番，终究是要来源于实践的基础之上。

在网络全面影响人类社会发展的今天，工作中所需要的现场感是不可替代的。关在屋子里，单凭网络是很难得到一种真实的感觉，进而得到真实的认知。

我最近到黑龙江参观学习，看了农机生产企业、现代化农场、农机市场，感受颇深，感触颇多，启发了一堆工作的奇思幻想。这些所感所触，是蜗居在办公室，徜徉在互联网得不到的。举例说明之。我们到黑龙江汽车农机大市场参观，收获丰硕。在展示场地，看到的遥控园田管理机，可用于设施农业作业之用；高地隙植保机械，可用于园田、棉花、小麦和苗期的玉米等作物，减轻目前半机械化的植保作业之苦，还可大大提高作业效率。一番考察，我们将又有了可以引进试验示范的新项目了。另外，通过参观现场展卖的机器及与销售人员的交流，了解到现在热门的玉米收获机，大型机占据耀眼的位置，四行以上带剥皮的机型居多，但，同时也看到很多小型拖拉机配套的背负式2行小机型也不少，而原来主流的三行背负式机型却少见踪迹，玉米收获机两极分化的格局俨然形成。这样感知是我们待在办公室难以真实触及的，也是从网络无法体验的，想用编故事的方法肯定编不出这样的实感。

成天关在屋里就能想出好项目、就能编出好项目？互联网就像一本巨大的书本，真的无边无际，网罗天下大情小事，方便快捷的帮助我们工作、学习、生活。其中，有黄金屋，也有颜如玉，不过，理解现实、解决具体问题，终究还需要亲口去尝一尝"梨子滋味"。

只读书本，就要造车，谓之曰：闭门造车。靠互联网就解决所有的现实问题，跟闭门造车如出一辙。造车是一个实践的过程，根据书本、依据网络，我们就可以造车？显然不行。书本、网络，跟实际肯定有一定的差异，能否与现实实际的贴合，必然需要回到现实进行实践检验，不到实际中去感受不可能造出满意的车。

其实古人还说了：书上得来终觉浅，绝知此事要躬行。

真是一言中的。知易行难，要造出符合现实需求的"机"，闭门造车是不可取的，必须从实践中去体验，"开门造机"才可以造出符合生产实际的农机来。

● 认真抄袭，大胆创新

小时候写日记，唯一的范文就是《雷锋日记》，学完之后，所有的学生都使用"我的心情像大海的波涛，久久不能平静"这样的经典语句。《雷锋日记》就是我们日记体文章的启蒙教材，这种启蒙的作用多少年之后都难以忘怀。今天要谈论的话题虽然无关乎"雷锋"，也无关乎"心情""大海""波涛"，但是跟这册日记的范文作用有关。

某日，中国最大的农机 QQ 群，中国农机杂谈群，一帮闲人，也包括俺，神聊起中国农机如何赶上国外水平的话题。七嘴八舌一通议论，一个核心问题，抄袭与创新。论点罗列如下：

关于差距：发动机技术、液压提升、智能化控制、换挡技术、舒适性以及材质、做工、用油差距太大。排放标准现在实行国 2，国外已欧 4 了。国外的今天就是我们的明天。

关于提高：现阶段我们走别人的脚印，是解决问题最有效的办法，虽然说起来不怎么好听。总是走别人的脚印，没有突破。要想提高制造技术，首先提高人的素质。

关于抄袭：中国是世界第一农机生产大国，相互抄袭就不好。抄袭之风由来已久，很多厂家拿来主义，节省研发经费。即使申请专利有时也是废纸一张。我们国家是知识山寨大国，仿是我们的特色。为什么会担心别人抄袭，就是现在的很多产品技术含量太低，太容易被模仿。从技术角度说，那就是产品没有含金量。很多厂只会依葫芦画瓢，但掌握不了核心技术。

这也是不自信的表现之一，有时间担心，还不如踏踏实实地提高自己的产品的技术水平。为什么会出现抄袭成风？违法成本低是关键。打个漂亮的擦边球，对方只能干瞪眼，没辙。

关于国外产品：有很多简单的技术却是最实用的技术。动力换挡技术国内很多厂无法仿制。

注意看国外的产品，很多很简单的东西人家申请了专利，没有人敢仿。CAN 总线、智能控制等，你看到了才知道人家的技术其实也很简单。

关于赶超：我们要向动力换挡、CVT 等等的高技术进军。感觉压力很大，我们差距还是很大的，不过我们有信心，也有决心赶超他们。中国农机的发展之路：抄袭（模仿）—研发—再模仿—再研发……模仿外国人的技术我是赞成的，模仿自己人的东西那就大可不必了。是一个必需的过程？还是必然的过程？模仿是否必然走向超越？现阶段，对国外的技术而言，是必需的。也不能一哄而上，全部去模仿。

关于研发：只有研发才能超越。有些研发并不用多少成本，细心地去观察，还是可以发现很多东西的。坐在办公室是无法搞研发的，光在书面上研发会限制很多发现。农机厂家闭门造车的比较多。生产厂家研发，应该多跟使用者沟通，多听听他们的意见，会有意想不到的收获。国家应该加大扶持真正意义上的农机研发项目。

以上是原汁原味的网谈会内容，我只是把修饰语略去，把观点性的话语摘录出来，围绕着抄袭与创新，虽然有些语言偏颇，却也真言直感，形散实不散，言简意赅，极富思考价值。

看官要问了，发了一堆网贴，你的看法是什么？

我的看法，其实在本文开初就有所言明，模仿是所有人学习、研究、开发的基础。我们所有的成就都是在学习、总结前人、别人的基础上进行的，没有《雷锋日记》，俺们那代人真的不知道咋写日记。当然，我们也不都写成《雷锋日记》，或叫雷一、雷二，版本不同而已，全国都千篇一律，这就要求创新和超越。

我赞成先从抄袭开始（文雅叫模仿，无需讳言，无需不好意思，事实如此），大可不必去纠结，抄袭，再从质与功能等方面局部创新，再整体创新。这是永远绕不过去的过程，毕竟我们无法建造空中楼阁，接地气就要在前人、别人的基础上再发展。

模仿是最好的学习方法，抄袭是原始的进步之源，过去如此，现在也如斯，不过需要关注知识产权。创新是发展的动力，没有创新就没有超越，没有超越就只能跟在别人屁股后头捡人家的瓜蒌而已，没有出头之日。因此，我赞成：认真抄袭，大胆创新！

● 什么是好项目

天津农机信息网 2014 年 1 月 13 日报道：1 月 7 日，市农机推广总站承担的"畜禽健康养殖机械化技术集成示范推广"项目顺利通过了市农业科技项目管理办公室组织的结题验收。该项目是 2012 年市农委下达的农业科技成果转化与推广项目中的农业新品种新技术新设施引进项目，实施两年来，推广各类技术设备 60 台套，建立试验示范点 9 个，科技示范户 32 户，培训科技人员及农民 450 人次。示范推广规模鸡：161 100 只，猪 8 940 头。项目实施后，使畜禽舍内 PM2.5 浓度平均下降 45.25%、PM10 下降 50.45%、氨气下降 72.04%、二氧化硫下降 72.43%，肉鸡平均增重 5.7%，蛋鸡产蛋量增加 10.5%，育肥猪平均增重 5.3%，新增经济效益 750.4 万元。现场验收环节专家组察看了天津市春青春起畜禽养殖专业合作社联合社和天津市农机化技术示范中心试验猪场两个示范点。随后听取了课题组对项目执行情况的汇报，审查了相关资料，并进行了质询。专家组一致认为通过项目技术的引进，为我市畜禽健康养殖提供了新的有效途径，超额完成了合同规定的各项内容和技术经济指标，希望项目组继续加大技术的宣传推广力度，进一步扩大应用规模，同意通过验收。

看完这则报道，你有什么想法？你可能看了之后的反应就是天津又搞了一个农机项目，效果还不错。仅此而已。

因为这样的消息几乎在网上每天都可以看到，也几乎很难引起行业一般人士的关注。这个项目验收我参加了，而且一直关注它的进展。这个项目验收的消息，可能毫无惊奇之处，跟眼下推广项目验收的格式并无二致。典型的八股模板结果。

从这条信息我们能理出点什么？一是作为新闻，报道时间明显滞后，不符合新闻报道及时性的要求。二是项目有数据、有事实。这个项目验收我参加了。

项目是物理农业范畴，我的兴趣点，感兴趣，项目示范点现场勘查过，数据说明。不是听说的，不是农民说的。

过去我也到处宣传空间电场在畜禽养殖中的作用，但都是感性的描述，当然也是亲身经历的，走进养殖场，臭味闻不到了，戴眼镜的镜片不起雾了，但是，空气中尘埃到底被清除多少，不知道，臭味消除多少，不知道。

好项目的标准是什么，我觉得起码有两点，一是试验有真实数据，二是试验装备最后由农民、基地花钱买下来，要是再有别的农户也掏腰包买机子，那就是呱呱叫的好项目。

农机推广部门长期以来都存在有钱养兵无钱打仗的困局，还没有基本的装备，包括一些仪器仪表，搞个项目，弄个数据都没有手段。

过去说农机监理部门搞年检，靠得是"眼观、耳听、手摸"的技能，现在有了检测设备，不管是移动的还是固定的，拖拉机一上，电脑里立马能出数据。拖拉机驾驶考试也同样，过去叫钻杆，用立杆来检测是否合格，现在也有智能化的设备了，机车入库、出库、倒库，电脑轨迹一目了然，可以避免人为因素的影响。

农机推广部门是科技部门，然而自己却没有用科技装备起来，做试验，搞对比，也靠感觉。试验田比对比田长得好、长得壮、长得高，这都是常用的词汇，怎么个好、怎么个壮、怎么个高，没有量化依据，要是遇上土壤参数、空气参数等更是说不清数。

项目所用机具，一般都是课题组花钱买来给示范户用，或者是课题组给予相当大的补助购置，试验好了，用户接着用，试验不好弃之算了，造成的浪费海去了。

这个项目好就好在有确切的数据说明改善的量化程度，好就好在项目中农民自己掏钱买设备来用，我以为这就是好的技术好的项目。

从感官变化，到数据说话，这是一个质的变化，是一种工作的进步。说明我们的工作更加科学、严谨。

用户自行购买项目试验机具，说明这些机具真的是好。

● 功夫在诗外，兼议和谐农机环境

农机人在历史发展的长河中历经的辉煌不多，但历经的磨难却不少，有两个现实现象可以作为印证。一是历次机构改革，农机管理机构几乎都是首当其冲，看名称，农机局、农机站、农机中心、农机办，全国是五花八门，一个单位则变化无常；论级别，厅级、副厅级、处级，三上三下；无怪乎农机人自诩为老运动员，对机构改革既敏感又无奈。二是我们农机自己的媒体，过个一两年或三五载就会打出农机化春天来临的热烈的标题，呈欢呼雀跃状；这只能说冬天过多了过长了，所以总在期盼春天。

此外，每逢中央有一些关于农业方面的重要文件、法规出台，我们农机人就会迫不及待地去搜寻是否有农机、农机化的字眼。最常见的文字就是"大力发展农机化""促进农机化"了，能超过十个字我们就显得非常高兴，要是有二十几个字更是兴奋不已。我们经常能听到一些领导，比如我的前任，就是这样，会很激动地说，今年又增加了多少字，比去年多了多少字，其实，满打满算也只是两位数而已，记得有一年达到 27 个字，让我等情绪激动了好一阵子。

拉杂一大堆话语，不是说我们总是生活在苦涩之中，其实我们农机人经常处在亢奋之中。近年的中央 1 号文件，几乎是大段大段，甚至整段的阐述农机化发展问题；《农机化促进法》《农机安全监督条例》，以及最近的《国务院关于农机化及农机工业又好又快发展的意见》更不用说了，全是关于农机化和农机工业的。现在少有人再去数字数了，已经太多，数不过来了，无怪乎《中国农机化导报》要说春天来临了！

农机人说农机事，惯常是关起门来自说自演。研究农机化也就农机化论农机化，从哲学上论是片面的、静止的、孤立的，缺少从发展、联系、全面的观点去认识农机和研究农机。

古人云，工夫在诗外。农机化发展也是如是。

所谓工夫在诗外，我想说应该去研究农机以外的事。有一次在我们汇报工作的时候，不断向领导灌输某某环节机械化水平是多少，领导听了只是点一下头，说本市经济能力没有问题、农机产品没有问题，把土地流转问题解决了，机械化还会有什么问题？一句话提醒梦中人！是啊，如果土地集中问题解决了，我们成天努力的耕种收机械化水平会怎样！新技术推广应用还会像现在这样费力么？

今年国务院出台了关于农机化与农机工业又好又快发展的意见，开篇明义就提到要实现农机、农艺和农业经营模式的协调，不就阐明了这个道理，发展农机化，不能就农机说农机，现在是花精力、下工夫研究、协调农机之外的事理的时候了。

有一句歌词说，我的青春我做主。现实生活中未必如此。没有协调的农艺，农机施展不了拳脚，典型的就是玉米的对行收获与五花八门的种植行距。这是微观的协调问题，宏观的协调影响更大更长远，生产关系领域的难题就更难化解。其中，土地集中，这是我们绕不过的门槛。没有土地的规模经营，农机化之路实难前行了。规模经营就不是农机人自己能说了算的事。此外，财政、金融、保险等，无不牵涉其中。

关起门来闭门造车是不行的了。国外有许多游说集团，专门为一些特定的个人、群体、界别，甚至国家的利益，游说立法机关、政府部门。譬如，农场主协会通过游说议会、政府，争取农场主更多的权益，法律的、经济的等。

如此看来，我们从事农机事业的人，尤其在我国农机化已经发展到目前相当水平的时候，务须在不断做好内业的同时，眼界向外，积极去研究、协调、解决农机圈之外，与我们息息相关的人与事，包括宏观与微观、技术与政策，从而营造一个事业发展的和谐环境。这就是文章题目想道来的功夫在诗外！

● 接地气，找课题

无论是行政还是事业单位，工作中做课题是很正常的事，但是有很多同志苦恼得很，不知道做什么课题，于是经常有人来找我，问如何才能找到课题来做。说是冥思苦想也想不出题目来，要我给帮忙出题目。是啊，这是一个大难题！如何破解呢，我以为解铃还须系铃人，问题从何而来、如何解决问题？最根本的还是先找到问题，然后才轮得上如何解题。有哲人早就说过，提出问题比解决问题更难。认真琢磨确实很有道理，找到问题不就找到课题了吗，做课题不就是解决问题吗。所以，找课题先要找问题，而问题呢，就应该从最基层去找，因为问题就来自各个领域的第一线。

远的不说，只说咱农机的事，说最近的农机事。就说刚刚结束的今年"三夏"里的故事，就可以找到相当多的题目。大家知道，"三夏"期间，北方地区无非就是收小麦、播玉米，再加上近年的新任务秸秆禁烧与综合利用。就说说"三夏"期间的一些所见现象。现象一：到麦收现场，看到不少农民把大量麦秸扒拉到田边地头和沟渠边，使之自然腐烂或过些日子再烧之。知道不让烧，也不敢烧，说明我们的宣传和监督工作到位。当然，冒烟的、过火的地块也不在少量。另外，虽然要求联合收割机都得加装秸秆粉碎装置，但不少粉碎机粉碎不细、抛洒不开，形成厚厚的草垄，普通播种机通过性受影响。还看到主管镇长、派出所长开警车田边巡查、大喇叭宣传秸秆禁烧和粉碎还田。现象二：某大型播种机（不说哪家的，避免广告宣传嫌疑）播种，亩收费40元，小型播种机则收20～25元，而农民排队等大型播种机播种，结果发生了大型播种机在村里停放时排种器被人偷了，我们分析多半是同行干的，由于嫉妒造成的。现象三：马路晒粮，国道省道不让晒粮，但很多乡村道路成了农民的晒场，不少乡村道路成了"黄金大道"，蔚为壮观。马路晒粮既影响交通，还污染粮食、浪费粮食。现象四：在收割现场，有机手对在用的播种机提出好多修改意见，比如对全秸秆覆盖播种机提出了，改为直刀粉碎；加大漏土孔，增强碎土的流畅性；旋耕机取消，或者改为带状旋耕，满足播种需要即可；目前机组太长，转移地块、运输是个难题，小地块作业转弯不方便。现象五：询问农机手和农户用过农机通、农机帮这样的农机手机软件吗，都摇头，没听说过，自然谈不到应用了。

真实情况是"三夏"期间所反映出来的问题比我所罗列的要多。不过就上述现象，我们似乎就可以有相应的课题了。比如，研究改进秸秆粉碎机刀具、研究碎秸秆的抛洒机构；推广大型免耕播种机、推广烘干机；试点应用农机通、农机帮等手机农机信息平台，将机手与农户链接起来。

实践出真知。找到问题就好比找到课题。如果成天待在办公室、闭门造车、冥思苦想，确实难以想出课题来。不到一线，肯定看不到问题、也体会不到问题难易程度、也很难准确把握问题症结，更无从找到对症下药的良方。实践中随处都是需要我们研究的课题，比如，秸秆焚烧目前基本有效控制了，但烧荒草，尤其是沟边、沟里的荒草问题又冒了出来，政府雇人去割草，效果还不明显，青壮年不愿干，老年人效率低，咋办，最近发现有可以伸缩的长臂式沟渠除草机，解决大问题，不过估计价格会比较高。另外，小麦留茬问题，有人说应该确定标准，真的有必要制定留茬高度吗？我是觉得没有必要也不可能。

多到基层一线走一走，多接地气，问题就都冒出来了，我们所需要的工作任务也就有了，解决问题就成了我们的课题，或研究，或推广，或培训，问题多多，课题也就多多。所以，找课题，接地气。

● 论道百分之七十现象

古语曰：人尽其才，物尽其用。且不说人尽其才，单说"物尽其用"，在实际生活中其内涵也是难以做到的。

有网络某大家之博客曰，"一部高档手机，70％的功能都是没用的；一款高档轿车，70％的速度都是多余的；一幢豪华别墅，70％的面积都是空闲的；一堆公务人员，70％都是喝茶聊天的；一大堆社会活动，70％都是空虚无聊的；一屋子衣物用品，70％都是闲置没用的；一箱子股票基金，70％都是赔本报废的"。

我想，这段话的内容未必都是正确的，并且70％也不是一个绝对的量值，而只是想说明在现实生活中很多事物都没能尽其功能，善其用也。与此相仿的还有，我们高考前十年寒窗所学的东西，未来人生中70％的都没有用上；一部高档音响，70％功能没有使用过，如此等等，可以列举出长长一堆例子，造出一个排也排不尽的排比句。物尽其用，词典上指各种东西凡有可用之处，都要尽量利用。指充分利用资源，一点不浪费。就数学意义来讲，物尽其用应该是一个理想状态，是一个极限值。物尽其用只是我们追求的目标而已。

不过，我们不能就此理由放弃对"物尽其用"理想的渴求。按照上述的话语，大多数事物只有30％的功用得到发挥，想想也的确有此现象，且是比较普遍的现象，仔细琢磨也着实让人汗颜。

我们的农机产品，要是也如此这番，那会咋样？

播种机发挥30％的功能、收获机发挥30％的功能、植保机械发挥30％的功能、排灌机械发挥30％的功能……

实在难想象，好像也不能这么个类推。要说作业质量只能保障30％，说得过去，但这是劣质产品；如说功能达到30％，这样的农机怕是没有人买，也肯定没有人生产。所以，在农机产品中，没有30％之说，也不应该有70％之说，完不成功能的产品没有市场，就是蒙人卖出去了的也会遭遇消费者的退货。

话说回来，当下我国农机产品单一功能地占据主导地位，只有一项功能，绝对不会出现30％抑或70％的现象。但当某一个新的发展阶段来临，我们的农机产品从单一功能发展到多功能产品了，会不会有这样的现象呢？答案是肯定的。

就现实来说，虽然极少，但似乎也有这样的机器了，这样的现象。比如说，曾经有些号称多功能的收获机，既能收小麦，也能收玉米，而实际在农民买回去以后，只用来收获小麦。业内人士这样解读，一是在小麦收获机不享受补贴的时候，买两用机比单买小麦收获机合算；二是原本就想买两用机的，买回去发现其收获玉米功能不佳，放弃了该有的功能的。还有一些复式作业机，在保障完成其主导作业功能的前提下，辅助功能就很难得到保障。这两个例子所述说的是因为种种原因功能不能正常发挥的结果。而具备正常功能又难以使用的目前好像尚未有之。

或许，农机作为一种实用的生产工具，目前人们所追求的只是发挥其基本功能，能为使用者带来效益就达到目的；同时，农机购买者经济能力有限，不可能购买超出生产能力之外还拥有大量娱乐功能、舒适功能的农机产品。假如再过若干年，我们的机手富裕了，对产品的追求已经不再是只能简单地完成作业功能，也需要舒适度，并兼顾工作中的娱乐性，可能设计者会在产品中注入类似目前智能手机等电子产品五花八门的功能，那时候估计70%现象就会出现了。但愿是在这样的基础上出现这样的现象，而不是因为产品设计缺陷或制造质量不佳造成70%现象！

● 死磕的进步意义

笔者从小就很喜欢柳宗元的《敌戒》：皆知敌之仇，而不知为益之尤；皆知敌之害，而不知为利之大。秦有六国，竞竞以强；六国既除，訑訑乃亡。与这篇文章意思相近的有苏轼的《六国论》，吾亦喜之。

20世纪末，摄影技术还是胶片年代，中国市场上有洋品牌柯达、富士，有国产品牌乐凯，三强鼎立。柯达、富士实力强大，乐凯竞竞以强，顽强抵抗，使得国外两强不敢恣意妄为、漫天涨价，客观上保护了中国消费者的利益。假如国外品牌一枝独秀，垄断市场，价格几何就可想而知了。国家交兵战场如此；市场经济，商品竞争，也是如此。在我们农机领域，也在上演同样的战争。

国产品牌与洋品牌之争。在目前开放的经济环境下，土、洋之争，笔者觉得不关乎民族主义，而在于产品质量、服务质量，是否满足用户的需求。在文艺界有一种说法：民族的就是世界的。排斥世界的、抵制世界的，就是保守落后。一些同仁不断呼吁要保护民族工业，其实是一种弱者的心态，要知道被列入保护对象的动物，大抵是些濒临灭绝的物种，我们的国产农机濒临灭绝吗？对待洋品牌我们要有开放的胸怀。洋品牌有进来的，土品牌也有出去的，怎么就见不得人家进来呢？家电行业、汽车行业等，我们喊过"狼来了"，几十年过去，"狼"还在，我们也还在，并且有些领域我们也成了"狼"。这大概就是生于忧患死于安乐。

国产品牌之战。这些年在农机购置补贴政策的拉动之下，我国农机工业以高速行进，但竞争也是空前激烈。尤其是一些主力企业，从产品开发、制造、销售，一直到售后服务，全方位竞争，业内很多人表现出忧虑。"皆知敌之仇，而不知为益之尤；皆知敌之害，而不知为利之大"。这种竞争其实是行业的进步，天下之大，哪有一家一统天下的？例如手机，先有摩托罗拉，后有诺基亚，再有苹果，又有三星，谁能垄断天下？拼产品开发、拼制造质量、拼销售方式、拼售后服务，企业在拼争中成长、科技在拼争中进步，用户在拼争中得利，何乐而不为？

征战之中肯定有不和谐之音。要求保护其实不过是延长死亡的措施而已；扶持却是一种积极的举措，推动发展。一守一攻，结果如何尽在不言之中。采取保护措施则是不和谐之举，例如购机补贴，用投资换市场，选择性补贴尤其是偏向性补贴区域产品，不晓得是在保护什么利益，想没想用户利益，被保护的产品是否是农民的最爱。假如偏向补贴本地产品，是否会出现天津人只用天津产品、北京人只用北京产品、上海人也只用上海产品？改革开放，国门都打开了，省门还要关闭？

回头再说《敌戒》，一个常人无法想象的观点，可恨而又可怕的敌人，其实是我们的进步的福音，"秦有六国，兢兢以强；六国既除，迤迤乃亡"，从这个角度而言，洋品牌与国产品牌，国产品牌与国产品牌，逐鹿中原，鹿死谁手难以定论。

● 农机化的主角回归

说事拉理，先说事，再拉理。

事一，某地某次召开农机专业合作社建设会议。会议室人满为患，但见满座的官员、学者，却鲜有农机合作社的成员，即被讨论事件的当事人。发言者侃侃而谈、高谈阔论，而当事方的主角却几乎没有言语权，扮演着沉默是金的角色。

事二，也是农机合作社活动，在郑州，全国性的，不叫会议，叫论坛。主席台都是领导，没有异议；也有合作社典型发言。但台下座次却不令人满意，前几排都是官员。五排以后才是合作社成员。黑压压一片，合作社来人真不少，超出预料，至少是超出我的预料，会场座位不够，临时增加不少座椅，明显感觉事主在这里当了一把配角。

事三，某地某次机械化深松作业现场会。超过百十号人参加，有农机系统管理、推广等人员，也有农机合作社、农机大户的代表。主持人介绍完机器性能之后，机器一启动，合作社与大户们一拥而上，围着作业的机器反反复复的观摩，查勘作业质量。反观我们管理、推广的一些人在机器启动之后却纷纷后撤，不少人退到路边躲避骄阳去了。可能是我们系统的人看过多次，已经患了审美疲劳症，"见怪不怪了"，而农民还当新鲜事物来学习，且兴趣盎然。配角演了主角。还有好多例子，就不一一举例了。

说完事，该拉理了。想说的不是这些活动谁该参加、谁不该参加，只是想论一论主角与配角的转换问题。

农民是农机化的主体，这在《农机化促进法》中已经充分体现。在农机化发展进程中，农民是当然的主角，这也是毋庸置疑的。农机化是一个过程，是一场改变农业生产方式的大型历史剧。在这个过程中，我们扮演的角色肯定不是主角，是一个辅助的角色，但是也往往忘了角色定位，一是主次颠倒，二是包办一切。

在一场剧中，并不是每一个片段都是以主角为主，因此，有的场合还是我们这些农机化的所谓管理者、推动者为主角，因此，我们制定发展战略、制定发展规划、制定工作计划，再制定实现这些战略、规划、计划的扶持政策、保障措施、实施细则等，这些都没有错，因为我们掌控着起引导作用的、推动作用的行政资源、财政资源，农民更多的是在"享受"我们所安排的各种举措。

哲学上讲，外因只有通过内因才能发挥作用，内因是主，外因是辅。在经济条件不许可的地区，再先进的农业机器也难以发挥其正常的作用，1980年以前要实现的机械化，一场以国家出钱来买办的机械化最终落空就是一例。

农机化有很多层面、环节，在大戏中我们是配角，但可能在一些环节、层面是主角，这也无须质疑，比如，农机化理论研究、基础研究、产品开发等，不过，在技术应用、产品应用方面，农民应该是实实在在的主角，为此，我以为，我们先前组织的很多现场会、启动仪式、推动会，如果说前期的工作是先教育我们的职工、引起领导的重视、唤起社会的关注的话，官方参与为主导，也无可厚非。而现今我国农机工业的不断成长、农机化扶持政策的强力展现，农机化发展已经成燎原之势，则应该更多的考虑让农民亲自来参与，让主角回归。推广、推动最终要启发、引导农民去积极的采用农机化新技术、新产品，没有他们的"亲自"，我们的鼓噪又有几何意义呢。

我倒是欣赏国外一些农业博览会、农机博览会，办成了农民的嘉年华，吸引更广泛的农民及其家属参与这些活动，在娱乐的同时渗透了新技术、新产品的信息，在娱乐之中完成了信息传播与技术、产品的推广。

但愿农机化的主角的身影更多的出现在我们的各种活动之列！

● 假如我来操盘行业评奖

这些年农机行业也煞是热闹，其他的事暂且不表，但说说这个评奖的事体。虽然早几年就一直在酝酿的由行业学会协会设立的农机行业科技进步奖久久不见动静，中国农机学会组织的农机发展贡献奖、青年科技奖按部就班、波澜不惊的举办着。但是，由媒体组织的各项社会评奖却截然不同，从场面上看是风起云涌，似乎都轰轰烈烈地进行着。有《中国农机化导报》组织的年度全国农机十大新闻评选、全国 20 佳农机合作社理事长评选；有《农机》杂志社跟行业协会合作的农机 TOP50 评选；还有农机 360 网举办的精耕杯评选。从发展趋势上看，声势都是一届比一届宏大，鲜花、美女、红地毯、大舞台，各式高层论坛，参加人数在不断增多，参与人员层次也不断提升，行业影响当然也不断扩大。

这些个评选，大部分我都不同程度的参与过，感觉十分有益，对于提振行业气势，活跃行业氛围，促进行业进步有一定的作用。

不过话又说回来，热闹是热闹，但总觉得有点麻麻杂杂、稀里糊涂，奖项很多，获奖企业多、获奖产品多、获奖人物多，看完热闹之后差不多也就忘了都哪些得了奖，甚至参与完评审后也没闹清楚到底有哪些奖项，很是茫然。想想国际上最负盛名的奥斯卡奖，好像奖项也蛮多，一般人也就记住了最佳影片、最佳男、女主角奖，至于其他的奖项可能在记忆里也就一带而过。古今中外，大同小异，概莫如此。

我就想，假如我来操盘这些个奖项评选，我会何如？

第一步：首先是正名。子曰，名不正而言不顺。要给奖项取一个响亮清晰的名称。其次，给每一个奖项一个准确的定义，即奖项内涵外延。现下很多奖项含义都含含糊糊，围观者搞不明白，估计主办方也未必解析的清楚。其三，压缩奖项，让人能够记住到底有哪些奖项。目前评选，一评一大堆，得奖人不知道左邻右舍都有谁有奖，行业观众也是一头雾水。最起码要隆重的突出一二项重点项目，使之成为万众瞩目的奖项，让人长久的津津乐道。否则像当下评选一样，一次评选百十个奖项，奖项繁多，数目巨大，滥竽充数者也未必没有，有批发之嫌疑，人人都有，也就人人没有，造成得之者不沾沾自喜，未得者也不以为憾。

第二步：制定详细的评审规则，并使之透明，做到公开、公平、公正。专家论证、公开征求意见。俗话说，没有规矩不能成方圆。评选标准是什么、指标是什么？程序如何、评委如何组成，都清晰通透，让参评方可以掂量自己的轻重，评委知道尺度，也让围观者明了分量。

第三步：舆论造势。常言道，没有围观，就没有评选。评选的结果自然是希望形成围观方能达到最终的效果。因此，需要极尽渲染，奖项名称可以面向公众征集、评审规则进行论证、评审专家采用推荐制等，并且，整个评选过程在"直播"状态下进行，这在现代信息技术条件下是完全可以做到的。这样的模式，也就是从一开始就造势，形成一路围观，全程炒作，参评人兴奋、围观者兴奋，从而使评选影响最大化。当然，也有利于同行的监督，从而保证公平、公开和公正。

另外，目前各家的奖项有一些是重叠，能不能像农机三大协会从分兵作战的各自办会模式，规划为集中办会模式，使奖项集中，得以提高其知名度。当然，从目前来看有点困难，各主办方各有不同的利益，整合起来困难重重。不过我相信，天下大势，合久必分分久必合，若有强主出世，整合也就水到渠成了。最终是《中国农机化导报》以农机宣传主渠道的大旗一统天下？是农机360网以服务企业精耕企业的细腻覆盖？还是三大协会携农机大展的威力强势统揽？我们拭目以待！

● 用广告植入模式做好农机工作

广告在我们生活中是无孔不入，我们既离不了它，又很讨厌它。离不了它，是因为这是一个信息社会，我们无法使自己与世隔绝，我们的工作、学习、生活处处都有广告的身影，硬广告、软广告充斥世界，我们也不断从广告中主动也好被动也好的吸取信息，自觉不自觉的深深地依赖它；讨厌它，是因为它常常在我们不喜欢的时候出现在我们的眼前、耳畔，严重影响我们的正常生活状态，有时甚至达深恶痛绝之至。真真一个离不得又爱不得。

去趟商场，小广告不断塞进你的手里；看一部电视剧，正当精彩要紧之时，突然插播一段悠长的广告；翻阅一本杂志，需要费劲的从喧宾夺主的广告页中去伪存真的寻找正文。你说你是烦也不烦？

当然了，上述所说的广告模式并非全然，但也是当下普遍的现象。这些年很是遭人病诟，广告商们也在不断革命，用当下时兴的话讲叫转型升级。采用各种不断发展的新技术就不说了，从影像动作，到印刷装饰；从空间布局，到语言文字的锤炼等方面都在进步之中。不知道是该说进步还是变迁更为准确，反正在是随行就市般的变化着。

最近，俺观察了一番，发现除了常规的赤裸裸的直白式广而告之模式外，用隐秘方式进行告知的广告开始悄然而行。软广告充斥报纸杂志，让你稀里糊涂的接而受之，这是一种模式，但更为隐秘的是植入式广告，应该说比之以往的广告模式更自然的登堂入室，在不知不觉之中达到广告之功效。

广告是社会生活的一种形态，喜欢广告也好，厌烦广告也好，都无法远离广告。它很重要，以至于重要到有一句话说，不当总统，就做广告人。

其实，这篇文章重点不是论述广告的，不过是想借广告来说说我们农机的事。工作中，我们总是在不断扩散农机的各种信息，譬如，政策信息、技术信息、产品信息等。关于扩散，现下有不少的说法，曰推广，曰扩散，曰漂移，曰转移，曰传播，云云，称呼何其多，但实质就是把我们农机管理、监理、鉴定、推广等资讯传递给农机事业发展的主体农民而已。

既然是传递，就得有传递模式，缩小一点说是方式，具体一点是载体。我们目前采用的所谓载体，无非就是报纸、杂志、网络等媒体，再有就是培训班、现场会等活动形式。用什么形式都无定制，也无所谓好坏，只要用的适宜、得当，就是好事一桩。

不过呢，我研究了一下，我们做农机工作的，做起行业信息传递来，相对而言多采用直白的方式，一篇文章告诉你做什么、如何做，一场现场会把新技术新机具展现到你眼帘，一期培训班灌香肠似的把相应的知识塞给你等，多是直来直去的方式，少有含蓄的韵味。

研究了广告，又研究了农机，现在结合起来，按当下时髦的说法，也叫融合起来，也就是用广告的方式推销我们农机的资讯，尤其是新技术新机具的推广。当然，传统的模式该咋用还咋用，不耽误俺们采用新方法，比如，植入式的农机推广，在影视节目植入，在微信中植入，在 QQ 群里植入，在悄无声息之间把农机化新技术新产品宣传出去，何不快哉？

这样做难么，也不难。前一段看一部描写四川农村的电视剧，其中一集用了很多时间讲述了秸秆禁烧和综合利用的事，涉及政策、涉及利用，绝对正面宣传，但又不是干巴巴的刷标语，在生动的故事中，既把秸秆禁烧政策宣传了，有把秸秆利用技术宣传了，两相得宜。又比如，当下有个近乎千人的农机 QQ 群，我当了一把第一个吃螃蟹的人，用这个平台搞了一场现代物理农业工程技术讲座，自我评价效果还相当不错，最起码又有好几百号人知晓"物理农业"了，对其推广又创造了条件。此后这个群一发不可收拾的搞了几十个类似的技术讲座，不少行业专家登堂传播，状况是其乐融融。

它山之石可以攻玉，用广告植入模式做农机信息传播、技术推广等工作，不妨试试！

● 成功的失败

20 世纪 80 年代，《中国青年报》曾经刊登一篇文章，轰动一时，现在看来其实也不是多大点事，也就是提出了要研究成功学。当下要找这方面的文献，只要轻触鼠标，网上一搜，哪文献量真是海了去了。可当时信息传播通道、传播速度都远远不能与现今相比，甚至想也没想到，根本就是超乎想象。

成功固然不易，失败着实更难。说"成功"应该当做一门学问来研究，与之对应的"失败"当然也该作为一门学问来研究，或许是更有意义的研究。

"成功"是成功，"失败"也是成功，话是有点绕，内在的道理却是不绕的。

绕着说了一大堆开场白，为嘛？呵呵，铺垫而已。

我之前有一篇专栏文章直播了天津今年水稻水直播试验，热热闹闹、絮絮叨叨说得挺热闹，给人感觉就是大功告成了，大家只等着听我们报喜的简报了。但是今天我被授权沉重又慎重的宣布，2014年天津水稻水直播技术试验失败了！

5月26日，农机、农艺专家和种植户汇集在宝坻区黄庄镇欢喜庄现代农业科技园区的稻田里对水稻直播的秧苗进行了最后的评估，稀稀拉拉的近乎干枯的秧苗无药可救了，这样的结局只好坦然接受了，正式宣布今年试验失败，工作告一阶段，由田间转移到实验室的研究了。之后，俺们开了一场事后诸葛亮会议，进行全方位的分析，认真的剖析了其中得与失。值得欣慰的是，在场所有的人员没有一位灰心丧气，几乎一致表示，矢志明年再来，尤其是当事的园区负责人，态度甚为坚定。

对于试验的详细情况，目前有关技术人员正在分析试验考核中的数据撰写翔实的报告，估计篇幅不会太短，俺们这样的专栏文章碍于篇幅肯定登载不下，因此，这里只能简言表述了。本次天津水稻水直播试验失败原因大致有三：一是播种时日遭遇气温突变，忽冷忽热，也就是网络形象调侃的"穿秋衣、脱秋衣，脱秋衣、穿秋衣"的境况，水稻幼苗难以生存；二是稻种没有包衣，被鸟雀当瓜子给磕了不少，项目组经过目测，估计此项损失大约有20%，看来鸟害确实是个大问题了，俺们的物理农业工程技术中就有物理驱鸟技术，真是到了该派上用场的时候了，今后当大力推广这项技术；三是土地返碱，"烧死"幼苗，试验地是退海之地，盐碱严重，遭遇前两项磨难留存的小苗，最终又被地表的返碱给灭了，在地里可以看到，有水的地方发黑，没水的地方发白，白乎乎的一层碱皮，幼苗哪能扛得住。回想20世纪90年代我们在天津东丽也进行过类似的试验，无疾而终，与当时的平地水平和天津地区土地盐碱大有关系。

做试验、搞研究，成功是我们所追求的，但失败也是常有的事。只不过这些年我们只容忍成功，不容许失败，至少在制度设计上是这样，一个项目搞两三年，不但要完成项目任务，还要达到什么国内领先、国际先进，或者填补空白，因此，成功几乎成为不二的选项，成功得成功，不成功也得成功，想想，既可笑又可怜还可怕。

塞翁失马，焉知非福。失败了，固然失望，不过细想一下，失败未必不是一种成功。把问题暴露的越多，也就为解决问题打下基础，下一次试验就可以不再犯同样的错误，所以，失败的越彻底，距离成功就越近，所以我说，我们这次水稻直播的失败是一次成功的失败。总结会开完，问题分析清晰，把相关数据再做研究，来年新的方案也就出来，我们明年再来！其实啊，这次项目试验也非一败涂地，在直播之前所作的水田激光平地作业取得成功，农户十分满意，要求将水田的激光平地纳入到农机作业补贴之中，正所谓，有心栽花花不发，无心插柳柳成荫，失之东隅，收之桑榆。

有一句成语翻译成俗话叫做：失败是成功他妈妈，妈妈在，成功就有希望！

● 关于专业社团的一些思量

社团是社会生活的一个重要组成部分。从小我们就加入形形色色的各种社团组织，从中参与活动，历练人生，到了工作领域更是紧密接触农机专业社团，且深度介入，并逐渐成为其中一些社团的中坚力量。但是，却很少去思量社团该如何运作的事宜。

最近，有幸作为"替身"去参加了一个经济专业社团的换届及学术交流大会。半天会期，却让我陷入一种惆怅之中，社团是什么？应该是什么样的？留下疑问一串串！

简述参加换届会之状况：

20年换一届。该学会上一次换届还是在20个世纪90年代初，距离本次换届已经20年有余。按照有关管理办法大概应该是停办了，不过也没人认真去纠结，所以20年换一届也是一届。

豪华阵容的理事会。再看换届之后的理事会，按小品语言讲：那家伙，那叫个豪华。系统内各单位一把手、各区县主管区县长、区县系统一把手，统统的"一网打尽"。真是十年不鸣，一鸣惊人。要是理事会的理事都凑齐了，基本上就是一个政府工作会议了。让人想起过去各部门设立的顾问一职，真是顾得上问就问，顾不上问就不问。理事能否理事，需要画个大问号。

会议过半溜号过半。会议分两阶段进行，第一阶段是换届选举，第二阶段是学术报告。第一阶段的换届选举极其正规，一板一眼，那个认真，真让人受不了。第二阶段是学术报告。在两阶段之间安排了一次茶歇，坏就坏在茶歇，待再开会，坐在第一排的十数人走了一大半，孤零零留下我等三人。更可气的是聪明的溜号者，人走了居然还没忘了把写有姓名的桌签藏到桌子抽屉之中，真是令人哭笑不得。我等自嘲地说，脸皮厚的人走了，脸皮薄的人留下了，为嘛？不好意思走啊。还好，等到会议快要结束时，新任理事长匆匆从其他会场赶来发表就任讲话之前，后排的同志自动上前补位，避免了尴尬的场景。溜号者肯定有万千理由，但汇聚为一句话就是：有事，先走了。你有事，俺们就都没事？理事来参加换届会不算有事？看来这样的"理事"日后定当很难"理事"。

高明的举措。前面说了，理事会豪华阵容，当事者自然也非常非常的清醒，豪华阵容里的人多半是不理事的或者说忙得没法理事的，可是驾辕还需有拉车的啊，于是理事会也吸纳若干级别低一点、声望矮一点，但真能拉车的进来，并且给予了相当的地位，不拘一格降人才，体现了既要马儿跑，还要叫马儿跑得心情舒畅、精神。这就体现了理事会既好看又能干的架构和局面。聪明之举，实在是高。

学术报告很成功。两位报告人都是实际工作者，好像名声也不显赫，但讲得都不错，很朴实厚重，我听了后，感觉收益不小。新任理事长讲话则完全是官样的应景之言，是所谓中规中矩的讲话稿，当然，事先未必看过。

上面讲述的所见所闻，相信各位读者在其他社团（声明：不包括我们农机的专业社团，我们的活动还是热烈、丰富多彩的）的活动中也或多或少见到过，应该不足为怪。

见怪不怪就真的不怪了吗？我看未必也！

鉴于这些现象，我们真的应该深深的思量一下，专业社团该如何办、理事又该如何理事？

● 填好一张表也不容易！

近日，不断有人来咨询有关学历、论文和工作业绩的问题，猛然想起，又到了要评审职称的季节了。

按照现行的管理机制，职称是与收入深深挂钩的，尤其是事业单位。从学校毕业进入工作单位，职称就如影随形的跟随着我们，三五年要折腾一次，不过这种折腾是我们所向往的，经过一番折腾算是升华一次，收入可以上一个台阶。从根上讲每人都不厌倦这样的折腾。

职称评审需要准备必要的资料，各种证书，包括学历的、学位的、继续教育的、获奖的等；还要提交发表的论文，原始件加上复印件；还有证明工作业绩的项目报告、验收证书、项目合同书等。林林总总一大堆，一个文件袋盛不下，两个三个甚至四五个，都在想方设法证明自己是称职、优秀的农机工作者。

不过，甚为重要的是要填一张《申报专业技术资格人员情况简表》，人称《简表》。参加评审的评委人手一张，这是多数评委认识你、了解你的最为重要的文件了。各种证明材料虽然也重要，但只有一套，备查。如果《简表》言简意赅，足以使评委掌握你的情况，查询材料就显得多余了。

《简表》8开纸大，刨去留白，再加上诸如姓名、性别、民族、职务、出生年月等个人基本情况外，能"展现"你工作业绩、工作能力的空间就只有巴掌大的一块地方了。

评职称讲究资历的，从下一级职级到上一级，没个三五年是不行的，就算是破格，那是需要多大业绩才可以实现的。几年的工作业绩难道巴掌大的地方也填不满？说则易，其实难。笔者就见过小小的方块空间里，草草的填写若干行字，三言两语就总结了几年的工作，或无工作可总结，要"能"无"能"，要"才"无"才"，留给评委的是极大的"想象"的空白空间。如此填写的工作"答卷"，评委让你过关，那才怪哉。

罗大佑的《童年》中唱到，总是要等到考试以后，才知道该念的书都没有念。我们不少人也是这样，等到填表的时候才知道自己该做的都没有做，结果是简单的表格填不满、无字可填。几年下来没有发表论文、没有参加继续教育、没有获奖。搞农机推广的没参加过一项技术推广，甚是也没有组织过像点样的科技活动；搞农机科研的没有主持过、参加过科技项目，自当扪心自问。

我国农机化事业发展到今天，虽然取得了不小的成绩，但是总体水平仍然还不高，但说种植业的机械化，若只算主要粮食作物，勉强说进入"中级阶段"，要算上经济作物，其实还依然"待在"初级阶段。再说了，就算整体进入"中级阶段"，在我国幅员辽阔的区域里，还有严重的地区不平衡性，有所谓跨入"高级阶段"的，有步入"中级阶段"的，而大多数省份仍然发展在初级阶段。农机的科研、开发、推广、监理、鉴定，有多少事需要我们去做呀。只要有一番事业心，就不会无事可做。人人都得奖，不可能；人人都得省部级、国家级奖更不可能；尤其是基层的同志，大奖可能与我们无缘，项目主持可能与我们无缘，但是所有大奖、所有项目都从我们这里去实现的，在基层孕育、生长，否则就都是空中楼阁了。创新来自第一线，无论是新的农机化技术、新的农机产品，都需要在基层一线得到验证、得到应用，才可能去摘取大奖。如果有实实在在的工作，就会有实实在在的业绩，就可以实实在在填表；一张"陋表"何愁难填！

俗话说，方寸之间，气象万千。《简表》小小的填报空间不只是一个简单的平面，内容不简单，作用也不简单，它折射出的我们的人生轨迹，折射出我们的工作经历，折射出我们的工作态度，也折射我们的事业心。

唉，填好一张表也实属不易！

● 给青年人一些机会

写下本文的题目，我自己笑了，这样一写，不就是说自己老了吗？

老与不老，朽与不朽，不是说与不说的问题，是客观事实发生的状况。很多人未老先衰，很多人老当益壮，这讲的是精神状态，心态可以永远年轻，但岁数却不能"返老还童"。

长江后浪推前浪，一浪更比一浪高；长江后浪推前浪，前浪死在沙滩上。两端说辞，异曲同工，都反映了事物发展的规律。

因此，看重后来人是我们前辈必须注重的。

培养人才是我们大多数有点官职的负责人经常挂在嘴边的话题，然而，行动上却未必能行。一说进新人，首先想到的是增加开销，减少现职人员的收入；二说升职，先想到的是照顾岁数大的，论资排辈；三说派任务，总担心青年人难以胜任，怕误了事。

在我们天津农机系统，20 世纪 80、90 年代，工作担主力的是 60 年代的大学生；现在，是之后是恢复高考后的几届大学生，一部分 50 后，多数是 60 后。屈指数来，60 后也是 40 大几奔 5 之人了。再后来，就少有进人，再回首之际，发现整整又落下 10 年的人才饥荒，缺少 70 后，整个 90 年代鲜有大学生补充进来。于是，我们急补课，每年到大学进行主动招聘，呼啦啦，几年之间进了一批新生力量。经常在开会之时，看着台下齐刷刷的青春气息，煞是令人兴奋，仿佛自己也回到了 20 多年前血气方刚的年代。

人进来了，我想不能只是进来了，还要让他们热爱这个事业，投身这个事业，这才是我们需要的。

给年轻人一些机会，这是我们应该做的，必需的。

进人不是目的，用人才是正经。不少部门、单位，新人进来几年，成天打杂闲谈，不出若干年，成了废人一条。为了事业发展，为了青年人发展，都必须给他们更多的机会。这个机会不是一味的享受、一味的获取，更多的是付出与劳作。

机会涵义很多。

首先是给学习的机会，让他们尽快进入角色。天津农机系统每年都组织新进职工举行岗前培训，组织到有关生产部门参观、考察；然后，组织青年读书班，学习学习的方法、工作的方法。

其次是给展示能力的机会。我们组织青年论坛、青年报告会，在这个平台上，十几分钟里，现场演说的方式，介绍自己的工作、讲解工作动态、表述工作感受、交流工作经验。俗话说台上几分钟，台下十年功。为了这十几分钟的展示，就必须进行认真的准备，这就是学习、充实、提高的过程。这样的论坛、报告会成了青年人业务知识、业务能力的擂台赛，促使青年人扬鞭奋蹄。

其三是给担当重任的机会。初来乍到如何担当重任，这是一个难解的题目。在天津，我们为此专门设立了青年创新基金，开始每年 5 万元，现在每年 20 万元，每年立项 10 几个项目，由年轻人自主申报、实施、结题，俗称"小项目"，项目小，但整个程序跟正规大项目一样一样，一个环节都不少，这样一来，青年人可以做主持人，过一把主持人的瘾，其实也锻炼了驾驭科技项目的能力，提前开始独立自主担当课题。几年下来，"小项目"还真成了大气候，有的"小项目"升格成了大项目，小主持人变成了大主持人，申请了专利，开发了产品，工作能力更是提升不少。

之外，还有其他方面也应给予青年人机会。诸如任职、评职称等，在天津已经有一批 20 余岁通过竞聘，担当一定职责的青年人上岗。

农机的未来是青年的，竞争是人才的竞争，抓青年人才的培育是顶要紧的事情，揠苗助长不可取，待其自然生长又难和时代发展速度。主持项目也好、担任职务也好，谁都不是天生就能胜任的，都是实践中在压力中逐步成长起来、成熟起来的。因此，给机会，就是压重担、压责任，给发展的机会，给竞争的机会，给展示自身价值的机会。给他们机会，自然也是给我们农机事业发展更多更好的机会！

● 农机培训别忘了自己

随着我国国家财力的不断增强，国家财政对农业的反哺力度也不断加强，种粮补贴、良种补贴、农机购置补贴、农资综合补贴的规模不断增加，极大地提升了农业生产能力，保障了粮食安全生产局面，为粮食生产"八年增"，农民收入"八年升"做出贡献。与此同时，国家和地方政府还将加大对农民培训工作提到重要的议事日程，相继投入大量的财力。农业部实施了农民培训阳光工程；在我们天津市，市政府则启动了农民培训的素质提升工程。这些面向农民的技术培训，一则通过培育农民新的职业技能，促进农民转岗就业，强化劳动力的有序转移，增强农民收入增加的可持续性；二则通过培养新型职业农民，回答社会关注的谁来种地问题，解决农业生产实用人才的后顾之忧。

上述两项面向农民的培训，自然都少不了农机的份额。大量的农民通过农机方面的专业培训，或加入农机合作社，或当了农机专业户，成为了农业生产的主力军，为农业生产发展做出了突出的贡献。

农民接受这样那样的培训，增强能力，增加收入，实现个人可持续发展能力，我们这些专业人士呢？

在农机系统内部，我们也开展了一些专业的技术培训，比如技术推广培训、监理业务培训、教师师资培训等，促进了农机化事业的健康发展。但是，我们必须清醒地看到，相对于大张旗鼓开展的农民培训，我们系统的培训则相对薄弱。表现为没有专项的经费，没有专门的教材，当然也缺少专职的师资；并且，多以以会代训形式来实现，这样的方式，造成培训时间短，培训内容不系统，具有一定的随机性，效果则差强人意。

过去，在我们农机系统内，中央和地方都设有专门的农机化干部培训学校（培训班），有机构、有人员、有经费，但这些年的变迁，这样的机构要么撤销、要么合并，已经没有实现其功能的专门机构了，因此，工作的开展就难以为继了。我并不是说真的需要再恢复这样的机构，专门从事这项工作，当然现实恐怕也不可能，但是，这种针对系统内管理、技术等方面人员的培训却又实实在在需要。

在这些系统人员的培训中，最被忽视的就是农机管理人员的培训，尤其是鲜有针对农机管理部门主管人员的培训，直白了说就是对农机局长们的培训，形成了培训的灯下黑现象。

现如今的农机局长们，跟过去以大中专院校农机专业毕业人员、老农机手出身人员为主的局面已经大不相同了。传统的专业干部越来越少，而来自其他不同领域的非专业干部越发增多，并且流动性加大加快，尤其是一把手。一次天津12个区县农机局长们参加的活动中，大家粗略议了一下，结果是在任时间最长的是六年，且只有一人，最快的区县六年间已经更换了三任一把手，平均两年一人，短的还不到两年。频繁的更换在带来新鲜力量、新思维的同时，也增加了一些不确定性，新任领导一般一到两年可以全面熟悉农机化工作，但是却往往在刚熟悉业务工作之后就开始了新一轮的岗位流转，甚为叹息。

天津如此，我想别的地方也大抵如此，因为都是在相同的干部管理体系之下。

对这种局面的出现，不是我们行业所能决定的，利弊相间，难言厚非。但是，就农机化事业发展对主管干部的需求而言，就目前的现实而言，我觉得应该提出这样的建议，有目的有计划的定期对各层次农机化主管干部进行强化培训，以其实现尽快熟悉岗位，掌握理论知识，提高工作能力，从而提升农机化事业发展水平。

这就是，组织培训的人别忘了培训自己！

● 感受吉峰农机

吉峰农机是我国农机连锁销售的航空母舰，号称农机的苏宁、国美。早就有人跟我说写一写吉峰农机，不过我一直婉拒，因为我不是吉峰农机的研究者。所谓研究者，应该掌握大量的数据和事实，然后进行分析的人士。虽然关于吉峰农机可以很方便地从网络获取详尽的数据资料，理论上讲，上市公司重大事件、数据都是公开的，但我确实不想做这方面的研究者，作为吉峰农机的老乡，只想做一个关注吉峰农机的感受者。

　　前两年，农业出版社宋毅先生送过我一本关于吉峰农机的书籍，书名叫《拓壤》，是关于吉峰农机发展的翔实资料的汇集。说来惭愧，很对不起宋毅先生，书虽然读过，但只是浮皮潦草的浏览过一遍，没有认真拜读。其一是因为这册书很厚，算是一部大部头的图书，现代人差不多都有阅读恐惧症，看到厚厚的书籍会产生心里抵触；其二是翻过书本之后发现大多是关于吉峰农机发展的新闻报道、传记式总结的文章，我总觉得现实中的事迹变成文字以后就文学化了，一文学化就传奇了，一传奇就差不多该演义了，即使是跟事实本源很接近的报告文学也不过如此。还有就我这些年跟吉峰农机上上下下朋友的接触，我觉得我所感受的吉峰农机比图书更生鲜丰富。

　　不研究吉峰农机并非就不关注吉峰农机。这一年多，无论是传统媒体，还是如微信、QQ等自媒体也不断读到吉峰农机的报道，正面负面都有。2014年吉峰农机亏了好几个亿、吉峰农机壮士断臂般分离工程机械板块、2015年一季度盈利五十几万等。另外从关心股市的角度也不断地在跟随吉峰农机股票的涨跌来感受吉峰农机。最近吉峰农机停牌，没在停牌前买进，还深深的懊悔，怕是又有重大重组什么事件要发生，弄不好会不会又是几个涨停板啊，肠子都悔青了。

　　我感受中的吉峰农机这些年一直在扩张，用大把的银子低成本的各种扩张，摊子在扩大，领域也在扩大，除了传统的农机销售之外，似乎有很多资本运作、地产运作（搞园区开发不知道算不算）。不过我感觉除了传统的农机营销以外，其他业务效果并不彰显。今年又传来吉峰农机控股吉林康达，真是令人大跌眼镜，要知道吉峰农机过去一直回避农机制造业的。吉林康达经营情况我不清楚，知道有深松机、播种机等产品，似乎播种机在业内口碑还不错。去年、今年都在天津做试验，效果确实不错。天津试验地区玉米机播一般每亩收费20～25元，而康达播种机收费40元，村民还得排着队等。今年"三夏"期间，康达的试验播种机一不留神还被人偷走了排种轮，我们分析是同行的机手干的，嫉妒收费高还排队的机器，典型的羡慕嫉妒恨。但是，话又说回来，吉林康达机器价格也高得有些传奇了，据说补贴完了还是感觉高，这些年销售中也得到了一些地方政策的支持，价格问题不解决怕是难以有大发展。即便如此，吉林康达是否就是吉峰农机下滑业绩的救命稻草？我看未必。一个康达肯定救不了吉峰农机，也许只能提振一下吉峰农机人的信心，提升一下吉峰农机股票的信心！

　　前面说道，吉峰农机最近又停牌了，是不是孕育着重大的转机，不得而知。但是，从感知上觉得吉峰农机似乎从资本运作、地产运作、非农机板块运作等逐渐的回转到农机产业（无论是物流还制造）的根本上来，个人感觉有点正本清源的意思。吉峰农机就不可以染指别的行业？当然不是，但我觉得目前重要的不是扩展容量，而应该提高质量，先深耕农机主业，再兼顾其他，吉峰农机应该会更好。

本文没有关于吉峰农机的如何具体数据，有的只是这些年跟吉峰农机接触的感受，一家之言，一孔之见，对与不对并不重要，但愿能给吉峰农机发展添点思考素材，而已而已！

● 迪斯尼不是闹着玩的

开宗明义，本文是关于娱乐的体验并与非娱乐思考的结合物，与娱乐、科技、农业（包括农机）都有干系。

众所周知，迪斯尼是美国出产的著名娱乐场所，虽然其落户地不一定都是美国本土，譬如，日本、中国香港，以及正在建设中的中国上海项目，但人们一提到迪斯尼，第一反应就是，这是美国的东西。确实，迪斯尼是美国的，地地道道美国的，我说它是美国的一张名片。

今年 4 月，随家人来了趟美国自由行，便去了迪斯尼。按说俺是对这些个游乐活动不太感兴趣的，总觉着这是低幼的娱乐，于俺这把半大老头没有共同点，不过大老远来了，不去看看又着实过于不去，亏得慌，好歹人家也算"名牌产品"，再说一家人来了，自己不去也说不过去，不知道还以为舍不得花钱（门票价格对美国人而言确实不多，而换成人民币也确实不菲），于是乎也就随家人一起去乐和乐和。

不看不知道，原来有门道，还有大门道。

迪斯尼就是一个娱乐场所。是一个老少皆宜，热热闹闹、嘻嘻哈哈、叽叽喳喳，可以手舞足蹈、可以大呼小叫，放松心情的地方。但是，你以为他只是一个低幼的娱乐场所而已则大错特错了。实则是美国硬实力和软实力的体现。所谓软实力表现为开放的娱乐思想、表现形式，让人喜闻乐见，刺激人们参与欲望、体验欲望。所谓硬实力，表现在两个方面，一是设施设备，二是游览观摩体验的内容，无不是先进的技术、思想理念。让人在不知不觉中接受了美国的理念，接受了科普知识，接受了美国的生活方式，美国的生活理念，妙，实在是妙，高，实在是高。

俺参与了几个游玩项目，感觉确实不简单，在体验式娱乐中进行了国情教育、自然历史教育和科学普及。

举例说明之：

一是关于能源生成的节目。模拟场景与影视结合，卡通模式生动形象，很容易让人理解。

二是关于火星登陆的体验。坐在模拟的火箭登陆舱里，通过屏幕、座椅的动感等来感受火箭点火、飞行、着陆及火星陆地行走，紧张、刺激和悬疑，有身临其境之感。

三是关于现代农业的展示。参与两个游览项目。一个是展现现代农业的，工厂化农业、智能化农业，露地种植、设施种植，有水稻、玉米、小麦等粮食作物，也有茄子、辣椒、西红柿等蔬菜，其中，让俺兴奋的还提到天津的黄瓜，广播解说的，俺听不懂，女儿翻译的。说种植的黄瓜品种是中国天津科学家们研究的品种，我想应该是天津黄瓜研究所的品种了，俺过去知道天津黄瓜全国有名，现在知道全球也有名了，也蛮自豪地。另外，还有设施养殖。还有很多灌溉、施药、施肥的农业装备。另一个项目，通过一段游船的行进，四周的屏幕上介绍了美国"三农"的演进过程，大量展现了各种农机和机械化生产场景。看看，别以为本文只说了娱乐，不是的，有农业，有俺们农机，真的有。

在迪斯尼里面的时候，俺就想了，为什么在这里花大把银子，自觉的排着长队无怨无悔，兴高采烈地去游览这些项目，而我们在国内肯定不愿去，花钱不说，排长队就让人不乐，值得深思。在国内众多的农业示范园里，我们的设施、场面布局、内容都不输美国，除了给领导示范，一般少有游人，门庭冷落，门可罗雀，大多收不抵支，为什么？真的值得反思。国内的教育以展出式、说教式、灌输式为主，尤其农业游乐项目，内容单调，游乐功能单一，相比较而言，迪斯尼是综合性的体验式娱乐，寓教于乐，使你在玩玩乐乐之中接受了很多并非玩玩乐乐的东西。

迪斯尼真的不是闹着玩的！

● 办公室资源型废弃物

一说写文章，都想弄点高大上的，或者关联大是大非的，想一文成名或者一文惊人。可是天下文章林林总总、万万千千，哪有那么多一鸣惊人的文章。职称年年评，需要文章，大学生年年毕业，本科硕士博士，都得需要论文，用一句铺天盖地来形容这些文章的产出规模怕是不为过吧，可是我们能从中间找到几许像模像样的文章呢？因此，平庸是生活的主流，要是觉得平庸有贬义之嫌，那就改说平淡好了。

于是乎，今天俺也就摆一摆鸡毛蒜皮的事。

说起废弃物，农机人立马就会想到农作物秸秆，再延伸还有农用残膜、畜禽粪便等，其实除了我们工作中涉及的所谓废弃物外，在我们生活、学习、工作环境里，四处都被一些认识到或没有认识到的废弃物所包围。

前不久，因为办公室面积调整，原先使用面积大大的缩水了，办公室里一干物品堆积如山，需要进行清理。不清不知道，一清不得了，清理出好多的

"废弃物"。

第一是各种杂志。地上、桌上、窗台上堆满了，倒到看都好些年的，都舍不得扔。大多没看过，或者说没有认真看过，总想等清闲下来再仔细阅读。细想想，过去没得清闲，现在也不会清闲，这些杂志估计也没时间来个所谓的认真阅读了。以后还是即到即看，别想着以后有时间再看，其实现在没时间看，以后也没时间看，堆一大堆，最后也没有兴趣去看了，留下更多的是烦了。再说，现在可以用知网等资源库查询，但时效性略差，最好还是浏览之后做好笔记比较靠谱。最终保留了农机市场、农机质量与监督、农业工程等留下自己名字的，其他的只好送造纸厂再生了。

第二是各种产品样本。想当初，从各种展览会、报告会、研讨会，当宝贝一样搜集来的，死沉死沉的，甚至有不远万里从国外背回来的。印刷精美，丢了殊为可惜，留着又没用，弃之角落。曾经想过建立农机的样本库或样本档案室，或样本网站，方便随时查询，可惜自己无力实施。

第三是大把的名片。留着可能百年不用，可到用时又四处寻觅，下载了手机名片软件，却只不过把这些废弃物搬家到手机里而已。

第四是大大小小的笔记本（非平板电脑也）。但凡开会，主办方总会提供一支笔一册笔记本。事实是，这些个本子，不少只写了一两页，甚至是一字未留。废弃可惜，留着也难再用。建议以后开会不发本子，桌面置若干页纸即可，或将会议内容记录在所发会议资料中，会议资料更有保留的价值。

第五是图书一大堆。留还是不留，是个问题，留着估计十之八九不会再看，不留，则怕遇上事体，真的书到用时方恨少。书柜里满满当当，很有成就感，很有满足感，感觉很有学问的样子。过去单位都有图书馆、资料室，归其管理，资源共享，现如今也都没有了，书归何处倒真成了个问题。

第六是各种合影照片。开会、搞活动，总要来张合影，留着纪念。粗略数数居然有十几张，一卷一卷的，带回来几乎都没有再打开来看过。以后合影可以，给大家电子版，作为资料。倘若哪天合影中出了名人，再洗印出来炫耀也不为迟。

世界上本没有什么废弃物，只不过是放错地方的资源，确实如此，上面提到这些物品先前都是作为资源收存的，但时过境迁就变成废弃物了。现实中资源型的废弃物随处可见，还真不是鸡毛蒜皮之事。我相信在万能的神奇的"互联网＋"时代，这些问题终会被迎刃而解！

● 农机技术帮扶手记

2014年年末，天津市委市政府出台了一个关于支持500个困难村发展经济的实施方案。第一个文件是宏观的，第二个文件则是具体的。文件下发之后自然是学习领会、贯彻落实，俺们农机人自然也不甘落后，领先展开工作。

基本数据：本次技术帮扶，全市动员 100 位农业技术专家覆盖 500 个村，其中，农机系统派出 5 位专家承包了 31 个村，多的一人包了 7 个村，少的也有 5 个村。5 位专家中，正高职 1 人，准正高 1 人，副高职 3 人，均是农机系统技术骨干。作为后援，天津市农机局成立了领导小组、技术支持工作组、联络办公室，5 位党委委员各自督导一位专家组工作。数据似乎生硬，但足以显见我们的重视。

工作进程：从 2014 年 11 月底启动，5 位专家先后与所在乡镇党委、政府，驻村工作组和村两委进行多次沟通，其中，进村实地考察、对接都在三四次以上，根据各村经济发展规划策划技术帮扶方案，截至 2015 年 1 月 5 日，21 个村的技术帮扶方案定稿签字，8 个村定稿待签，还有 2 个村已经城市化，自行放弃，说明困难村里也有不困难的。短短一个多月时间，工作已经基本到位，帮扶轮廓清晰了然，高效的工作节奏和付出的辛勤可见。

帮扶内容：根据要求，技术帮扶以项目方式进行。通过两次例行碰头会，几位专家反馈情况表明，这些个帮扶村提出的帮扶内容基本没有粮食作物，大致可以分为三大类，一是经济作物种植，蔬菜、山药、红薯、中草药等，二是林果种植，葡萄、杏、经济林木以及相应的林下经济，三是养殖业，有养鱼、养牛。多数内容农机都可以派上用场，耕地、植保、施肥、增氧、投饵、饲料加工都有现成的机械可以配套，但是特殊的蔬菜、水果的采摘、收获等设备却难以寻觅，农机人算是"老革命遇上新问题"了。这些项目设置符合农业结构调整方向，也遵循一村一品的思路，但小范围、小规模的生产也给农机配置和发挥作用添了不少麻烦，倒是以后需要重点研究，真叫做艺无止境啊。我跟专家们沟通了一下，提了些建议，一是项目精炼一点，不要铺摊子，面面俱到，集中一个方向，完成一个品种种养殖，二是立足发挥农机优势，尽量采用俺们本门的技术、设备，三是积极争取外援，向蔬菜、林果等其他领域专家进行热线求助，力争农机农艺大融合。我们农机专家也真是不辞辛苦，带着被帮扶村干部去其他村学习技术、结对子，不亦乐乎，干劲十足，比如，农机所宁所长带静海的帮扶村去他们先前技术指导的北辰宁家房子学习山药机械化种植；推广站房俊主任带津南帮扶村去汉沽学习葡萄种植。

关于问题：越往基层走，越深入实际，需要解决的问题也就越多，这不，一轮下来问题接踵而至，市里帮扶时间确定为 2 年，要求人均收入达到 2.2 万，专家压力着实不小，可是林果项目大多 3 年才有收益，咋整？只能预期效益了，唉，运动式帮扶的结果。再比如，专家们专业是限定的，而所在村发展未必只用专家的专业，是不是应该建立一个农业专家的相互支持机制，互为专家。又比如，专家帮扶属于短时间、点对点的指导，长期的、全面的发展就需要留下属地化的土专家，培训问题就当提上日程。另外，帮扶中，企业、种养殖大户利益如何与全体村民的利益协调也是发展中的问题，一部分人的富裕和另一部分人的失落可能会导致深层的社会矛盾。

关于农机：农业要发展，哪哪都离不开农机，尤其是当下劳动力成本居高不下的时期。在跟村里领导接触、专家沟通中，发现涉及农机的事和问题真不少。宁河 5 个村反映，对农机购机补贴政策不清楚，说明我们宣传还很不到位。还有的村提出要建农机合作社，但对合作社怎么建、怎么运作也不明了，看来还需要及时跟进解释政策、指导建设。还有专家们提出，对 500 个困难村在购机补贴上能不能给一定得倾斜政策？这倒是个好建议，技术帮扶，农机人用自家长项来发挥作用，不应该么！

论道十　杂　　议

《论语》：孔子与农耕
"读"美国农业，思中国农机化
美国农业、农机化之感与思
菜谱、农机、说明书
伪命题：没有农民的深圳
一个农机人中国科协八大的杂想
天津，农机的一片热土！
专家一不小心，成"砖家"
不幽默的世界末日
荣誉证书万花筒
从《百年孤独》闲谈农机发展
别把自己忽悠了
物以稀不为贵的手工版农机产品
闲话另类打假
寻访澳大利亚的农机化
守望田野的农机化学校
2014，农机该干嘛

● 《论语》：孔子与农耕

《论语》是记载孔子及其弟子言行的著作。是儒家学说的经典文献，也是研究孔子生活、思想的主要资料。《论语》所记主要为孔子的儒学思想，其中以"仁"为核心，但是，孔子生活在一个农耕占社会生活主导地位的时代，因此，在记载其生活、思想的《论语》二十篇中，虽然多谈论的是修身、为人、祭祀，求仁、求德，然而，在不经意间或多或少也留下一些关于农耕文明的言论。在文字之间，也可找到关于农具的只言片语。笔者尝试从全篇不多的涉农言语，读之析之，从一个另类的角度，也为研究孔子，仰或研究农耕发展、农具发展文明缀上一笔。

施政重农，以人为本。在《学而》中，"子曰：'道千乘之国，敬事而信，节用而爱人，使民以时'""使民以时"之"时"，按照当时的社会环境，目下解读即为农闲的时候，意即要在农闲时役使百姓。现在看来多少也带有以人为本的思想，也可见在当时对农业生产也是非常看重，误农时则误国家事体。

在《乡党第十》中，有"厩焚。子退朝，曰：'伤人乎？'不问马。"马棚失火，孔子第一句问的是伤人没有，而不是问马如何了，与上一句同样反映出以人为本的思想。

《泰伯第八》中，"子曰：'禹，……卑宫室，而尽力乎沟洫。'"沟洫即沟渠，这里可理解为泛指的农田水利。全句评介大禹，说他住的宫室很卑陋，而却尽力去办农田水利。对其评价甚高，反映孔子对社会人物的价值评定观。

其他有关农业的言语还有，孔子固守子女必须守孝三年之规，对其弟子宰我提出"旧谷既没，新谷既升，钻燧改火，期可已矣"的一年守孝期大为不满。认为宰我大不仁也。

再有，南宫适说："羿善射，奡荡舟，俱不得其死然。禹、稷躬稼而有天下。"孔子大为赞扬之："君子哉若人！尚德哉若人！"。此番对话表明在以农耕经济为主体的春秋时期，农业确实占有重要地位，作为一个具有睿智的政治家，孔子不可能认识不到农业的作用与地位。其实，这种重农的思想一直固植在中国历代王朝的统治者头脑中，否则就不会有后来皇帝设一个先农坛，象征性的种上几分地，表率天下，以示重视。

社会分工不同，岂能苛求一同。

《子路篇第十三》中，有"樊迟请学稼。子曰：'吾不如老农。'请学为圃。曰：'吾不如老圃'。樊迟出。子曰：'小人哉，樊须也！上好礼，则民莫敢不敬；上好义，则民莫敢不服；上好信，则民莫敢不用情。夫如是，则四方之民襁负其子而至矣，焉用稼？'"在古代，种五谷谓之稼，种菜谓之圃。关于这一段话语，过去批判孔子时，是当做反面教材来使用的，指责孔子看不起种田、种菜之人。其实，通阅全段，除孔子指樊迟为"小人哉"，其余并未有蔑视农人之意。若用现代眼光来看，孔子表达的意思实在在理之至。其一，孔子甚为谦虚实在，明确回答"吾不如老农""吾不如老圃"却也实事求是，樊迟之问，有"文革"中造反派用具体操作技能来考教授之嫌；其二，孔子论的是管理国家之人，即"上"，用的是管理之能、之情，地位、身份与稼、圃之人不同，当然不能以稼、圃之技能来论英雄。今人也是如此，社会分工不同，各在其位，各谋其政，不能用驾车技能来比对出租车司机和管理国家事务的总理之高低。社会管理层讲治国之方略，蓝领阶层则自应通具体的"稼、圃"之道。

再后，又有"子路从而后，遇丈人，以杖荷蓧。子路问曰：'子见夫子乎？'丈人曰：'四体不勤，五谷不分，孰为夫子？'植其杖而芸。"后一句"四体不勤，五谷不分，孰为夫子？"，"文革"时批孔常常引用，用以贬低孔子，实属无理之言，社会分工不同，不同职业的人，术业各有精到，岂能苛求跨行当的样样精通？对于天才之人，只是其行当之才，而与其他行业，可能就是"白痴"。俗话说，隔行如隔山。强要脑力劳动者去干体力活，不仅是强人所难，也是扬"短"避"长"，非科学发展观。

片言只语，到也活现农耕场面：

在《微子篇第十八》中，有直接描述农耕的场面，"长沮、桀溺藕而耕，孔子过之，使子路问津焉。"长沮、桀溺，当时两个种田之人，有人译为两名隐士。藕而耕，现译为两人各执一耜一起耕地。耜，《辞海》解释：古代农具名。耒耜的主要部件。形似后来的锸。二耜为一藕。后又有"耰而不辍"（耰，下种后用土盖平）的情景。这大概是《论语》中唯一描写使用农具进行田间耕作的场面。而后的"子路从而后，遇丈人，以杖荷蓧。子路问曰：'子见夫子乎？'丈人曰：'四体不勤，五谷不分，孰为夫子？'植其杖而芸。"蓧，除草的工具。这是这是《论语》中直接体现的农具。《辞海》解释：蓧，一种竹器，古代芸田所用。

在"为政第二"中有"大车无輗，小车无軏"。輗，古代大车车辕前与横木相接的关键；軏，古代小车车辕前与横木相接的关键。驾车时将马或牛驾在辕里后，必须将车辕与横木相接处的輗或軏关上，否则就套不住牲口，车也无法行走。车，在古代既是代步行走、运输货物的工具，同时也是运输农资、粮食的工具，我们姑且牵强的算其为农用运输工具，輗、軏也就可看作其中的一个重要的组成部件。

坦坦荡荡，成效显著之专业人士。

纵观以上不多涉农言语，我们不难看出：一是孔子不是不重农业生产，看不清农业的重要地位；二是孔子也不是看不起农业技术。孔子是个诚实之人，不懂就是不懂，坦坦荡荡一君子也。作为一个高层的脑力劳动者，专攻其术业已经足矣，论仁、论道，思想精湛至深，被后世誉为"圣人"当之无愧，按现今的说法就是，孔子是一个很有成就的专业人士，如果苛求其懂"稼"、善"圃"，则强人所难，过去不少批评指责，当属歪理邪说。

● "读"美国农业，思中国农机化

我们要发展现代农业，自然要建立一个目标体系，如果已经有了，那就要找一个已经成型的体系来做标杆。于我们而言，美国的农业不能不作为一个重要的标杆。

有幸于 2009 年年末随团去美国学习、考察现代农业技术及装备，虽说走马观花，好歹也从感性上"翻阅"了一页美国农业。

就职于美国加利福尼亚大学大学戴维斯分校的潘忠礼教授，研究农业食品的加工，对美国农业的发展趋势，做了如下的归纳：①农场数量在减少（土地在不断集中，说明农业的规模化程度在提高）；②农场规模在扩大（土地面积没有减少，农场数量在减少，自然是农场规模扩大的结果）；③单位农场种植品种在减少（农场规模在扩大，种植的品种数量却在减少，说明生产的区域集中度在提高，生产的专业化程度在提高）；④农民人口在减少（机械化不断的替代人力的结果）；⑤农村人口在减少（是指居住在农村的人口在减少，大量的农村人口迁往城市，城市化程度不断提高）；⑥农民每年从事农业生产的天数在变化（即使是农民，直接从事农业生产的时间也在不断地减少，而从事销售、服务等时间在增加）。

关于美国农业的发展方向，则有如下变化趋势：①大农场数量发展趋于平稳（即农场的兼并趋缓）；②精准农业发展快（缘由是经济效益显著）；③农产品增值在后期加大，原值只占其 19%（可见加工增值的分量）；④农业科技投入中，私人投资大于政府投资；⑤农业投入在减少，但农业产出在增加（此处指农业生产领域，原因是科技含量提高，包括技术进步、科技管理）；⑥与环境相关的问题，没有政府支持，发展就慢，有政府支持，发展就快（如，休耕，政府出钱鼓励。采用两种方式来解决问题，一是经济制衡，如经济鼓励；二是法规制衡，如法规限制）。

需要说明的是，上述要点是学习记录，或许有表述的差异。括号内是我学习时的体会和理解，试着进行的解读。

从以上一个"六点"和一个"五点"，都能看到机械化的作用。如，农场的变化，数量、规模、农村人口及其从事农业生产天数，都暗示机械化在生产中起到决定性的支配地位，没有机械化这些变化都不可能是正反应。再如，精准农业发展，更是建立在大生产、大机器、高科技基础上的，美国的农业生产更可以说是现代的精耕细作，相当于我国过去号称的传统意义上精耕细作更高一个层次。

从美国农业的这些特点或曰趋势、方向，再来反思我国农机化的发展，我想不应该就机械化而论机械化。按照我们定的分类，美国肯定是机械化的高级阶段，不过在我们学习、参观期间，没有人提到过这个判断，或许他们已经这样了，再提已经没有毫无意义了。应该将农机化及农业装备放在农业大面上来讨论。

规模，这一直是困扰我国农业发展的问题。不解决规模问题，我国农业肯定没有出路，机械化也不会有出路。跨区作业在一定程度上缓解了规模问题，但并不是根本性的，尤其是经济作物生产方面、在多茬生产方面。土地流转应该成为我们力推的方向。集中力量可以办大事，集中土地也才可以发展大农业，也才有现代农业。到现在为止，我们还没有看过"一亩三分地"规模的现代农业。

人口，这里指从事农业生产大的人口。人海战术显然不是现代农业的特点。现代农业中，农民应该是一个职业，而不应该是身份。机械化在解放农业劳动力方面的作用是有目共睹的，城市化是将农村人口拉向城市，机械化则是将农村人口推向城市，殊途同归。城市制造更多的就业机遇无疑对机械化有重要的作用。

● 美国农业、农机化之感与思

美国的农业、农机化，对我们来说既陌生，又熟悉。说陌生，是因为没有去过，没有见识过；说熟悉，是经常在报刊上看到有关的介绍。实情到底咋样，其实没根，纸上得来终觉浅。近期随团到美国进行学习考察，得到一些直接的感受，认为美国农业的发展趋势及其方向，值得我们深入研究；在工作模式及一些理念上也有值得我们研究与学习的地方。

在此，将这些认识与思考记录下来，与农机界的同仁们共享。

1. 关于美国的新技术推广

美国农业新技术推广主要有两大体系，一是行业协会，二是涉农大学。美国行业协会从农产品销售中提取一定比例的费用用于技术推广，不同作物比例不同，经费由行业协会安排使用。大学承担政府以及协会等组织的项目，开展研究、试验、示范和推广。

大学的教学与生产实践有比较紧密的结合度。如在 MONTERRY 县农业技术中心，加利福尼亚大学戴维斯分校有四位教授长期与之合作，并在驻地开展实地研究和技术指导。在校内，学校与很多企业、个人（捐款）共建西部研究实习中心，实现三大功能，教学实习（学校学生、高中生、企业员工）、研究、产品开发。中心配备了大量的实践教学设备，可以供在校学生以及企业员工进行培训和实习，操作性很强。美国这些农业技术推广、培训方式值得我们借鉴。

2. 关于农机装备开发动向

在戴维斯分校及农机经销公司学习考察，了解了很多新技术、新产品的研发、销售情况。

戴维斯分校目前研究的除草技术颇有新意。有三种方式：一是计算机识别杂草，热油灭草。采用植物油做灭草剂（Canola，菜籽油）。不用农药，减少了可能的环境污染。二是 X 光扫描杂草，机械剪切，入土 2.5 厘米。三是 GPS 定位装置精确种植（播种），行距准确，机械在没有作物的行间铲草，这些都要求种植精确，条形化。这些技术不是单一的机械作业，而是机、电、仪与信息化的高效融合。

此外，一些在研的项目，也可以作为我们开展研究的参考。如蔬菜采摘、转运平台（用于露地蔬菜的采摘与集箱）；辐状打击摘果机及捡拾机器（干果打果及收集）；激光去西红柿外皮研究；间歇空间电场杀灭粮库病虫害研究（避免熏蒸带来的污染）；果树的疏花设备研究；还有应用于设施园艺的气动剪切机、花盆手提工具等。

4. 关于生物质资源利用的认识

关于秸秆如何利用，美方专家提出：①一家一户型的气化燃炉，低成本、低利用、低效率。气体不安全，对健康有影响。作为能源是不可取的；②生物燃料处理后的废弃物可作有机肥还田，比直燃、汽化后的草木灰更有价值，燃烧使土壤有机质减少很快。③美国已经从鼓励粮食转化能源变为限制转化，现在是鼓励废弃物转化能源。废弃物包括农作物秸秆、食品加工废料、畜禽养殖废料及生活废料。戴维斯分校张瑞红教授目前研究的以秸秆、生活垃圾进行沼气工程化处理，取得了很大的进展，已经进入商业化的阶段。这对我国现在进行的新农村建设，处理影响农村村容村貌的垃圾、秸秆的处理有较大参考价值，可以进行引进消化。

5. 关于科学研究的理念

美国的科学研究更注重细节，有关管理环节也比较简练。在我们接触的戴维斯分校开展的农业工程方面的研究，教授们的课题都很细、很具体、很有深度，与实际结合紧密，重在解决具体的生产中的难题，而很少有组装概念、变换提法的项目，少有用概念去争取项目的现象；相对于我国目前科研立项追求大项目、超前概念，动辄产业化、战略化，大而空洞，壳大，核小，实际研究内容很空很泛，最后"创造"一堆创新点，我觉得更实际，更能真正解决实践中的问题。

关于目前我国搞的农产品产业技术体系制度、科研方面的创新战略联盟，美方专家提出了不同的看法，认为可能要走弯路，容易成为科技资源的垄断，人还是那些人，而体制赋予了一些人对行业的垄断，容易致使新的思维、新的认识不能出现，障碍新思路和创新。联盟只是一种资源的整合，而不是创新。还对国内农产品"无公害"提法提出异议，认为该提法不妥，于理不通，"无公害"之外就应该是"有公害"，"有公害"的存在表现为政府的不作为。这些看法很有见地，值得我们深思！

6. 关于中国农机产品在美国的机会

学习、参观期间，我们能深深地感觉到，在日用品市场"中国制造"满目皆是，然而在美国的农机市场，我们却没有找到"中国制造"。在我们访问的几家农机经销商那里，我们看到的是约翰·迪尔、纽荷兰等美国产品，还有日本久保田产品，有拖拉机、收获机及播种机、犁耙等农具。配件部分，有德国、法国等产品，遗憾的是我们没有看到中国的。这或许正说明在这些领域我们还有很好的发展空间。其他市场，我们的产品能占领美国市场，我相信农机市场我们也能做得到，并做得更好。加强对美国农机市场需求的研究、增加对中国农机产品的宣传，争取尽快将我国农机产品打入美国市场，占领美国市场。

此外，美国农机化并不是覆盖了所有的农业生产领域，在蔬菜种植方面很多环节依然需要人工来完成，比如，蔬菜的移栽、收获等环节，大量的墨西哥劳工被雇佣，因此，我们也可以在农业生产领域进行劳动力输出，或开发相应的生产机械，占领美国的市场。

7. 关于加强我国农业与农机化发展的宣传

我们所到之处，在与美方人员交流时发现很多人对中国不了解，所知甚少，而所知也来源于有偏见的一些媒体，因此，我们今后派团出访应该携带一些介绍中国社会经济，包括，农业方面的成就，改善人民生活方面的成就，尤其是农业、农机化等方面的宣传资料。主动去影响外国人对中国的认识，以此增强外国人对中国、对中国所取得的成就的了解。

● 菜谱、农机、说明书

菜谱，农机，说明书，似乎风马牛不相及，非也。

菜谱是干什么的？做菜的使用说明，理该算成是说明书之列。

农机具从生产企业，经过销售商销售给用户，都配有一份说明书，指导用户正确使用机器，就此说来，菜谱与农机使用说明书应该归为一类事物。

翻看菜谱，无非是先介绍菜名，然后是原料、配料，再是做菜的操作程序（做法），最后介绍这道菜的特色。仿佛一是一，二是二，再明白无误了，照此配方、操刀、烹制，一份色、香、味可口的佳肴就可以享受了。且慢，事情并非就简单如此，看完菜谱，有些要求仍然惹人不明就里，无从下手。比如，菜谱的字里行间往往了充斥了"适量""少许""九成熟""文火"等术语，无论是业内人士，还是局外人士，要想拿捏准这些术语要求的尺度，怕是难矣。据说，中国的菜谱到了国外，尤其是一向以严谨著称的德国，老外们经常被弄得一头雾水，根本无从下手。"少许"是几克？"适量"是几克？"文火"如何度量？"九成熟"如何判定？就是摇晕了脑袋，老外也未必能弄明白其就里。

然而，生活中这样的事例却比比皆是。

农机说明书，向用户说明怎样操作使用农机的技术文件，性质类当同与菜谱。应该清清楚楚、明明白白地向用户讲清楚机器的原理、结构和使用步骤、操作要求等。这些内容定当准确、精确，真正是"一是一、二是二"，要向用户指明使用的度、力道、步骤，这些都是应该有量化指数的，长宽论毫米，力度论牛顿，速度论米/秒，转数论转/秒，还有温度、湿度等指标，皆应一一量化，可以操作，而小则不足，多则过盈，轻者损坏机器，重则伤及人身，不得马虎。然而，现在的很多农机说明书就像菜谱一样让人一头雾水，也用"适度""对齐""恰好"之类的语言，将让人无以度量或难以量度。随手拿来三本农机使用说明书，两本拖拉机的，一册谷物联合收割机的。翻阅一遍，看到这样的语句，"必要时充气""必要时进行调整""必要时补足"，三句话都里都有不确定度的言语，"必要时"不可确定，而"充气、调整、补足"也都是不确定词汇，没有度量指标。更有优雅的语句"筛片开度调整应与风扇调整匹配，优势互补，有机结合"，"优势互补，有机结合"，绝对是农机使用说明书的雷语，怎么也不像是说明书，倒像是领导的报告。深究起来，内行人有时候也看不懂结构说明，这样的问题比比皆是。

做饭，是居家过日子必备的家庭作业外，是再俗不过的事。现如今却往往更多的划为文化范畴，称之为饮食文化、或者称之为饮食艺术。文化也好，艺术也好，需要一些含蓄、一些浪漫，更需要差异化，不必钉是钉铆是铆，务求凸显艺术的差异化、个性化，这一个不是那一个。

农机操作使用却是工业化的产物，要求的是严谨与一致性、同一性，假如说明书也菜谱化，玩起艺术的浪漫，显现艺术的多样性，那就是灾难了！

菜谱、农机使用说明书，有性质的同质性，但也有性质的差异性。烹调的美或许表现在不同手法、不同配料、不同火候的因人而异的掌握之中，正因为一些难以掌控的度量值，才产生丰富多彩的文化斑斓和艺术风采。农机使用则讲求的是统一划一,一丝不苟,其作业效果也要求是统一标准的,凸显的是标准化的美感,而多异的效果往往是灾难的结局。

面对现实工作中,一份充满隐晦词语的看不懂、难下手的使用说明书,一份充满"含蓄美"的农机使用说明书,你会怎样想?你该怎样用?

● 伪命题:没有农民的深圳

一个地方有没有农民,谁说了算,我不知道,但是深圳的官员知道。

据新闻媒体报道,广东在 2011 年年底举办了全省农民运动会,深圳婉拒参加,理由很简单,解释说深圳已经没有农民了。报载,深圳农林渔业局方面解释说,自 2004 年"村改居"完成后,深圳已经没有农民。"农运会是农民参加的,我们不搞形式主义,所以不参加"。

从网络搜索资料:深圳市实有农业用地面积 36.48 万亩,其中耕地面积 5.77 万亩,果园面积 19.10 亩,花卉面积 1.30 万亩,水产养殖面积 9.31 万亩,畜牧用地面积 1 万亩。林业用地总面积 130.81 万亩,其中有林地 18.71 万亩。? 再搜索:2010 年 12 月 9 日,经国家科学技术部批准,深圳国家农业科技园区正式成为第三批国家农业科技园区。深圳国家农业科技园区是以发展现代农业生物育种产业为特色的国家级农业科技园区。园区建设地点位于深圳市宝安、龙岗、光明和坪山四区,采取"一区多园"的模式建设园区,建设面积为 4.15 万亩,其中 3 万亩为基本农田,从 2011—2020 年逐步建成。

从以上数据可以看出,深圳虽然没有名义上的农民了,但农业依然存在。

因此,我说,没有农民的深圳完完全全是一个伪命题。

关于"农民"的界定,按照不同的参照物来阐述,结果有所差异。《辞海》:直接从事农业生产的劳动者。《现代汉语词典》:在农村从事农业生产的劳动者。这些是理论上的定义。在我国,农民还有一个界定,就是具有农村户口的人。这是一个身份的归属问题。

说深圳没有农民,是一个完完全全的悖论。要说深圳没有农民,那深圳的农业生产是谁在进行? 200 多万亩农林用地都是弃荒了吗?农业科技园区已经没有从事农业的劳动者,全是机器人在劳作?现实肯定不是! 事实上,深圳至今仍有从事农业生产的本地居民。要说深圳有农民,户籍管理上,又没有可以管理的农民。从我国现在的户籍管理体制来看,深圳方面的解释又完全符合没有农民的界定,就是没有农民身份的劳动者。深圳坚持以"没有农民"不参赛,看来就是一个身份认同的问题,理由相当充分。不过话又说回来,即使深圳当地没有户籍上的农民,但深圳却拥有数十万,或许百万,我没有这方面统计资料,但可以肯定的是数额巨大,从全国各地涌来深圳淘金的农民工。这些农民工，虽然他们从事着与农业不相关的工作，但他们可是地地道道的具有农村户籍的"农民"。因此，无论怎么解释、界定，都难以说清楚深圳究竟有没有农民。可能很长一段时间，深圳都会处在有农业没有"农民"，有"农民"又不从事农业的怪圈，这个纠结啊！

有没有农民，我的观点倾向于《辞海》或《现代汉语词典》的定义。户籍制度是我国一个特定年代的产物，尤其是城乡二元结构的户籍制度。随着社会的发展，这种依照户籍来划分农民的方式必然会淘汰，农民自当恢复其从事农业生产的定义，相对于工人、知识分子等职业特质，农民也会成为一种职业的取向。

我们是搞农机化的，话题最后自然要回到机械化上来。有理由相信，今后不会再有所谓的有无农民的有关身份的纠纷，有的是懂农业技术、使用农机从事农业生产的职业农民。

● 一个农机人中国科协八大的杂想

杂想，真正的杂想，不讲逻辑关系，不讲前后顺序，想到哪就写到哪。看官也只好跟着我的感觉来走一遭。

话题源头：科协八大，即中国科学技术协会第八次全国代表大会。2011年5月27～30日在北京人民大会堂举行。

除非科协体系的人，这样的会议，在一般人眼里根本就引不起太多的注意。然而，中央非常重视，重视程度之高，大大出乎笔者的预料。开幕式之时，中央政治局常委除一人在外出访，悉数出席，习近平副主席代表中央致辞。转天，温家宝总理向全体代表做了一个两小时的专题报告，有不少新意之说。

据会议主持在选举时报告的数据，会议正式代表为1 300。我查了一下会议下发的代表名册，来自农机行业（农机学会总会及地方学会）的代表只有4人，2名中国农机学会代表，2名地方学会的代表，其中，上海学会1人，天津学会1人。农机代表只占全部代表的0.3％，所占比例之少，也出乎预料，令人唏嘘。地方上，上海学会的代表还是来自市蔬菜办的，不知道为啥不是农机自己的人，只有俺是正宗的农机代表，既光荣又孤独。呜呼哀哉，按常理，众多的农业大省、农机强省该有农机代表参与，我等农业比重甚小的直辖市能得到参会名额，实属甚幸，而未来之省则应该很是遗憾。能否参与这样的会议，安排名额的是各地的科协，我们几乎处于被动状态。但是，以笔者的见解，农机人但凡遇事，一定要去争取，否则就会像一首歌里唱到的"幸福不是毛毛雨，不会自己从天上掉下来"，争取不争取不一样，努力不努力不一样，投入和不投入不一样。不仅是科协的参与机会，一切可能的参与机会，我们都应当尽一切可能去争取参与，并争当先进、争做模范。

科协大会，到会的人员主要有两个方面，一是科学家，包括从事科学研究、科技推广、科技应用等方面；二是科协工作者。其中不乏我国科技方面的顶级人物。因此，会议期很受媒体关注，记者云集，大会上摄录像记者的"长枪短炮"也好生了得，分团讨论会期间有不少记者前来采访，更有媒体每天赠送报纸杂志，但就是不见农机行业记者身影。要说不知道或许头一天会是这样，然而会议连续开了 5 天，再说不晓得就不可思议了。另外我也以不同方式与农机媒体同仁沟通过，却掷地无声。但想每年人大、政协两会召开时，农机媒体也少不了去掺和，然而科学家的聚会遭此冷淡，似乎不应该，也没想到。人大、政协之两会，官员多、老板多，说话管用？还是发言有分量？瞎猜半天，无果。

开会就有发言。大会发言排不上我等，小会发言也十分踊跃，抢手得很，好容易候到讨论快要结束，才争取到一次发大言的机会，于是讲述一番农机如何上天入地，进棚下水的功能，末了还把正在推进的现代物理农业工程技术描绘一番，硬是引起众团友侧目以示，还有摩拳擦掌要积极跟进的。最终结出善果来，6 月 28 日，天津市电子学会、自动化学会、物理学会和农机学会四家联合搞了一场多学科产学研结合的现代物理农业工程研讨会，这也出乎预料，善之善哉矣！

其实，关于中国科协八大的杂想以及有趣的插曲还有好些，碍于专栏篇幅有限，暂且搁笔，以后有机会再行分解。

● 天津，农机的一片热土！

过往在写杂谈的时候，也常常自我表扬，但是比较含蓄。不过今天我要大张旗鼓飘扬一下自己，鼓吹一下自己，别误会，我说的不是作为自然人的个体，而是天津农机的整体。有朋自远方来，不亦乐乎，2013 年 9 月 23 日，中国农机零部件行业峰会在天津宝坻召开，这是全国农机行业的重要事件，更是天津农机化发展的一件大事，有这样的契机，我们可与全国同行进行交流、沟通，通过参与和学习，促进天津农机化又好又快的发展。利用峰会这样一个重要的平台，我们热忱的对全国农机行业的各位同仁表白：天津，中国农机的一片热土！

农机热土？何以见得！且听我分解如下：

首先，天津农机化水平全国领先。2012 年，全市农机总动力达 568.13 万千瓦，拖拉机 3.81 万台；全市农业耕种收综合机械化水平达到 81.02%，位居全国第三；早在 2009 年，天津在全国各省市中第一个率先跨入农机化高级阶段。

天津农机管理服务体系健全有效。2012 年天津市农机购置补贴工作绩效延伸评估得到农业部致函市政府表彰。经过几十年的发展，形成了覆盖市、区县、乡镇三级的农机管理、服务体系。农机化管理、科研、鉴定、推广、培训和生产、营销、服务机构健全。农机合作社健康发展，已经成为农机社会化服务的重要形式。天津拥有一支清正廉洁，超强凝聚力、战斗力的农机团队和坚实的农机化发展服务基础。

天津成为中国农机工业的新兴产业聚集地。历史上，天津曾经是我国农机生产的主要区域，为我国农机发展提供了大量的农机主机和配套产品，做出了很大的贡献。近年来，随着约翰迪尔公司落户天津、勇猛公司移居天津、福田雷沃重工发动机生产基地及集团总部入驻天津、利拉伐公司投资天津等，一批优质、强势的农机企业在天津实现产能提升和扩大生产，天津已经逐步成为我国农机工业新兴的产业聚集地。天津毗邻北京，地处我国农机重要市场华北、东北、华东的咽喉要道，具有强大的区位优势、交通优势、信息优势、技术优势、机械制造优势、产品配套优势，同时具备优良的政策环境、金融环境和人文环境，具有农机工业发展良好的环境条件，是我国农机产业发展不可多得的一片沃土，正在不断吸引越来越多的农机企业落户天津。目前，农用发动机、拖拉机、联合收获机、微耕机、大型灌溉机械、耕作机械、奶业机械等农机产品已经形成相当规模的产能。

天津农机科技得天独厚。近年来，在天津市委市政府的主导下，我们加强了对首都资源的利用，增强了与各中央农机科研教学单位有紧密的联系。积极引进技术，大力转化成果，取得丰硕成果。今年，天津市政府将中国农机院纳入到院市科技合作机制之中。此外，南开大学、天津大学、天津科技大学、天津农学院等高等院校具有强大而坚实的科研实力。天津 600 余万亩耕地，种植玉米、小麦、水稻、棉花、大豆以及林果，畜禽养殖、海淡水养殖品种齐全，是一个从事农机科研开发、试验示范的理想之地。

天津农机化的健康快速发展得益于各级政府的正确领导、重视和支持，更得益于我们有一支团结奋进、激情四溢的农机队伍。无论是农机科研、推广，还是开发、制造，天津都是一个不可多得的农机沃土，是一片农机发展的热土。

话说到此，终于我要说出本文的核心，也叫中心思想：真诚的欢迎全国农机企事业单位，乘着天津现代都市型农业发展的东风，投资天津，入驻天津，加入到我们天津农机的团队中来，携手共进，合作共赢，在这片热土上大展宏图，发展事业，造福天津，服务全国！

● 专家一不小心，成"砖家"

北方的冬天很冷，南方的冬天更冷，沁骨三分的冷。

网上有一则冷笑话：上海人说：今天1度好冷；山东人笑了：我们这零下3度；北京人也笑了：我们这零下13度；黑龙江人听到哈哈大笑：我们这零下23度。上海人听完冷笑一声：我说的是室内……室内！

冬季南方之冷，我是有亲身体验的。一身臃肿的棉服、羽绒服早上穿上身，一直到晚上睡觉才脱下来。睡觉的时候，不想进冰凉被窝，进了被窝就不想出被窝。孩提时代，每到冬季，手脚生冻疮，耳朵生冻疮。屋里阴阴的，比屋外还冷。

这些年关于南方冬季供暖的话题一再被提出。今年之冬，尤其寒冷，冰凉的寒冷让南方人感到无所适从，于是乎强烈期盼能享受到北方人能享受到的冬季的温暖。网络舆情热议纷纷，成为冬季里的一个热话题。

然而，南方某位专家冒了一句话："对于南方居民而言，已经习惯冬季的湿冷气候，如果突然增加集中供暖，可能导致居民身体的不适应。"此言一出，一片哗然，哇噻，雷人雷语，雷倒一大片人。

对此，中国之声《新闻纵横》之纵横点评道：按照这位专家的观点，我们应该恭喜南方人，因为他们已经成功进化，无需温暖阳光，只爱阴冷潮湿。

这位专家提出此等言语，理论基础何在，俺不得而知。但作为原产南方而生活在北方之人，我对南方冬天之冷感受深刻，记忆难变。嘛专家？简直就是砖家！

近日，朋友发来一短信：为了证明螃蟹的听觉在腿上，一专家捉了只螃蟹并冲它大吼，螃蟹很快就跑。然后捉回来再冲它吼，螃蟹又跑了。最后专家把螃蟹的腿都切了，又对着螃蟹大吼。螃蟹果然一动不动。实验证明专家的判断是正确的，螃蟹的听觉确实在腿上。

现如今有多少如是之专家！

关于南方供暖问题，我相信是迟早之事。至于供暖方式倒是可以探讨，集中还是分散？采用煤、电、天然气、地热等，实现方式的途径本文不予涉及。

通过以上两则世说新语，俺就想弄清楚专家是咋回事。俺理解专家大约应该是在某一个领域、某一个方向有专长之人。管理方面的专家知识面可能宽泛一些，技术方面专家则可能在一个方向上精深细透一些。不管咋样，专家只能是一个领域或一个方向的专家，离开这个领域、方向，专家就不是专家了。一般专家如此，高级至院士水平的专家，也当如是。

在俺们农机领域，我看也没有全能的专家。农机按照分类标准分为若干大类又若干小类。就农机购机补贴工作而言，列入补贴的产品也分为多少大类，多少小类，又多少品目。最新报道，2013 年全国农机补贴范围为 12 大类 48 个小类 175 个品目。如此巨大的范围和细分的品目，肯定找不出样样都懂、门门精通的万能专家。

每个人都可能是专家，专家发表言论也无不可，但啥事都充内行，发表些无厘头、不靠谱的语言就错呢。按照老话讲就是"开黄腔"，时尚的话讲是"雷语"。否则就是口比脑子快，更麻烦了。

时不时有部门要求填某某技术评审入库专家表，都有一个栏目：专业方向，或粗分或细分，总是有的。农机如此，其他行业也这样。农机分耕、播、收、植保、加工等，医院分内科、外科、五官科等。

我想，专家当把好自己的专业方向，用理论、用数据来履行专家身份，千万别被专家；一不小心就会从专家进化成砖家。

● 不幽默的世界末日

2012 年 12 月 21 日过去了，世界还是原来的世界，依然存在，俺们"被末日"了一把。预言、谣言中的世界末日没有到来。

不过，围绕这个预言却发生了许多故事，不晓得这些故事该让我们是喜、是忧、是笑、是哭？

网载一经典案例。成都某网络科技有限公司的放假通知。全体战友：鉴于公元 2012 年 12 月 21 日的特殊意义，公司经过慎重考虑后，做出以下决定：2012 年"末日假期"安排，放假时间为 12 月 20 日，12 月 21 日，共 2 天。放假期间希望大家做到以下几点：①假日期间请做好防火、防盗安全措施。②假日期间手机完全可选择关机，以保证无人打扰。③平时大家都忙于工作，建议大家利用"最后"的时间，多陪陪最亲的人。祝大家度过一个有意义的"末日"。四川人的幽默真是发挥得淋漓尽致了，尽情地消费了这个天大的预言，无聊吧？但这却是一个绝好创意，这下公司老总不用打破脑袋去想怎么做广告才能吸引眼球了。高，实在是高！

不过，地球是圆的，什么事情都可能发生。有人在消遣，但也有人当真。同样是在四川，一场闹剧也在同时上演。一些乡镇传言要"连黑三天"，口口相传之后，居然引发部分市民尤其是年长者抢购蜡烛。跟前些年抢购食盐如出一辙。乍一看，太可笑了，这不是在演生活喜剧么？可转念一想，虽然是少数人参与，但如此这番的闹剧总是上演，就不是很喜剧了，实则是个"杯具"了，幽默过头了，那就很不幽默了。

关于这个据说源于玛雅人的伪预言，科学家们前一阵紧分析、紧辟谣，有关他们精辟的论述俺就不赘述了，既然世界还在，我们农机事业就自当继续发展了。

这个既带来恐慌，又带来商机，还带来狂欢的历史故事（已经过去的故事，自然应当算作历史故事），带给我们太多的思考和反省。从两个层面来说，一方面反映公众的人文素养缺失，同时科学素质严重偏低；另一方面反映我们的科普宣传、教育还很不到位。由此，让这些不靠谱的预言靠谱地忽悠了一把。

公共情况如此，不禁让人联想到我们的农机推广工作。如果非要给一个判定的话，笔者要说，农机行业推广工作也面临同样的情况。

一个农机新产品、一项农机化新技术，从试验、示范到推广，没有三五年是难以见效的。联合收割机新疆－2沉寂了多年才暴发；保护性耕作技术从2002年开始推广，到如今还处在推广进行时态之中。20世纪90年代，我们搞秸秆禁烧工程，推广秸秆粉碎还田等农机化新技术，费了九牛二虎之力，依然浓烟滚滚，遮天蔽日。而等到项目结束之后若干年境况才逐步扭转，尽管目前焚烧秸秆现象依然屡禁不止，但毕竟很多农民已然接受了秸秆还田，从这些年不断增加的秸秆还田机数量可以看到这种变化。

推广就是一个艰难的科技普及过程，这个过程涉及政府部门、推广机构、媒体以及农民。让农民接受农机新产品、新技术是我们的任务目标，需要耐心，更需要我们的作为。提高农民的科学素养不是说出来的，而是要投入人力、物力和财力，教育到位、宣传到位，最终达到目的。

世界没有"被末日"，一切都还需要照常进行，由此而言，农机新产品、新技术的推广应用，农机部门任重道远。

● 荣誉证书万花筒

看到题目你肯定会摸不着头脑！

人的一生要多少个证呢？打从娘胎还没成型的时候，我们就开始需要证件了：准生证，接着是出生证、独生子女证，再后来有了学生证、身份证等，好多好多，有人搜罗了一下，在网上晒了晒，我们一生大约需要80个证。分类为家庭婚姻类24个，身份类16个，学习、工作类18个，迁徙、旅行类6个，财产相关类13个，其他类4个，呜呼，看了这些个证书清单真是大开眼界。难怪网友感叹：不知是难为了政府，还是难为了我们？

人生如此，作为社会组织的单位又会面临如何境况呢？

有幸参加了一个农机行业品牌方面的评审活动，身为评审专家，阅读企业提交材料，浏览一遍，发现农机企业提交了林林总总、名称繁杂的各种证书，这些七七八八的荣誉证书，有好多真是闻所未闻，让人感觉眼花缭乱、匪夷所思，真的就像一个万花筒。

先说评选层级。评选单位是中央部委及省、地市、县区级的都有，从上到下俱全。

再说评选部门。那家伙，五花八门。有国家部委、有正儿八经的各级政府，有学会、有协会、工会，有办公室、有杂志社、有报社，还有来历不明的组委会、编委会、领导小组（甚至是领导小组办公室），再有就是什么品牌推广中心、企业中心、研究中心。就差直接标榜为"颁奖中心"的。

三说评选来历。更是不分内外、不分行业、不论大小、不限专业，是有块图章形状的圆疙瘩就敢发证。有行业内的机构，也有行业外的机构，从农机、农经、农业，到工商、税务、质监、发改、管委会等；有常设机构，也有临时机构，我怀疑是专业发奖的，经常打一枪换一个地方的乌合之众。

除了营业执照、法人证书、科技进步奖证书这类类严肃的证书外，中规中矩的荣誉称号有先进集体、先进单位、名牌产品、著名商标。但是有些证书相当雷人，甚至让人喷饭。

不妨晒晒（括号内是笔者随笔点评或感叹）：

标杆工业百强（生产标杆的？真的不懂）、诚信示范企业、纳税优胜企业（纳税还要比赛？）、省内首台套产品（这也需要办证？如此这番，前三名是不是也该颁个证书）、中国质量过得硬知名品牌（还有过不硬的知名品牌？）、排头兵企业、金奖产品（肯定就得有银奖产品，或者还得有铜奖，跟奥运接轨，金、银、铜牌俱全）、龙头企业、优质产品。还有"最受欢迎的农机行业十大农经品牌"（什么逻辑啊，大家能看懂是什么意思么？）、现代农业农机行业十大标杆企业（能想出这样的评奖项目名称的人，太有才啦）、重点产品、满意企业、满意产品、标杆企业、信用企业、诚信企业、入选目录证书（这样也要发证书？俺们农机补贴中的推广目录入选产品海了去，一年不得发几千个证，一个证若干百千元，那不发了！）

这些只是从申报材料中采撷来的一部分，还有一些潜伏在提交的材料中，因为时间关系，没能全部挖掘出来，煞是遗憾。等有机会细细搜索，搞一个荣誉证书大全，展示展示。

这些评选项目，名目混乱，离奇古怪，让人哭笑不得。虽说俺不是中文系毕业的，好歹也学过语文，基本的语法、逻辑还是弄得醒豁的，但在这些才子面前，看来是有些 OUT 了。

这些证书于金钱有何关系？多半肯定是收钱的，或许也有不收钱的，然前者居多，后者寥寥，无利不起早。发证单位是，你敢要，我就敢发；企业则是，你敢发，我就敢要，不过更多是一种无奈啊！

颁证的勾当，俺过往也干过，看了这些万花筒里的奇异证书之后，也彻底无言了！

● 从《百年孤独》闲谈农机发展

新闻报道，4月18日，诺贝尔文学奖获得者马尔克斯殒落，留下耐人寻味的文学遗产，别的作品俺不知晓，但知《百年孤独》。

本文，生拉活扯的也要将诺贝尔文学巨著跟我们农机瓜葛起来。看似遥远的两个行当，其实近在咫尺之间，文学里面有农机，农机之中有文学。文学不孤独，农机也不孤独。

20世纪80年代，我从一本杂志中阅读到《百年孤独》，后来在书店也见到该图书。直到现在才知道当时我们看到的这些出版物全是非法的盗版书，正版中译本是在小说发表四十多年之后才在中国出版。莫言也好，钱钟书也好，中国的大师们看到的中译本尽皆盗版，像俺们这些曾经追求过文学梦的所谓文学少年、文学青年当然也是看的盗版。

现在我可以悄悄地告诉诸位，《百年孤独》俺没有看懂，只是凑个热闹而已。文学梦已经残断了，农机梦还在继续。冷静想想，这些年农机行业也是盗版连连，随处可见，创新鲜见，到了我们不再整天口头上喊着创新口号的那一天，我们就真的在脚踏实地创新了。懂外语的、经常出国的抄国外的；不懂外语的、出不了国的抄国内的。一个产品市场热销，立马一批克隆品一哄而上。一个现场会，你可以看到一批双胞胎、三胞胎，甚至多胞胎驰骋田野，都似曾相识。

这些年科研经费没少投，具有自主产权的创新技术屈指可数。为防止论文抄袭，有一种查重软件，把论文提交之后，软件可以自动查重，最后给出与现有文献的重复率，文雅的说法叫查重率。我想是不是弄一个农机产品查重软件什么的，也给农机产品来个查重，笑话而已，既不可能，也无必要，工业产品其实重复率很高，创新更多是在局部而已。不过当下的浮躁和急功近利之风倒是要值得关注，我还是这个观点，大胆的抄袭，认真的创新，但别违法。

《百年孤独》小说从家族生存隐喻了拉美的百年沧桑，而我们农机的发展，其实也可以从一家一户农民的生活、生产及其环境的变化中体现出来。农户是农村的一个细胞，他们的生活、生产与我们的农机化密切相关，我有一个观点，农机化的发展，改变的不仅仅是农民的生产手段，同时也在改变农民的生活方式，甚至包括思维方式。

如果写小说，完全可以不提农机、不提农机化，但从农民这些年生活、生产的变迁就可以直接或间接的展现农机化的发展历程。我曾经设想弄一个课题，远了说比较中国、美国、欧洲农户生活和生产的变迁；近了说比较国内东部、中部、西部农户的生活和生产状况。从这些个对比研究中，探寻农业生产、农民生存发展的轨迹。或许，美国、欧洲农户的今天就是我们的明天；国内东部就是中部的明天、西部的后天。要是弄明白了这里面的规律，倒是可以为发展的计划和规划提供依据，对症下药、有的放矢的制定促进政策。

说了农户，再说俺们农机行业，我们孤独又不孤独，曾经也算一个中央大部，虽然后来散落几处，但还是兢兢业业孜孜以求，发奋进步。种植、养殖什么的，各守一摊，我们农机则全面覆盖，那都有我们的身影，那都有我们的用武之地，我们还主动提出了农机农艺融合，作用之大，不言而喻。可叹的是，一到机构改革，我们就岌岌可危，倒是真的孤独！

其实，孤独与不孤独，农机都在，而且在发展。

● 别把自己忽悠了

我们经常说，宣传工作是农机化事业的有机组成部分，在农机化发展中有着举足轻重的地位。时下常说的事业发展需要"产、学、研"结合，后来又追加为"产、学、研、推"结合，何谓"推"？"推广"也。再后来，俺创造性地提出了新观点："产、学、研、推、吹"结合，"吹"为何物，"宣传"也。宣传并不是吹牛，不过俺们用口语化的"吹"来形象比喻宣传，这样大家容易理解、容易接受。其实，关于宣传的代名词很多，四川人爱用的"吹"算一个，东北人的"忽悠"算一个，天津人的"掰活"也算一个，全国各地可能还有不同的表述，俺才疏学浅，说不全，惭愧。

现如今，宣传已经贯穿到我们每一项工作之中。早前说，兵马未动，粮草先行，现在是工作还没启动，舆论已经上路了，莫道君行早，更有早行人。等到事情做成了，大张旗鼓的宣传那就更不在话下了，用小品中宋丹丹的话来描述：那家伙，红旗招展、人山人海。

无论如何看待，宣传肯定是发展事业必不可少的助推利器。催人奋进、鼓舞斗志，交流经验、传播技术，作用大去了。

宣传就宣传，吹就吹，忽悠就忽悠，不过凡事别过头了，别走板了，走样了，否则就可能别扭、难堪，甚至产生负面效果。

前几日看新闻，有一段关于天津的，说秸秆粉碎还田的好处，其中有一段对话："这样处理过的秸秆易掩埋、易腐烂。一亩地可增加有机质 400 千克、碳酸氢铵 23 千克、过磷酸钙 19 千克、氯化钾 10 千克"。仔细阅读，居然说是我说的，天啊！我啥时候说过？俺咋不知道呢？这么专业的数字，我肯定不晓得，也说不出这么准确的数字。看来，组织忽悠的人被忽悠了。

也在这段时日，又见报道粮食烘干的："按下按钮，伴着机声隆隆，热风呼呼作响，水稻倒入料斗，提升、加温、降水、排粮……一套几分钟的自动流程下来，粮食烘好，颗粒归仓"。文字功夫忒好，形象生动，现场感极强，不过，读完有点哭笑不得，几分钟就把粮食烘干？忒不专业了吧，在爆米花吧？

又过数日，报道说某地秸秆直接还田率达95％以上，甚至还有100％的。俺们"三夏"这些日子一直在农村地里转圈巡查，咋就看不出95％呢，天津做不到，相信比天津地块大很多的地方着实也很难做到。不是俺太自信，确实太难了，同志哥，秸秆禁烧工作"亚历山大"啊。

还有，某报头条报道某地今年秸秆还田工作，多少技术措施、多少秸秆机械、多少人检查等，工作是如何的到位。但是环保部网站每天公布的卫星监测报告一再显示，该地每日被监测到的火点信息达三位数以上，很是打脸，很是无情。要知道，这些火点可能还只是冰山的一角，监测卫星不是同步卫星，一天也就三次从俺们这地方的头顶上扫过，如果再加上有云层的遮掩，应该还有很多的火点没被监测到。俺们也不余遗力的在宣传秸秆禁烧和秸秆综合利用的成绩，但也清楚的知晓，今年秸秆粉碎还田的确实很多，焚烧也确实大幅度减少，但距离禁烧还是差之甚远，真的是：革命尚未成功，同志仍须努力。

虽说报道是记者写的，文责自负，但是，数字是俺们给的，素材是俺们提供的，守土有责。

最后，俺想与同行共勉，宣传很重要，事业不可少，但得注意分寸，拿捏尺度，千万别玩过火了，把自己给忽悠了，那就不好玩了。

● 物以稀不为贵的手工版农机产品

本文的题目有些拗口，但读完全文就可以释然了。

物以稀为贵是常理，尤其是资源类物质和工艺品等。金银珠宝之所以价格昂贵，就因为资源稀少。现如今，在我国商品市场上，几乎感觉不到有什么稀缺的商品，要不是供大于求，就是供需平衡，排队买东西的现象实在少之又少。

农机行业也是这样，基本产品都能达到供需平衡或供大于求。在这样的市场氛围里，产品质量是市场竞争一个重要的因素，其次才是价格因素。

众所周知，国际上很多奢侈品以手工制作为特殊的卖点，在销售中予以特别的标榜，似乎手工的就是高品位的，其实就是体现了物以稀为贵的特征。而我们的农机肯定不是奢侈品，不是摆设品陈列品，不是用来欣赏的物件，所以不会讲究物以稀为贵。

20世纪90年代，我们在南方组织过多次联合收获机方面的学术研讨会，曾有一次，参观一家民营收获机生产企业，没有见到装配生产线，在企业的场院里，看到的是工人三人一伙、五人一帮，就地组装机器，俨然一幅手工版产品生产的场面。后来听说企业效益还相当不错，现在已经发展成一家知名企业。回想起来，那个时期是我们收获机械起步阶段，需求旺盛，产品供不应求，物以稀为贵，结果是萝卜快了不洗泥。

由于购机补贴等政策的促进，我国农机工业发展很快，农机产品质量不断提高，制造加工的能力也大幅度提升。手工生产的产品应该不在状况了！然而，今年上半年，我们派员到一家饲料收获机的生产企业考察，惊奇的又发现了没有生产线，三三两两工人手工加工、组装机器的场面。机加工手段非常之简陋，产品在敲敲打打之中完成了成品的过程。这样令人惊讶的场面生产的机器居然是悄然进入市场。

手工版的产品，每一件都具有与另一件不同的特质，不可复制，可能正是这种特质实现了他独特的价值，但这应该只是体现在奢侈品、工艺品上，它的内涵正在这特殊的手工制作之中。而作为工业产品的农机，应该在标准的要求下进行批量生产，每一批次都应该具有相同的质量和性能特质，绝对不能是每一件都差异多多的手工版产品。

很遗憾的是，手工版产品居然通过了鉴定，还列入补贴目录，所有的手续一应齐全，呜呼，谁晓得当初工厂条件是如何审查通过的，这样的产品又是如何保障质量的，用户又是如何使用的。

也许有人会说，现在很多企业实行模块化生产，外协加工件甚多，最终出品企业只是完成组装过程了而已。因此，如何进行工厂生产条件审查，确实是一个现实的问题，值得探讨。

我以为，管理部门也好、企业本身也好，不仅对自己负责，也应该对社会负责、对用户负责，具有社会良知和公共道德。

工业品生产标准化、规模化及其稳定的质量保障应该建立在良好的加工设备和成熟的装配生产线。最近，我们去一家外资企业考察，看到部件、零件不着地摆放，高性能的激光加工设备，整洁的生产线，除尘、排烟设施，还有全员，全过程，零缺陷的质量管理理念，深刻印象，让曾经目睹过手工版加工产品的人不甚唏嘘。我不禁想起老约翰迪尔的话："我绝不把自己的名字放在不能体现最佳性能的产品上"。

加强农机产品质量管理是一个严肃的问题，对购机补贴等支农惠农政策的健康实施影响较大，应该刻不容缓。

最后，我想劳驾问一声，如此"物以稀为贵"的手工版的农机产品，你买么？

● 闲话另类打假

有一段时间，有两位操着南方普通话的某两家杂志社的人士，接连打电话，要我当他们杂志社理事会的理事，回绝这两档"美差"我是费了不少口舌，最终还是婉拒了。

记得刚大学毕业分配到单位工作时，有两个志向。一是加入中国农业机械学会，当学会的会员，做一名农机的工程师；二是加入作家协会，圆自己学生时代的作家梦，或曰做文学青年的梦，这也是那个年代很多同龄人的梦想。

20 多年过去了，农机的梦一直不断的圆了下来。参加农机学会，会员、理事、秘书长，再到理事长，都当过了。文学梦却是彻底的断了，写小说、写现代诗的举动已经成为历史，成为过去时，但是，并不感到遗憾，因为在自己从事的农机工作中享受到了不一般的美感和快乐。是不是理事，是不是会员，已经不重要了，重要的是自己已经是农机的一部分了。

20 世纪 80 年代以前，要说谁谁谁是"经理"，可是不得了的事，可是一匹不小的官，然而，改革开放以后，"经理"之类的官，含金量直线下降，原因在于敢称"经理"的人太多了，别说"经理"，"总经理"都多如牛毛。曾经有一个笑话说，北京王府井大街一堵墙倒下来，砸中 10 个人，有 8 个是总经理，另两个不是总经理，但也是副总经理。

其实，这年头除了经理、总经理多，当然也反映经济活跃，不是坏事，什么理事、董事就多起来。社会上流传一句"理事不理事，董事不懂事"的话语，反映了不少人虽然当上了什么理事、董事之类的职务，却一直是当做闲职在当，当做荣誉在戴，基本是不"理事"的。

话说开篇提到的两家杂志社邀请我担任理事，说实话，不是不想当。理事是干什么的，没查过《辞海》，但我想总是要给人家做些事的，担任这一职务，不做事，就不配"理事"。而现今理事一职，一般也不是想当就能当上的，根据社团管理大的有关规定，理事职数一般应该按照会员的数量来确定的，有一定的百分比，应该算稀有资源。据我所知，很多地方、部门，不少人为争夺一个理事职位，争来斗去，甚至头破血流。为嘛？表面看是因为资源稀缺，名额有限，本质是因为理事一职多少体现一个人的社会地位、社会荣誉度等，能争得一席之地，算是脸上有光，是件荣光的事，不说身价暴涨，也多少能给自个贴点金。并且，现今的理事，一般都没有什么实质的责任，算是有利无弊的东西。难怪世人趋之如鹜，为之多多益善。

本人不是圣人，也是俗人一个，一个俗人。天上掉下来的馅饼——"理事"，岂有不要之理！

不是我有多高的觉悟，有多么清高，实在是送上门来的"理事"不好当。先送你一顶"理事"的帽子，后再给你一根细绳，勒在你的脖子上，什么绳，会费！一般理事，多少千元，常务理事又是多少千元，若想弄个副理事长干干，差不多要万把元，简直是明码标价的出售"理事"。糖衣里面裹着的是炮弹，馅饼下面是陷阱。后来听说几百元就有当上理事的，再后来，据说理事要在杂志上发表文章，版面费一分也不少。

真是绝了，理事也能拿来卖钱，理事也可以花钱来买！

看来在"理事"这个行当也有假冒伪劣存在，也需要打假。

牛皮不是吹的，火车不是推的，农机化事业也不是算出来的。事业要发展需要的是真刀真枪地干，扎扎实实地干，绝不是歪门邪道就可以成功的。现如今农业的耕、播、收环节在很多地方都实现了机械化作业，这都是农机人对社会的贡献，玩花活哪有这些成就。

现在，农机的社团也不少了，中央的、地方的，学术部门、流通部门、工业部门、使用部门，学会、协会，名称不同，都有一个或大或小的理事会之类的机构。与之相通的，还有不少的行业杂志，也有编委会之类的机构。无论理事会、编委会，我想在册的理事、编委，在其位就应该谋其政，否则与那些卖、买"理事"的之举又有何差异。哪怕每年参加一次活动，提一条建言，也算理了事啊。

农机的理事们，务必为事业积极理事，否则，当心被打了假。

● 寻访澳大利亚的农机化

澳大利亚是农牧业发达的国家，农机化水平很高。这是临去澳大利亚学习之前从互联网和相关报纸、杂志上看到的有关介绍。因此，在出国培训计划书上就明确写上，要了解澳大利亚农机化的发展，访问澳大利亚农机部门，探讨与澳大利亚合作的机会，实现学习、工作双丰收。

到了澳大利亚之后，便开始积极寻找澳大利亚农机化方面的对话者。在我学习的皇家墨尔本理工大学（简称 RMIT），校方没有研究这些问题者，在与市政厅、一些企业、团体和当地华人接触之后，也没有觅到可与之对话之人。

经过一些时日对澳大利亚的社会有了比较深入了解和分析之后，终于寻访到澳大利亚农机化的"踪迹"。

农机化融入社会发展之中。澳大利亚农业发展的特点之一是，农村劳动人口不断减少。目前，澳大利亚全国人口为 2 000 万，农村人口约 90 万，占总人口的 4.5％，农业劳动力只有 41 万。而第一次世界大战结束时，农村人口占 25％。其原因是农机化程度的不断提高和都市化程度的提高；转移和吸引大量农村人口到城市。特点之二是，澳大利亚农场数目在不断减少，但是，农场的规模在逐渐扩大。目前，澳大利亚约有农场 14.64 万个，其中，肉牛农场 3.52 万个，谷物/羊/肉牛综合农场 1.82 万个，谷物农场 1.65 万个，羊类农场 1.42 万个，奶牛农场 1.38 万个。农业总收入中，小农场占 32%，家庭农场占 51%，大农场占 17%。农场数目的减少和规模的扩大，其原因是农机化程度的不断提高、都市化进程的影响和国际农业竞争成本的影响。由以上事实不难看出，农机化及其作用已经不必再去强调了，它的作用已经深深融入社会发展之中。

农机化监管、促进有效运行。我国出国，总好问及管理机构之类的问题，这方面澳大利亚没有专门的机构，那么就无人过问农机化的管理与发展问题了吗，非也。在澳大利亚，农用燃油，政府给予退税的优惠，类似我国的燃油补贴；在澳大利亚的农药使用与监控中，明确要求农药器具使用人员须经过培训方可操作机器，又类似我国的职业技能培训，持证上岗。可见，不但在管，而且在有效管理之中。

中国农机在澳大利亚有商机。澳大利亚经济有四大支柱，矿产、农牧产品、旅游和教育，而其制造业却比较薄弱。据我观察，澳大利亚商场销售的农机基本都是国外产品。笔者到一家家庭农场访问，看到的拖拉机竟然是 50 年前的产品。在报纸上所见拖拉机产品，基本上是约翰迪尔的，价格换算成人民币，比中国产品要高出一大截。而我们在市场上所见一般机械、电子制品，大多是国外产品，其中，尤以"中国制造"为主。澳大利亚人对中国产品的认同也在不断提高，过去认为中国产品是"质次价低"，而现在则是"质高价低"，观点得到了很大的改变；因此，我以为中国农机产品在澳大利亚是有商机的，此观点与澳方农场主和一些在澳华人交流时，他们也以为然，也有表示可以合作的意向。

通过对澳大利亚社会的了解，分析寻觅到澳大利亚农机化的一些"踪迹"，我认为，学习的地方有，合作的前景更有，需要进一步详细研究其农业特色，寻找合作伙伴，自可以开辟一个新的市场。

● 守望田野的农机化学校

忆往昔，我国农机教育培训有一个完整的体系，从高等教育、中等教育、干部培训，到机手培训，都有相对应的教育培训机构。

先说大学，东西南北中都有布局。北京农机化学院、吉林工业大学、镇江农机学院、山东农机化学院、洛阳农机学院、四川农机化学院，这是以农机学科为主的院校，此外，东北、西北、西南、华南、华中以及带大区、带省名称的农学院等都有农机化系。其次说中等专科学校，各省都有农机化中专学校，而且大部分地市级行政区也有中专性质的农机化学校。再说技术培训学校，在毛泽东的倡导下，几乎县县都设立了农机化技术学校，从事基层农机从业人员的技术培训。

观现今，已经面目全非。带农机字头的大学荡然无存，各个农业大学的农机化、农机系也都改旗易帜，工学院、工程技术学院、农业工程学院、机电学院、生物与农业工程学院、运输与工程学院等，不一而论，有的甚至跟农机几无瓜葛、血脉难系。不过多数学校保留了传承农机化专业的香火，甚幸！而农机字头的中专基本全军覆没，工程学校、机电学校等，啥名都有，在近年的中专升高职运动中，不少也随波逐流，不少跻身院校合并的大潮之中，水涨船高了，改名换姓之后农机专业肯定成为稀有物种了。目前全国农机化大、中专尚有 41 个，据说（仅仅是据说）只有一所保留原始称谓，纯标本，难能可贵！

曾几何时，这些辉煌一时的机构慢慢褪去原来的鲜明特色。合并了，改行了，稀释了，这就是前农机大中专院校的写照。大学、中专，学校名字里带"农机"的没了，院系带"农机"的也没了或稀少了；有的甚至连农机的专业都没了，几乎没有一丁点农机的基因了，告别的如此干净利索，情何以堪！当然，我们不能就此说农机教育就被削弱了，毕竟还有很多学校保留了农机化工程硕博点和农机化及其自动化的本科专业，每年还在源源不断地向社会输送农机方面的人才。

还保留着传统名称的学校就只有县级的农机化技术学校了，成为农机培训最忠实的田野守望者。全国共有 1791 个，教师 10968 人。

农机化技术学校从事基层农机手培训，包括拖拉机、联合收获机驾驶技术和各项农机化新技术培训，成为农机产品、农机化技术与农民对接的最直接纽带。

我国农机购机补贴资金从 2004 年的 0.7 亿元增长到今年的 215 亿元，极大地带动了我国农业装备数量的快速增长和农机化水平的快速提高。具体数值显示，2011 年年底，全国农机补贴补贴资金 175 亿元，带动地方财政、农民和农业生产经营组织投入 432.9 亿元，补贴各类农机具 564 万台套，受益农户约 439 万户，我国农业耕种收综合机械化水平首次突破 50% 的大关，实现历史性的跨越，农业生产方式发生了根本性的转变。

农业装备的大增长也带来农机手、农机化化新技术培训的大需求。目前，我国农机化服务组织达到 17.06 万个，农机户 4 111.8 万户，从业人员人数 5 088.38 万人。2011 年，我国农机培训机构全年共培训各类农机人员 618.7 万人次，其中，培训新购机农民 118.6 万人次，阳光工程农机培训 35 万人。为此，各地农机化技术学校无疑担当了重大的任务，成为农民培训的中流砥柱。

随着现代农业的发展，生产力水平不断提升，规模化、组织化、标准化生产将成为发展的重要方式，新型职业农民将成为农业生产的主力，而培育新型职业农民，农机化学校的责任重大，义不容辞，也理当受到厚待！

● 2014 农机该干嘛

命题作文是一个非常伤脑筋的事情。用天津话来自问自答，为嘛？说它好作是因为有明确的题目，只要围绕题目展开即可，不必自己绞尽脑汁去想题目。说它难作是因为恰好是有了题目往往限制了思路，不能浮想联翩的由性发挥，经常出来是干巴巴的应景之作，缺乏回肠荡气的激情。

这不，又要交稿了，写点嘛？主编建议就中央1号文件精神来写。

先前看过一些解读中央会议、中央1号文件的文章，写的都很好，读了也很受益。但是要俺也来解读就难了，俺一地方人士，视角、层级都不及高层思想啊，就像非要县长去写国务院总理的报告一样，哪对哪啊。

不过呢，解读不了也不耽误学习和贯彻，在高人解读、指导下，我们就坚决去贯彻执行之，换句话说就是用实际工作去解读。

干什么、怎么干？前提是要弄清楚一号文件都写了嘛有关农机的内容。说起来要弄清楚文件里面关于农机的内容，有直接法和间接法，直接法就是把带农机字眼的段落摘出来，这是俺们经常做的；间接法就是把直接写农机和隐含农机的段落捋出来。说到隐含段落，看了几遍文件后，发现哪哪都隐含，真说不透彻，还是来直接的吧。

2014年中央1号文件关于农机内容的摘要：

①立足国情农情，顺应时代要求，坚持家庭经营为基础与多种经营形式共同发展，传统精耕细作与现代物质技术装备相辅相成，实现高产高效与资源生态永续利用协调兼顾，加强政府支持保护与发挥市场配置资源决定性作用功能互补。要以解决好地怎么种为导向加快构建新型农业经营体系，以解决好地少水缺的资源环境约束为导向深入推进农业发展方式转变，以满足吃得好吃得安全为导向大力发展优质安全农产品，努力走出一条生产技术先进、经营规模适度、市场竞争力强、生态环境可持续的中国特色新型农业现代化道路。

②加大农机购置补贴力度，完善补贴办法，继续推进农机报废更新补贴试点。

③建设以农业物联网和精准装备为重点的农业全程信息化和机械化技术体系，推进以设施农业和农产品精深加工为重点的新兴产业技术研发，组织重大农业科技攻关。

④加强农用航空建设。

⑤加快推进大田作物生产全程机械化，主攻机插秧、机采棉、甘蔗机收等薄弱环节，实现作物品种、栽培技术和机械装备的集成配套。积极发展农机作业、维修、租赁等社会化服务，支持发展农机合作社等服务组织。

⑥大力推进机械化深松整地和秸秆还田等综合利用，加快实施土壤有机质提升补贴项目。加大农业面源污染防治力度，支持高效肥和低残留农药使用、规模养殖场畜禽粪便资源化利用、新型农业经营主体使用有机肥、推广高标准农膜和残膜回收等试点。

最好的解读就是干好该干的。

把与俺们有关的事都列出来，刨去俺们没有的作物、已经完成的项目，归纳起来我们的重点工作有这几项：一是多元化扶持、培育以农机合作社为代表的新型农业生产经营主体，探索一条生产技术先进、经营规模适度、市场竞争力强、生态环境可持续的机械化新型农业道路。二是将传统的环节机械化向全程、全面机械化推进，实现农机化向机械化农业的转变，俺们的重点是设施农业和经济作物机械化，同时，引入物联网、精准化技术，提升生产水平。三是发展生态机械化农业，包括秸秆综合利用、现代物理农业工程技术的推广；组织残膜机械化回收，争取经费进行作业补贴试点，算俺们今年新的亮点。

2014 该干嘛不就清楚了嘛？

后记　守望着说

　　刚刚从天津空港经济区图书馆借了一本书，书名《张伯苓自述》。张伯苓者，南开大学及其系列学校的创办者。书是由他人将张伯苓的几十篇文章集结成册。读完之后感叹不已，办教育者能如是，乃教育之大幸。笔者不是南开系列的学子，但很荣幸成了南开学子的家长，因而与南开也算沾亲带故。过去去南开，看到"允公允能，日新月异"的校训，真不知道是何解，读了这本书方恍然大悟，公，就是为公众；能，就是身体的锻炼与知识的培植。张伯苓先生为南开学校、为培育人才东奔西走，着实不易，试想，若为自己捞钱，这学校能成什么模样？学生亦会是什么模样？

　　受 1980 年全国实现农机化的"蛊惑"，懵懵懂懂跨进农学院、学了农机化专业，等出了校门才知道实现农机化长路漫漫。不过也没气馁，跟着一众干农机的同仁，一番折腾，现下倒也看到农机化的愿景了，近可触，远可望。

　　笔者农机专业毕业几十年从事农机工作，是不是有点像孤独的守望者？

　　回头看看，我等确实是守望者，不过并不孤独。在农机圈里，学农机的毕竟还是占多数。虽然学农机的离开农机的不少，但不学农机却一猛子扎进农机的也不在少数。

　　都是学农机的，都是干农机的，早晚都是一家人，正应了一句话，爱国不分先后。然而，最近一条信息让笔者觉得很不舒坦。某大学要庆祝建校多少周年，征集优秀校友情况，然后发出一条通知，给出一张表，叫做校友信息表，征集优秀校友？还有不优秀校友？通知要点摘录如下：

　　征集信息范围：①高等教育、科技、企业等机构的教授、教授级高工、省学会副理事长以上；②省级及其以上劳模或政府津贴获得者，建国 60 周年全国农机监理总站、农机推广总站评选出的全国功勋人物；③政府部门副厅级及其以上领导干部；④企业家；⑤部分海外校友信息。

　　这是什么逻辑？是选秀、选先进、选干部，还是选富，都有点，好像又都不着边。按照这个标准，雷锋叔叔靠不上，小班长一个，董存瑞、黄继光、邱少云、罗盛教靠不上，能归拢到一起的校友又有几何。不晓得咋编列进去的条件，比如，建国 60 周年全国农机监理总站、农机推广总站评选出的全国功勋人物，这算哪门子条件哦？把校友分成三六九等，划成一坨一堆的，以此贴上标签，难怪有的同学不愿参加所谓的同学会、校友会和建校若干年庆典活动。再分析，前一二三四条似乎选先进、选干部、选财富，算是成功人士，走到哪也让人敬仰，而第五条则有点扯了，海外校友就杰出了？还"部分"，咋个部分法？搞不懂！何苦呢？自己跟自己过不去，都是校友！

忽然想起，目前搞大众创业、万众创新，不会只以发财为唯一标准吧。再有报道说中国制造业比德国什么的差100年，差在哪？笔者觉得是做实事，扎扎实实地作风上，或许叫匠人精神的不足。

相比较现在的教育家，笔者觉得张伯苓一代更像教育匠人，培养为公之人，有体能有智能之人。比之现下扩招、盖高楼、贷款、敛财的现象，我更欣赏前者。

学农机不干农机的，不学农机也不干农机的，并非就不关心不关注农机不善待农机。每到农忙时节，总是不断有人给笔者电话、微信、QQ，说在电视上看到笔者了，看到我们又开始收麦子了。

守望者不孤独，守望者很幸福。

图书在版编目（CIP）数据

胡伟论道农业机械化 / 胡伟著 . —北京：中国农
业出版社，2016.10
ISBN 978-7-109-22259-5

Ⅰ.①胡… Ⅱ.①胡… Ⅲ.①农业机械化—研究—中
国 Ⅳ.①S23

中国版本图书馆 CIP 数据核字（2016）第 246931 号

中国农业出版社出版
（北京市朝阳区麦子店街 18 号楼）
（邮政编码 100125）
责任编辑 刘晓靖

中国农业出版社印刷厂印刷 新华书店北京发行所发行
2016 年 10 月第 1 版 2016 年 10 月北京第 1 次印刷

开本：700mm×1000mm 1/16 印张：18.5
字数：330 千字
定价：48.00 元
（凡本版图书出现印刷、装订错误，请向出版社发行部调换）